普通高等教育"十二五"规划教材
电子信息科学与工程类专业规划教材

数字信号处理原理及应用

张　峰　　石现峰　张学智　　编著

電子工業出版社·

Publishing House of Electronics Industry

北京·BEIJING

内 容 简 介

本书系统地介绍数字信号处理的基本概念、基本原理及分析方法，以及数字信号处理理论的工程应用。全书共8章，第1~3章作为数字信号处理的基础，介绍离散时间信号与系统的时域分析方法、频域分析方法及z域分析方法等；第4~5章介绍离散傅里叶变换及其快速算法；第6~7章介绍数字滤波器的基本概念及设计、实现方法；第8章介绍数字信号处理在汽轮机故障监测与诊断系统中的应用。本书各章均安排了丰富的例题与习题，并对常用算法和典型问题给出了利用MATLAB进行算法仿真和设计求解的内容。

全书概念清晰、内容精炼、注重应用，适合作为高等学校电子信息类专业和相近专业的教材，也可作为相关专业科技人员的参考书。

图书在版编目（CIP）数据

数字信号处理原理及应用 / 张峰，石现峰，张学智编著. —北京：电子工业出版社，2012.8

电子信息科学与工程类专业规划教材

ISBN 978-7-121-17497-1

Ⅰ. ①数… Ⅱ. ①张… ②石… ③张… Ⅲ. ①数字信号处理－高等学校－教材 Ⅳ. ①TN911.72

中国版本图书馆 CIP 数据核字（2012）第 143248 号

责任编辑：韩同平　　　特约编辑：林宏峥

印　　刷：北京京师印务有限公司

装　　订：北京京师印务有限公司

出版发行：电子工业出版社

　　　　　北京市海淀区万寿路 173 信箱　　邮编：100036

开　　本：787×1092　1/16　印张：12.5　字数：360 千字

版　　次：2012 年 8 月第 1 版

印　　次：2019 年 8 月第 4 次印刷

定　　价：39.80 元

凡所购买电子工业出版社图书有缺损问题，请向购买书店调换。若书店售缺，请与本社发行部联系，联系电话：（010）68279077；邮购电话：（010）88254888。

质量投诉请发邮件至 zlts@phei.com.cn，盗版侵权举报请发邮件至 dbqq@phei.com.cn。

服务热线：（010）88258888。

前　言

数字信号处理是利用数学的方法和数字系统来实现对信号的处理与分析的，随着信息科学与计算技术的迅速发展，数字信号处理的相关理论及实现方法日益成熟完善，已成为信息处理领域一门非常重要的学科。目前数字信号处理技术的应用涉及语音信号处理、雷达、声呐、地震、图像处理、通信系统、控制系统、模式识别、生物医学工程、机械振动、遥感遥测、航空航天、电力系统、故障检测及自动化仪表等众多领域。数字信号处理课程已成为高等学校电子信息、通信、计算机科学及自动控制等专业重要的专业基础课。

本书 2013 年获"第四届兵工高校优秀教材"二等奖。

本书是在西安工业大学张学智教授主编的、由兵器工业出版社出版的《数字信号处理》教材基础上，根据作者近几年的教学使用情况，并收集广大师生的反馈意见，为更好地适应本课程的教学需要，重新组织编写的，是西安工业大学的"十二五"规划教材。编写指导思想体现在以下几个方面：

（1）在内容的组织上尽量做到少而精，以基本原理、基本概念和基本方法为主线，重点分析；新内容和新方法作为补充与拓展，简明介绍。

（2）注重理论和应用的结合。为使读者能更好地应用数字信号处理的理论解决实际工程问题，对常用的典型算法均给出实际应用的内容。同时，在最后一章，还以具体的工程项目为背景，系统地分析了数字信号处理理论的工程应用方法。

（3）适当简化数学推导，突出概念与分析思路。在编写过程中，对于重要的算法，公式推导的同时尽可能做到讲清楚物理概念、分析方法和公式推导的思路。对于过于复杂的数学推导与计算，则尽可能简化推导过程，重点阐明清楚分析思路和结论。

（4）将理论分析与仿真工具适当结合。适当引入了一些利用 MATLAB 对常用算法进行仿真实现的内容，以便帮助读者对理论及算法实现、应用的理解。

全书共分 8 章，包括离散时间信号与系统、离散时间信号与系统的频域表示、离散时间信号与系统的 z 域分析、离散傅里叶变换 DFT、快速傅里叶变换 FFT 及应用、IIR 数字滤波器的设计、FIR 数字滤波器的设计及数字信号处理技术的应用等内容。每章都精选了丰富的例题和习题，读者可通过例题的示范和习题的演练加深对理论内容的理解与掌握。书中给出的所有 MATLAB 仿真程序及 C 语言算法程序都经过了作者的实际调试和验证，读者可以直接引用。

本书可作为高等院校电子信息、通信、计算机及自动控制相关专业的教材，建议理论教学 40～56 学时，并安排 8～16 学时的实验教学。书中标注*的内容可选择性讲授。

本书绪论、第 2～6 章由张峰编写，第 1、7、8 章及附录由石现峰编写，全书由张峰统稿。张学智教授对全书进行了仔细审阅。本书编写过程中参阅了许多兄弟院校相关的教材，并得到了很多同行们的支持与帮助，同时还得到电子工业出版社韩同平编辑的大力支持，作者在此一并表示衷心的感谢。

由于作者水平有限，书中难免有不足与错误之处，恳请广大读者批评指正。

编著者

目　录

第0章 绪 论

0.1 数字信号处理的基本概念

1. 信号处理

信号是信息的物理表现形式，要有效获取信号所承载的信息，则需要对信号进行各种加工处理工作。信号处理问题在几乎所有的工程技术领域或多或少都会涉及到。信号处理是研究如何利用信号处理系统与处理方法对含有信息的信号进行加工或变换，以获得所希望的信号，从而达到提取信息，便于利用的一门学科。对信号的具体处理工作，也就是信号处理的内容，主要包括滤波、变换、检测、谱分析、估计（值）、压缩、识别等。

2. 信号处理的两种方式

完成对信号的处理工作，从大的方面来讲，可分为模拟信号处理和数字信号处理两种方式。模拟信号处理是通过一些模拟器件，如电阻、电容、电感、晶体管等组成信号处理电路，完成对信号的处理工作的。例如，图 0.1-1(a) 就是一个由电阻和电容组成的简单的模拟低通滤波器，其可以滤去输入信号 $x(t)$ 中高于截止频率的成分。数字信号处理则是用数字或符号序列去表示信号，利用数值计算的方法来完成对信号的处理工作的。还以低通滤波为例，我们可以对信号 $x(t)$ 进行采样和量化处理，转换为可以用数字表示的数字信号 $x(n)$，然后按图 0.1-1(b) 由 1 个加法器、1个乘法器和 1 个延时单元组成一个简单的数字低通滤波器来实现滤波功能。在数字信号处理中，处理的实质就是对信号进行各种运算。

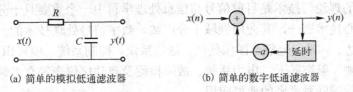

(a) 简单的模拟低通滤波器　　　　(b) 简单的数字低通滤波器

图 0.1-1　信号低通滤波的两种实现方法简型

一般来说，模拟信号处理的对象是模拟信号，数字信号处理的对象是数字信号。但因为模拟信号和数字信号可以通过 A/D 与 D/A 器件进行相互转换，因而数字系统也可以处理模拟信号，模拟系统也可以处理数字信号。模拟信号的数字化处理也是数字信号处理课程中非常重要的一个内容。

3. 数字信号处理的优点

随着信息技术和数字技术的飞速发展，加之 20 世纪 60 年代以来数字信号处理理论和技术的成熟与完善，数字信号处理已经逐渐取代模拟信号处理，成为信号处理技术的发展趋势。与模拟信号处理相比，数字信号处理体现出很多优势，主要表现在以下几个方面：

（1）精度高且可控。数字信号处理系统的精度取决于数字系统的字长，字长越长，则精度越高。根据实际需要，选择合适的字长，就可以获得所要求的高精度并且精度等级是可以方便控制的。而模拟信号处理系统中，处理精度主要取决于器件的参数误差，由于模拟器件参数误差一般比较大，因此提高处理精度比较困难，且处理精度难以控制。

（2）灵活性好。数字信号处理系统的性能取决于系统参数，而这些参数一般是存储在存储器中的，很容易改变，因而系统的灵活性很好。例如，图 0.1-1(b)中，通过改变 a 的值，即可调整滤波器的截止频率，甚至把低通滤波器变换为高通滤波器。而模拟系统要想改变系统性能，一般需要更换器件或重新设计电路，灵活性较差。数字信号处理灵活性好的这一特点对于一些自适应系统尤为合适。

（3）稳定性好。数字系统采用的是二进制运算(0、1 运算)，工作稳定，受环境影响小，抗干扰能力强。而模拟信号处理中，模拟器件参数一般会随温度、湿度等环境因素的变化而变化，稳定性差，并且电路工作还容易受到外界电磁环境的干扰。

（4）集成度高。数字部件具有高度的规范性，便于大规模集成，对于减小系统体积与重量、降低功耗、增强可靠性是十分有利的。

（5）功能强、性能指标高。通过复杂的运算，可以实现对信号的复杂处理，完成模拟系统无法完成的功能，并且获取很高的性能指标。例如，FIR 数字滤波器可以实现准确的线性相位特性，这是模拟滤波器很难达到的。

（6）数字信号可存储，这一特点使数字信号处理可以完成许多模拟信号处理无法完成的任务。例如，数字多媒体技术中的各种特效、数字滤波器的严格线性相位、非因果系统的实现等。

（7）可实现多维信号处理。利用庞大的存储单元，可以存储二维的图像信号或多维的阵列信号，以此实现二维或多维的滤波和谱分析等。

由于以上的优点，数字信号处理的理论、算法和各种实现技术受到人们的极大关注，发展十分迅速，已成为应用领域广泛、成效显著的新兴学科之一。

0.2　数字信号处理技术的应用

数字信号处理的理论与技术是目前信号与信息处理学科中一个重要且十分活跃的分支，已经成为信息产业的核心技术之一，其应用领域十分广阔。数字信号处理技术的应用十分广泛，涉及语音信号处理、雷达、声呐、地震、图像处理、通信系统、控制系统、模式识别、生物医学工程、机械振动、遥感遥测、航空航天、电力系统、故障检测及自动化仪表等众多领域。以下列出其与电子信息相关专业领域联系紧密的典型应用：

（1）滤波与变换：包括数字滤波技术、各种变换域分析以及自适应滤波等。

（2）通信系统：包括各种数字调制技术、各种复用技术、移动电话、数据的加密/解密、扩频技术、卫星通信、IP 电话、软件无线电、可视电话等。

（3）语音信号处理：包括语音压缩、语音编码、语音合成、语音增强、语音识别、语音邮件、语音存储等。

（4）图形、图像处理：包括图像增强、图像复原、图像压缩、计算机视觉、电子地图、图像识别等。

（5）仪器仪表：包括函数信号发生器、频谱分析仪、瞬态分析仪等。

（6）工业控制与自动化：包括机器人控制、设备控制、计算机辅助制造、故障诊断、引擎控制等。

（7）军事领域：包括雷达信号处理、声呐信号处理、导航、全球定位、自适应波束形成、阵列信号处理等。

（8）医疗电子：如助听器、CT 扫描、核磁共振、医疗监护等。

（9）消费电子：如数字电视、高清晰度电视、数字电话、高保真音响、音乐合成等。

可以说，只要是使用计算机(不管是通用机、专用机还是单片处理器)和数据打交道，就或多或少地要用到数字信号处理技术。

0.3 数字信号处理的实现方法

数字信号处理的主要处理对象是数字信号，采用的处理手段是各种处理运算或算法，因此其实现方法与传统的模拟信号处理是有很大区别的。数字信号处理技术的实现有三种方式：

（1）硬件实现方法：按照具体的要求或功能，设计硬件结构，利用乘法器、加法器、延时器、控制器、存储器及输入/输出接口部件实现数字信号处理系统的构建。硬件实现方法的优点是速度快，便于信号的实时处理；缺点是灵活性较差，成本也较高，多用于需要对信号进行实时处理的场合。

（2）软件实现方法：按照具体的数字信号处理算法的原理，编写程序或采用现成的模块程序在通用计算机上进行实现。这种实现方法的主要优点是灵活性好，只要改变程序中的相关参数，即可改变系统性能；缺点是受限于特定计算机系统平台，速度慢，不适合实时处理，因而多用于算法研究与仿真、教学及实验等场合。

（3）软硬件结合的实现方法：依靠单片处理器或数字信号处理器件(Digital Signal Processor, DSP)作为硬件支撑，配置相应的信号处理软件，实现各种数字信号处理功能。这种方式，可以充分利用软件实现方式的灵活性和硬件实现方式的实时性，已经成为目前最常用的一种数字信号处理技术的实现方法。在软硬件结合的实现方法中，选用 DSP 芯片实现数字信号处理是发展方向。

随着数字技术、处理器技术的高速发展，各种处理器芯片层出不穷，数字信号处理系统的构建方式也是各种各样，常见的主要有以下几种：

① 利用通用计算机，结合数字信号处理软件构建；

② 基于单片机进行构建；

③ 利用专门用于数字信号处理的可编程 DSP 芯片构建；

④ 利用特殊用途的 DSP 芯片构建；

⑤ 利用 FPGA 开发专用集成电路(ASIC)芯片构建；

⑥ 在通用的计算机系统中使用加速卡来构建。

实际应用中，选用哪种实现方式，需要结合实时性、灵活性、成本等因素进行综合考虑与选择。

0.4 经典数字信号处理理论的研究内容

自从 1965 年库利和图基提出快速傅里叶变换(FFT)算法以来，数字信号处理技术的发展是十分迅速的，已经形成一整套较为完整的理论体系。数字信号处理理论主要分为以确定性信号为分析对象的经典数字信号处理和以随机性信号为分析对象的现代数字信号处理两大部分。在本科教学中，主要涉及的是经典数字信号处理理论，而现代数字信号处理理论大多作为研究生教学内容。经典数字信号处理理论不仅在信号处理领域应用广泛，同时也是现代数字信号处理的理论基础。经典数字信号处理理论所涉及的主要研究内容有以下几个方面：

（1）离散时间信号与离散时间系统的时域分析；

（2）离散时间信号与系统的频域分析；

（3）离散时间系统的 z 域分析；

（4）信号的采集与数字化处理；

（5）离散傅里叶变换(DFT)理论；

（6）快速傅里叶变换(FFT)及数字信号处理领域的各种快速算法；

（7）数字滤波技术；

（8）数字信号处理技术的应用。

本书注重基础理论分析，同时又兼顾学科前沿及工程应用，对上述内容均有涉及。其中，前4 部分内容在第 1～3 章进行讨论，这是本书的基础内容。第 5 部分内容将在教材的第 4 章进行介绍，第 6 部分内容将在教材的第 5 章进行介绍，第 7 部分内容将在教材的第 6～7 章进行详细讨论。在教材的第 8 章将结合作者实际从事的科研项目，对数字信号处理技术如何应用于工业现场振动信号的分析进行介绍。有关数字信号处理算法的仿真及实现，将在每章一些应用较多的知识点或算法处进行讲解。

课程的学习中应注意到数字信号处理本质上是利用数学的方法来实现信号及信息的处理，其所应用的数学方法几乎涉及所有的数学分支，理论性强，内容丰富，发展迅速。

第 1 章　离散时间信号与系统

1.1　引　　言

数学上，信号与函数是相对应的，信号可以表示为自变量(通常为时间变量)的函数，这个函数带有有关某一物理系统的状态或特性的信息。信号的函数表达式中，当自变量是连续型时，信号称为连续时间信号。当自变量是离散型时，信号称为离散时间信号。由于其变量取离散时间值，因此离散时间信号通常被表示成数值的序列。函数的函数值，即信号幅度也可以是连续的或者是离散的，在时间和幅度上都是连续的信号被称为模拟信号，而在时间和幅度上都是离散的信号被称为数字信号。

处理信号的系统也能像信号一样来分类，系统所处理的信号的类型就是系统的类型。例如连续时间系统是指其输入/输出都是连续时间信号的系统，离散时间系统就是其输入/输出都是离散时间信号的系统，而一个数字系统是指输入/输出都是数字信号的系统。数字信号处理就是处理在幅度和时间上都离散的信号。

为了说明数字信号处理的作用及处理过程，假定一个真实模拟信号 $s(t)$，通过某种方式传送，在传送过程中受到某个(某些)加性信号 $v(t)$ 的干扰，观测到的模拟信号为 $x(t)$，即：

$$x(t) = s(t) + v(t)$$

如何处理，才能由观测信号 $x(t)$ 把真实信号 $s(t)$ 恢复出来？

图 1.1-1 就是一个典型的、实用的数字信号处理系统框图，能够解决上面提出的问题。

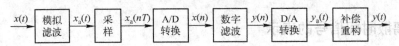

图 1.1-1　一个实用的数字信号处理系统框图

信号处理的过程及图中每部分的作用简单分析如下：

（1）观测到的模拟信号 $x(t)$，经过一个模拟滤波器，能够滤去一些带外分量和干扰信号，如果技术指标要求不高，不必继续处理，如果技术指标要求很高，模拟信号处理技术难以达到要求或者代价太高，就需要采用数字信号处理技术。在数字系统中，这一模拟滤波器也被称为前置抗混叠滤波器，有关抗混叠滤波器的相关概念将在 2.4 节进行详细介绍。

（2）要对模拟信号进行数字处理，必须要经过采样和 A/D 转换，形成数字信号 $x(n)$，在数字技术中，用数学的概念把此离散时间信号抽象地称为序列。一般把采样得到的信号 $x_a(nT)$ 称为离散时间信号，它是时间离散、幅度连续的信号。

（3）数字滤波是系统的核心，信号 $x(n)$ 经过数字滤波变换成为 $y(n)$，这种变换可能是由硬件实现的，也可能是由软件实现的，或者由软、硬件结合实现的。在变换中隐含着保留真实信号、进一步去除其他信号的作用。这种变换是以数学知识为基础的，以飞速发展的集成电路技术和计算机技术为支撑的，实现起来不仅快速可靠，而且代价不高。

（4）$y(n)$ 经过 D/A 转换和补偿重构形成了模拟信号 $y(t)$，它与真实模拟信号 $s(t)$ 就非常接近了，就可认为真实模拟信号 $s(t)$ 得到了重现。

图 1.1-1 的各个部分在实现时，有的很复杂，有的很简单，这只是一个对模拟信号如何使用数字信号处理技术进行处理的例子。在此读者不需对每个框的功能予以深究，有个整体概念就可以了，但是对数字信号是时间和幅度都是离散的这一特点，必须清楚。在构建实际的数字信号处理系统时，图 1.1-1 中的采样和 A/D 转换通常是利用模数转换器件（ADC）实现的；数字滤波通常需要以处理器芯片为基础，通过运行数字滤波算法程序来实现；而 D/A 转换和补偿重构则通常是利用数模转换器件（DAC）实现的。

本章主要对离散时间信号和离散时间系统的基本概念与基本分析方法进行介绍，为后续各章节的讨论与分析做必要的准备。

1.2　离散时间信号

模拟信号 $x_a(t)$ 进行等时间间隔 T 采样后，采样信号可表示为 $x_a(nT)$，此函数中的变量是 nT，采样信号在离散时间点 nT 上取值，T 称为采样周期。n 只能取整数，则时间点为：

$$\cdots, -1T, 0T, 1T, \cdots$$

从数学观点而言，T 对这些离散点只起间隔大小的作用，对离散点的顺序无作用，因此在只考虑离散点顺序时，可用 $\cdots, -1, 0, 1, \cdots$ 来代替上面的离散时间点，离散时间信号可抽象地表示成数的序列，不会影响问题的实质，且能与数学知识相结合。一个数的序列 x，其中序列的第 n 个数记作 $x(n)$，序列 x 通常严格表示如下

$$x = \{x(n)\} \qquad (-\infty < n < \infty) \tag{1.2-1}$$

式中 $\{\bullet\}$ 表示集合。n 必须为整数，序列 x 只有在这些整数点上的 $x(n)$ 才有定义，在非整数点上 $x(n)$ 不定义，当然更不能理解为等于 0。在绝大部分场合，不采用序列的严格的集合表示法，而是简单地说成"序列 $x(n)$"，并且写成 $x(n)$。只有在需要区别序列和序列的第 n 个数的场合时才加以说明。

1.2.1　离散时间信号的表示

1. 常用表示方法

时域离散信号——序列 $x(n)$ 常用的表示方法有 3 种：

（1）用集合表示序列

时域离散信号是一组有序的数或符号的集合，可以用集合形式进行表示，例如：

$$x(n) = \{100, 101, 102, 103, 104 \qquad n = 0, 1, 2, 3, 4\}$$

其中，$n = 0, 1, 2, 3, 4$ 表示变量 n 在时间轴上所处的位置。

（2）用公式表示序列

序列也可以用公式进行表示，例如，正弦序列可以表示为：

$$x(n) = A\sin(\omega n) \qquad -\infty < n < \infty$$

（3）用图形表示序列

用图形表示序列是一种很直观的方法，例如上述的正弦序列可以表示为如图 1.2-1 所示。

为了醒目，常在表示序列值的每条竖线的顶端加一圆点。

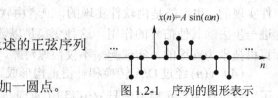

图 1.2-1　序列的图形表示

2．MATLAB 中离散时间信号的表示

在 MATLAB 中，一般用两个向量来表示有限长序列，例如 xn 和 n。其中向量 xn 用于表示序列 $x(n)$ 的序列值，向量 n 表示序列 $x(n)$ 在横轴上所处的位置。xn 与 n 的长度必须相等。向量 n 的第 k 个元素 $n(k)$ 表示序列值 $xn(k)$ 的位置。位置向量 n 一般都是单位增向量，产生语句为：

$$n=ns: \ ne$$

其中，ns 表示序列 $x(n)$ 的起始点，ne 表示序列 $x(n)$ 的终止点。

例如，序列 $x(n) = \cos(\pi n/6), n = 0, 1, 2\cdots, 12$，利用 MATLAB 表示序列 $x(n)$ 的程序如下：

```
n=0:12;%位置向量，n 从 0 到 12
xn=cos(pi*n/6);%计算序列值
stem(n,xn,'.');
line([0,12],[0,0]);
axis([0,12,-1.1,1.1]);
xlabel('n');
ylabel('x(n)')%以上 5 行代码为画图程序
```

运行程序，所绘制出的信号时域图形如图 1.2-2 所示。

图 1.2-2　序列 $x(n) = \cos(\pi n/6)$ 的图形

1.2.2　基本序列

在信号处理中，下面的序列在理论分析和工程应用中起着重要的作用，称为基本序列。

1．单位取样序列

单位取样序列的定义如下：

$$\delta(n) = \begin{cases} 1 & n = 0 \\ 0 & \text{其他} n \end{cases} \tag{1.2-2}$$

单位取样序列与连续时间信号的单位冲激函数是对应的，因此也简称为冲激序列。单位取样序列不仅表达式比冲激函数简单，而且是可以实现的，它的图形如图 1.2-3 所示。

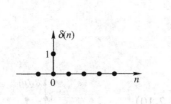

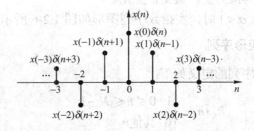

图 1.2-3　单位取样序列　　　　　图 1.2-4　任意序列用单位取样序列表示

单位取样序列可以用来表示任意序列。给出任意序列 $x(n)$，如图 1.2-4 所示。对照 $\delta(n)$ 的定义，它可以写成：

$$x(n) = \cdots + x(-1)\delta(n+1) + x(0)\delta(n) + x(1)\delta(n-1) + \cdots \tag{1.2-3}$$

式中，等号右边的 $x(-1)$、$x(0)$、$x(1)$ 等称为"权"，就是对应序号的序列值。$\delta(n+1)$、$\delta(n)$、$\delta(n-1)$ 等体现了单位取样序列 $\delta(n)$ 的移位。

式(1.2-3)的简洁表示，称为通式：

$$x(n) = \sum_{k=-\infty}^{\infty} x(k)\delta(n-k) \tag{1.2-4}$$

式 (1.2-4) 即为任意序列的单位取样序列表示，用文字可描述为：任意一个序列 $x(n)$ ，均可表示成单位取样序列 $\delta(n)$ 的移位加权和。

2. 单位阶跃序列

单位阶跃序列的定义如下：

$$u(n) = \begin{cases} 1 & n \geqslant 0 \\ 0 & 其他 n \end{cases} \tag{1.2-5}$$

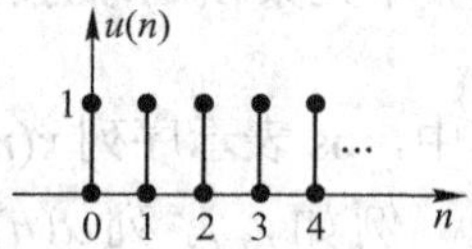

图 1.2-5　单位阶跃序列

单位阶跃序列与连续时间信号的单位阶跃函数对应，其序列图形如图 1.2-5 所示。

单位阶跃序列可用单位取样序列组合表示为：

$$u(n) = \delta(n) + \delta(n-1) + \delta(n-2) + \cdots \tag{1.2-6}$$

或者

$$u(n) = \sum_{k=0}^{\infty} \delta(n-k) \tag{1.2-7}$$

同样单位取样序列也可用单位阶跃序列表示成：

$$\delta(n) = u(n) - u(n-1) \tag{1.2-8}$$

式 (1.2-7) 与式 (1.2-8) 表示了单位阶跃序列和单位取样序列之间的关系 (求和与差分)，这与连续时间信号中的单位阶跃函数与单位冲激函数之间的关系 (积分与微分关系) 是类似的。

3. 实指数序列

实指数序列的定义如下：

$$x(n) = \alpha^n \qquad -\infty < n < \infty \tag{1.2-9}$$

图 1.2-6　实指数序列

实指数序列不仅与 n 有关，也与 α 有关，如果 α 是实数，则序列为实序列，如果 α 是复数，则序列为复序列。当 $\alpha > 0$ 时，序列不仅为实序列，而且所有序列值为正；当 $\alpha < 0$ 时，序列为实序列，序列值为正、负交替变化。

当 $0 < \alpha < 1$ 时，实指数序列图形如图 1.2-6 所示。

4. 矩形序列

矩形序列的定义如下：

$$R_N(n) = \begin{cases} 1 & 0 \leqslant n \leqslant N-1 \\ 0 & 其他 n \end{cases} \tag{1.2-10}$$

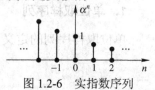

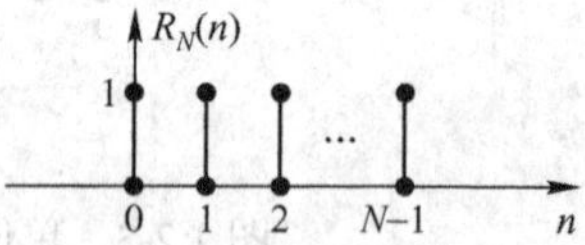

图 1.2-7　矩形序列

矩形序列也被称为矩形窗，其图形如图 1.2-7 所示。

利用矩形序列 $R_N(n)$ 和乘法运算，可以截取一段任意序列 $x(n)$ 从 $n=0$ 到 $N-1$ 中的 N 个值，即：

$$z(n) = x(n)R_N(n) \tag{1.2-11}$$

$R_N(n)$ 的作用就像一个矩形窗口，通过这个窗口来观测序列 $x(n)$ ，结果序列 $z(n)$ 保留了观测到的值，而观测不到的值在 $z(n)$ 中置为 0。为更直观地理解矩形序列的这一作用，见图 1.2-8。

5. 正、余弦序列

正、余弦序列的定义如下：

$$x(n) = A\sin(\omega n) \qquad -\infty < n < \infty \qquad (1.2\text{-}12)$$

或者

$$x(n) = A\cos(\omega n) \qquad -\infty < n < \infty \qquad (1.2\text{-}13)$$

前面介绍的序列，与连续时间信号都有对应，正弦序列似乎也与连续时间的正弦函数 $A\sin(\Omega t)$ 完全对应，其实并非如此，它们之间有重大差别。

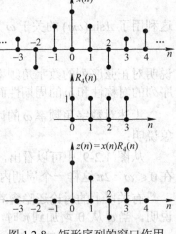

图 1.2-8　矩形序列的窗口作用

- 连续时间和离散时间的正弦信号之间的第一个差别是周期性问题。在连续时间的情况下，正弦信号都是周期的，且周期等于 $2\pi/\Omega$。在离散时间的情况下，一个周期序列应满足：

$$x(n) = x(n+N) \qquad 对全部 n \qquad (1.2\text{-}14)$$

周期 N 必须是整数且不为 0，则

$$A\sin(\omega n) = A\sin[\omega(n+N)] \qquad (1.2\text{-}15)$$

因此必须有

$$\omega N = 2k\pi \qquad (1.2\text{-}16)$$

k 是整数且不为 0，则

$$k/N = \omega/2\pi \qquad (1.2\text{-}17)$$

式(1.2-17)的含义有两点：第一，若给定一个正弦序列，判断其是否是周期序列时，准则是 $\omega/2\pi$ 是否等于一个整分数，是整分数则是周期序列，否则是非周期序列；第二，正弦序列若是周期序列，则其周期就等于 $\omega/2\pi$ 为真分数的分母(真分数是保证为最小周期)。

【例 1.2-1】 序列 $x_1(n) = 10\sin(0.15n)$ 和 $x_2(n) = 10\sin(0.15\pi n)$，判别这两个序列是否为周期序列，若是周期序列，指明最小周期。

解： 对于序列 $x_1(n)$，$\omega = 0.15$，则 $\omega/2\pi = 3/40\pi$，不满足分子分母都为整数的要求，即 $\omega/2\pi$ 不为整分数，则该序列为非周期序列。

对于序列 $x_2(n)$，$\omega = 0.15\pi$，则 $\omega/2\pi = 3/40$，$\omega/2\pi$ 是整分数，则该序列为周期序列，最小周期为 40。

- 连续时间和离散时间的正弦信号之间的第二个差别是角频率问题。在本书中：

Ω：表示连续时间信号的角频率，称为模拟角频率。

ω：表示离散时间信号的角频率，称为数字角频率。

对 $A\sin(\Omega t)$ 而言，显然 $-\infty < \Omega < \infty$。也许 $\Omega < 0$ 对实际应用是不现实的，但对理论分析是有价值的。Ω 反映了 $A\sin(\Omega t)$ "振荡" 的快慢，Ω 的绝对值越大，$A\sin(\Omega t)$ "振荡" 得越快。

对 $A\sin(\omega n)$ 而言，有

$$A\sin[(\omega + 2\pi)n] = A\sin(\omega n + 2\pi n) = A\sin(\omega n) \qquad (1.2\text{-}18)$$

式(1.2-18)说明正弦序列的数字角频率 ω 是以 2π 为周期的。当然，ω 有周期性，不能说 $A\sin(\omega n)$ 就是周期序列；但不管正弦序列是否为周期序列，数字角频率 ω 都是以 2π 为周期的。因此，在分析正弦序列的相关问题涉及 ω 时，取

$$0 \leqslant \omega < 2\pi \qquad 或者 \qquad -\pi \leqslant \omega < \pi \qquad (1.2\text{-}19)$$

由于在 $0 \leqslant \omega < \pi$、$\pi \leqslant \omega' < 2\pi$ 两个区间的正弦序列有

$$A\sin \omega n = -A\sin[(2\pi-\omega)n] = -A\sin(\omega'n) \qquad (1.2\text{-}20)$$

这利用了 $A\sin(\omega n)$ 的关于 ω 为奇对称的性质，ω 取

$$0\leqslant \omega < \pi \qquad 或者 \qquad -\pi/2 \leqslant \omega < \pi/2 \qquad (1.2\text{-}21)$$

说明对正弦序列的数字角频率 ω 只考虑到式(1.2-21)就可以了，ω 的其他部分对应的序列形式由序列的对称性和 ω 的周期性而得到(若序列为 $A\cos(\omega n)$，则是以 ω 为偶对称)。

上述对数字角频率 ω 的讨论与分析过程可由图 1.2-9 加以形象说明：

从图 1.2-9 中可以看出，数字角频率不仅以 2π 为周期，且在 $0\leqslant \omega < 2\pi$ 这样一个周期内，关于 $\omega=\pi$ 还是对称的。

图 1.2-9 数字角频率特性示意图

有关以上的讨论还隐含着这样一点，就是离散时间正弦信号的高、低频率的解释，可以举例说明，当 ω 从 0 增加到 π 时，$A\sin(\omega n)$ 振荡加快，而当 ω 从 π 增加到 2π 时，振荡由快变慢，这一现象以 2π 为周期周而复始。如果只考虑 $0\leqslant \omega < \pi$，就把位于 0 附近的 ω 值说成是低频范围(相对慢的振荡)，而把位于 π 附近的 ω 值说成是高频区域(相对快的振荡)。

如果正弦序列不是由构造得到，而是对 $A\sin(\Omega t)$ 采样得到的，有：

$$A\sin(\Omega t)t\,|_{t=nT} = A\sin(\Omega nT) = A\sin(\omega n) \qquad 对所有采样点 \qquad (1.2\text{-}22)$$

则总是有

$$\omega = \Omega T = \Omega/f \qquad (1.2\text{-}23)$$

式(1.2-23)中，T 为采样周期，f 为采样频率。因此从量纲角度而言，由于模拟角频率 Ω 的单位为弧度/秒(rad/s)，T 的单位为秒(s)，f 的单位为 1/s(Hz)，因而数字角频率 ω 的单位为弧度(rad)，而变量 n 和周期 N 都是无量纲的整数值。如果以抽象的 $f(\Omega t)$ 来代替 $A\sin(\Omega t)$，对 $f(\Omega t)$ 采样，将得到同样结论。即式(1.2-23)在采样的前提下具有普遍意义。

1.2.3 序列的基本运算

数字信号处理时，需要对序列进行运算，这里把序列的基本运算形式以不带集合符号的序列简单表示法列出，等号左边的 $z(n)$ 表示结果序列，等号右边的序列是要运算或变换的序列。

序列相加：
$$z(n) = x(n) + y(n) = y(n) + x(n) \qquad (1.2\text{-}24)$$

序列相乘：
$$z(n) = x(n)y(n) = y(n)x(n) \qquad (1.2\text{-}25)$$

序列的数乘：
$$z(n) = Cx(n) \qquad C 为常数 \qquad (1.2\text{-}26)$$

序列的移位：
$$z(n) = x(n-k) \qquad (1.2\text{-}27)$$

序列的反转：
$$z(n) = x(-n) \qquad (1.2\text{-}28)$$

序列的卷积：
$$z(n) = x(n)*y(n) = \sum_{k=-\infty}^{\infty} x(k)\,y(n-k) \qquad (1.2\text{-}29)$$

序列的能量：
$$E[x(n)] = \sum_{n=-\infty}^{\infty} |x(n)|^2 \qquad (1.2\text{-}30)$$

上述序列的基本运算在前面的基本序列分析中已经出现了一些，这里是进行定义和赋以运算的名称。

1.3 离散时间系统

在数学上，一个离散时间系统可以定义为一种变换或算子(算法)，可以形象地以图 1.3-1 来

表示。

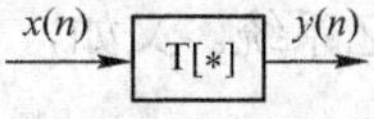

图 1.3-1 的方框表示离散时间系统，$x(n)$ 是输入序列，$y(n)$ 是输出

图 1.3-1 离散时间系统

序列，T [*] 表示某种变换或算法，数学上常称 T [*] 为算子，在信号处理中称为系统。由于这个系统的输入和输出都是离散时间信号，因此把这个系统称为离散时间系统，简称离散系统。

一个离散时间系统就是把一个离散时间信号 $x(n)$ 映射为另一个离散时间信号 $y(n)$ 的变换或算法。亦即把一个序列 $x(n)$ 映射为另一个序列 $y(n)$ 的变换或算法。记为：

$$y(n) = T[x(n)] \tag{1.3-1}$$

显然，可以通过加在变换 T [*] 的性质上的限制来定义各种离散系统，亦即有多种多样的离散系统。

以下介绍的离散系统中，线性时不变离散系统是重点。

1.3.1　理想延迟系统

理想延迟系统由下面的方程定义：

$$y(n) = x(n-m) \qquad -\infty < n < \infty \tag{1.3-2}$$

式 (1.3-2) 中，如果 m 是一个固定的正整数，称为系统的延迟，则理想延迟系统就是把输入序列右移 m 个位置 (序号) 形成输出序列；若 m 是一个固定的负整数，那么系统就将输入序列左移 $|m|$ 个位置形成输出序列，这相应于时间超前。显然这与序列的基本运算中的"序列的移位"是一致的。顺带说明："序列的移位"这样的说法，合乎数学的习惯，而"延迟"、"超前"这样的说法，合乎工程的习惯，而且更为形象，是同一事实的不同描述。

1.3.2　滑动平均系统

一般的滑动平均系统由下面的方程定义：

$$y(n) = \frac{1}{M+N+1} \sum_{k=-M}^{N} x(n-k) \tag{1.3-3}$$

$$= \frac{1}{M+N+1}[x(n+M) + x(n+M-1) + \cdots + x(n) + \cdots + x(n-N)]$$

由式 (1.3-3) 描述的系统，其输出序列的第 n 个值，等于输入序列第 n 个值和其前 N 个值、后 M 个值共 $M+N+1$ 个值的平均。如果 $N=M$，则输出序列的第 n 个值，等于以输入序列第 n 个值为中心的前后共 $2M+1$ 个值的平均。由于这样的系统如同有一个长为 $M+N+1$ 的矩形窗序列随 n 在 $x(n)$ 上移动，把观测到的 $x(n)$ 的值取平均作为输出序列的值，因此称为滑动平均系统。滑动平均系统起到对输入信号进行平滑的作用，相当于一个低通滤波器，滤除信号中快速变化的高频分量，而保留信号中变化缓慢的低频分量。此外，滑动平均系统还可以用来获取快速变化信号 (或数据) 的变化趋势。

1.3.3　无记忆系统

如果一个离散系统在每一个 n 值的输出 $y(n)$，只与同一 n 值的输入 $x(n)$ 有关，那么就说该系统是无记忆的，称为无记忆系统。

例如，离散时间系统的输入序列为 $x(n)$，输出序列为 $y(n)$，若 $y(n) = 3[x(n)]^2$，则系统是无记忆系统。又如，$y(n) = 3\,x(n) + 2\,x(n-1)$，则系统不是无记忆系统，即为记忆系统。

1.3.4 线性系统

对于一个离散时间系统，设 $y_1(n) = T[x_1(n)]$，$y_2(n) = T[x_2(n)]$，对于任意常数 a、b，如果满足：

$$T[ax_1(n) + bx_2(n)] = aT[x_1(n)] + bT[x_2(n)]$$
$$= ay_1(n) + by_2(n) \tag{1.3-4}$$

则称其为线性离散时间系统，简称线性系统。

式(1.3-4)说明线性系统的输入和输出序列间必须满足叠加原理。式(1.3-4)可以推广到多个输入的叠加，即

$$x(n) = \sum_{k=1}^{K} a_k x_k(n) \tag{1.3-5}$$

由于 $y_k(n) = T[x_k(n)]$，则

$$y(n) = T\left[\sum_{k=1}^{K} a_k x_k(n)\right] = \sum_{k=1}^{K} a_k y_k(n) \tag{1.3-6}$$

通常证明一个系统为线性系统时，都是采用式(1.3-4)，即用叠加原理来证明。而否定为线性系统时，往往可以用特例，以达到简化证明的效果。

系统的输入序列为 $x(n)$ 时输出序列为 $y(n)$，又称 $y(n)$ 是系统对 $x(n)$ 的响应。式(1.3-6)表明：当系统为线性系统、而输入信号又是叠加性复杂信号时，可以把输入信号分解为若干个简单信号，求出各自的响应后，叠加在一起就得到了系统对复杂信号的响应。

例如，累加器系统的定义为：

$$y(n) = \sum_{k=-\infty}^{n} x(k) \tag{1.3-7}$$

如令

$$y_1(n) = \sum_{k=-\infty}^{n} x_1(k)，\quad y_2(n) = \sum_{k=-\infty}^{n} x_2(k)$$

按照线性系统的定义，容易证明(1.3-7)描述的系统是线性系统。这个系统在 n "时刻"的响应等于 n "时刻"及之前所有"时刻"的输入累加和。这里加了"时刻"一词是为了容易理解。

如果令输入序列 $x(n)$ 是单位取样序列 $\delta(n)$，则在 $n < 0$ 时，其累加和在每个时刻均为 0，在 $n \geqslant 0$ 时，其累加和在每个时刻均为 1，输出序列 $y(n)$ 就是单位阶跃序列 $u(n)$，因此下式成立：

$$u(n) = \sum_{k=-\infty}^{n} \delta(k) \tag{1.3-8}$$

1.3.5 时不变(移不变)系统

对于一个离散时间系统，如果 $y(n) = T[x(n)]$，若对于任意整数 k，满足：

$$y(n-k) = T[x(n-k)] \tag{1.3-9}$$

则称其为时不变(移不变)离散时间系统，简称时不变(移不变)系统。

式(1.3-9)描述的系统具有这样的性质：当输入序列移位或延迟时，输出序列做相应的移位或延迟。因此用工程术语说：时不变系统的运算关系 T[*] 不随"时间"而变化。

【例 1.3-1】　　一系统为 $y(n) = nx(n)$，判定此系统是否为线性系统和时不变系统。

解：（1）判定线性。

设 $y_1(n) = T[x_1(n)] = nx_1(n)$，　$y_2(n) = T[x_2(n)] = nx_2(n)$

令：$x(n) = ax_1(n) + bx_2(n)$，　a、b 为任意常数

则：$y(n) = T[x(n)] = nx(n) = n[ax_1(n) + bx_2(n)] = ay_1(n) + by_2(n)$

因此该系统为线性系统。

（2）判定时不变性。

令 $x(n) = \delta(n)$，则输出 $y(n) = n\delta(n)$，显然 $y(n)$ 是一个全 0 序列。再令 $x(n) = \delta(n-1)$，则输出 $y(n) = n\delta(n-1) = \delta(n-1)$ 不是全 0 序列。所以根据定义可确定该系统不是时不变系统，即为时变系统。

1.3.6　线性时不变(移不变)系统

定义：如果一个离散系统既是线性系统，又是时不变系统，那么该系统就称为线性时不变离散系统，简称线性时不变(移不变)系统，通常简写为 LTI(或 LSI)系统。

线性时不变系统是很实用的基本系统，在信号处理中大部分系统被假定为或者设计为线性时不变系统。

假定一个系统是线性时不变系统，令其输入序列为 $x(n)$，输出序列为 $y(n)$。当 $x(n)$ 取为单位取样序列 $\delta(n)$ 时，相应的输出序列记为 $h(n)$，我们把 $h(n)$ 称为系统对 $\delta(n)$ 的响应，也可以把 $h(n)$ 称为单位取样响应或单位冲激响应。由于系统为线性时不变系统，则当 $h(n) = T[\delta(n)]$ 时，有：

$$h(n-k) = T[\delta(n-k)] \tag{1.3-10}$$

而由式(1.2-4)可知，任意输入序列 $x(n)$ 可用下式表示

$$x(n) = \sum_{k=-\infty}^{\infty} x(k)\delta(n-k) \tag{1.3-11}$$

系统对 $x(n)$ 的响应 $y(n)$ 就可以写成

$$y(n) = T[x(n)] = T\left[\sum_{k=-\infty}^{\infty} x(k)\delta(n-k)\right]$$

$$= \sum_{k=-\infty}^{\infty} T[x(k)\delta(n-k)] \qquad （利用线性）$$

$$= \sum_{k=-\infty}^{\infty} x(k)T[\delta(n-k)] \qquad （x(k) 是权值）$$

$$= \sum_{k=-\infty}^{\infty} x(k)h(n-k) \qquad （利用时不变性） \tag{1.3-12}$$

式(1.3-12)称为卷积和，简称卷积。该式表明：线性时不变系统的输出序列 $y(n)$ 等于输入序列 $x(n)$ 与本系统单位取样响应序列 $h(n)$ 的卷积。由于 $h(n)$ 可以预先设计或者测定出来，只要给定输入序列，用式(1.3-12)就能计算出线性时不变系统的输出序列。因此式(1.3-12)是一个重要的基本公式。若用符号"*"表示卷积，式(1.3-12)可简写为：

$$y(n) = x(n) * h(n) \tag{1.3-13}$$

如果以 $r = n-k$（则 $k = n-r$）对式(1.3-12)的最后一个等号右边进行变量代换，有：

$$y(n) = \sum_{r=-\infty}^{\infty} x(n-r)h(r) = h(n) * x(n) \tag{1.3-14}$$

即有：

$$y(n) = x(n) * h(n) = h(n) * x(n) \tag{1.3-15}$$

式(1.3-15)说明：对线性时不变系统而言，输出序列 $y(n)$ 等于输入序列 $x(n)$ 与本系统单位取样响应 $h(n)$ 的卷积(线性卷积)，而与进行卷积的两序列的先后次序无关。

1.3.7 离散卷积的计算方法

离散卷积是一种非常重要的计算，它在数字信号处理过程中起着重要的作用。因此，不仅要知道该运算的意义，而且也应熟练地掌握其运算技巧。

首先把式(1.3-12)再次写出：

$$y(n) = \sum_{k=-\infty}^{\infty} x(k)h(n-k) \tag{1.3-16}$$

为了求出序列 $y(n)$，序号 n 从小到大逐一取值，当 n 为某个值时，用上式的右边进行乘加运算，结果是序列 $y(n)$ 第 n 个值。例如：令 $n = 0$，则有：

$$y(0) = \sum_{k=-\infty}^{\infty} x(k)h(0-k) \tag{1.3-17}$$

若令 $n = N$（N 为一个值），则有

$$y(N) = \sum_{k=-\infty}^{\infty} x(k)h(N-k) = \sum_{k=-\infty}^{\infty} x(k)h[-(k-N)] \tag{1.3-18}$$

这样可以逐一求出序列值，形成序列 $y(n)$。

1. 离散卷积的图解法

这里举例说明离散卷积的图解方法。

【例 1.3-2】　一个线性时不变系统的单位取样响应序列 $h(n)$ 和输入序列 $x(n)$ 如图 1.3-2 所示，求输出序列 $y(n)$。

解：由式(1.3-18)知，系统单位取样响应序列 $h(n)$，不仅要反转，还要移位 N。分别以图 1.3-3(a)和(b)表示。

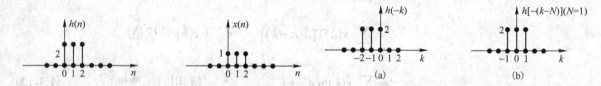

图 1.3-2　系统单位取样响应序列和输入序列　　　图 1.3-3　$h(n)$ 反转及反转后再移位对应的序列

图解法求解步骤如下：

第一步：根据序列得到其反转序列 $h(-k)$，见图 1.3-3(a)。

第二步：将 $h(-k)$ 右移 N，得到 $h(N-k)$，见图 1.3-3(b)。

第三步：需要将 $x(k)$ 和 $h(N-k)$ 画在同一个图上，所有重叠的均非 0 的序列值进行乘法运算，得到 $x(k)h(N-k)$。

第四步：将上步所有乘积值相加即为 $y(N)$。

第五步：N 逐一取值，重复上面四步。直到 $-\infty < n < \infty$（n 通常都有确切的上下限）。

具体运算过程见图 1.3-4。

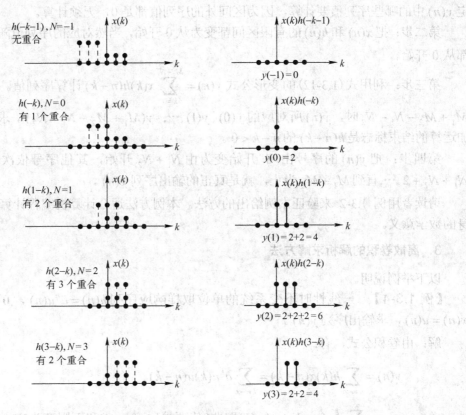

图 1.3-4　离散卷积计算的图解法

可以让 n 继续取更大的 N，进行计算，最后结果如图 1.3-5 所示。

显然图解法比较直观，但是非常麻烦，只适合于短序列的卷积计算。严格地说，图解法对理解卷积的计算过程意义不大。

一个序列 $x(n)$ 如果存在一个序号的有限区间 $[N,M]$，在此区间

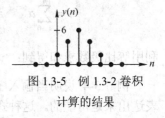

图 1.3-5　例 1.3-2 卷积
计算的结果

外，所有序号对应的序列值为 0，这种序列称为有限长序列。若序列 $x(n)$ 和序列 $h(n)$ 均是有限长序列，二者的长度分别为 L_1 和 L_2，有限区间分别为 $[N_1,M_1]$ 和 $[N_2,M_2]$，序列 $y(n) = x(n)*h(n)$，则由图解法可总结出以下结论：

① $y(n)$ 的有限区间为 $[N_1+N_2,M_1+M_2]$；

② $y(n)$ 的长度为：$L = L_1 + L_2 - 1$。

上述结论将用于离散卷积的计算机求解。

2．离散卷积的计算机求解

以下举例说明。

【例 1.3-3】　如例 1.3-2，再加上如下限定：

输入序列 $x(n)$ 和系统单位取样响应序列 $h(n)$ 均是有限长序列，即：

$x(n)$ 的有限区间为 $[N_1,M_1]$，本例是[0,2]。

$h(n)$ 的有限区间为 $[N_2,M_2]$，本例是[0,2]。

解：本例的求解步骤如下：

第一步：确定 $y(n)$ 的有限区间为 $[N_1+N_2, M_1+M_2]$，本例是 $[0,4]$。这一步的工作是为了决定 $y(n)$ 中的哪些序列值要计算，因为区间外的序列值都是 0，无须计算。

第二步：把 $x(n)$ 和 $h(n)$ 的有限区间都变为从 0 开始，当然对应的序列值随之移动。本例已经都从 0 开始。

第三步：利用式（1.3-12）的变形公式 $y(n)=\sum\limits_{k=0}^{M_1-N_1}x(k)h(n-k)$ 计算序列值。计算当 $n=0,1,2,\cdots$，$M_1+M_2-N_1-N_2$ 时，$y(n)$ 所对应的 $y(0)$，$y(1)$，$\cdots$，$y(M_1+M_2-N_1-N_2)$。求一个序列值时，乘加运算的结束标志是 $h(n-k)$ 的 $n-k<0$。

第四步：把 $y(n)$ 的序号由 0 开始变为由 N_1+N_2 开始，其他序号依次变为 N_1+N_2+1，N_1+N_2+2，$\cdots$，直到 M_1+M_2 为止，就是真正的输出序列 $y(n)$。

请读者用例 1.3-2 来验证本例给出的方法。本例方法适合计算机编程计算，并且合乎公式本身的数学意义。

3. 离散卷积的解析求解方法

以下举例说明。

【例 1.3-4】 一线性时不变系统的单位取样响应序列 $h(n)=a^n u(n)$，$0<a<1$，输入序列 $x(n)=u(n)$，求输出序列 $y(n)$。

解：由卷积公式，有：

$$y(n)=\sum_{k=-\infty}^{\infty}h(k)x(n-k)=\sum_{k=-\infty}^{\infty}a^k u(k)u(n-k)$$

$$=\sum_{k=0}^{\infty}a^k u(n-k) \quad （u(k)取非0值要求k\geq0，求和下限变为0）$$

$$=\sum_{k=0}^{n}a^k \quad （u(n-k)取非0值要求n-k\geq0，即k\leq n，求和上限变为n）$$

利用等比级数求和得到：$y(n)=\dfrac{1-a^{n+1}}{1-a}u(n)$。

例 1.3-4 说明当输入序列和单位取样响应序列由简单式子给出时，输出序列以一个解析式子表达出来是可能的。这种式子称为闭合形式或紧凑形式。在工程中，一般难以用闭合形式来表达输出序列，但解析求解方法在理论分析中是十分有价值的。

1.3.8 离散卷积的 MATLAB 求解

MATLAB 的信号处理工具箱函数 conv 用于计算两个有限长序列的线性卷积，其调用格式为：

$$C=conv(A,B)$$

其中，A 和 B 为参与卷积运算的两个有限长序列向量，C 为卷积结果序列。如果 A 和 B 的长度分别为 N 和 M，则结果序列 C 的长度为 $N+M-1$。以 conv 函数为基础，实现例 1.3-2 中两个有限长序列线性卷积计算及画图的 MATLAB 程序如下：

```
xn=[1,1,1];                    %序列 x(n)
nx=0:2;                        %序列 x(n)的位置向量
hn=[2,2,2];                    %序列 h(n)
nh=0:2;                        %序列 h(n)的位置向量
```

```
ny=nh(1)+nx(1):nh(end)+nx(end);          %计算序列 y(n)的位置向量
yn=conv(xn,hn);                          %计算序列 y(n)
stem(ny,yn,'.');
line([0,5],[0,0]);
axis([0,5,0,7]);
xlabel('n');ylabel('y(n)')               %以上 4 行代码为画图程序
```

运行程序，得到的结果如图 1.3-6 所示。

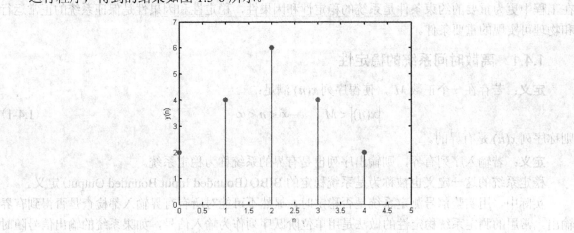

图 1.3-6 例 1.3-2 的 MATLAB 求解结果

这一结果与上述图解法计算的结果相同。

1.3.9 卷积的运算规律

设有 3 个序列分别为 $v(n)$、$w(n)$ 和 $x(n)$，它们只与线性时不变系统有关。用卷积定义公式可以容易地证明出下面的卷积运算基本规律：

交换律： $$v(n)*w(n)=w(n)*v(n) \tag{1.3-19}$$

结合律： $$v(n)*[w(n)*x(n)]=[v(n)*w(n)]*x(n) \tag{1.3-20}$$

分配律： $$v(n)*[w(n)+x(n)]=v(n)*w(n)+v(n)*x(n) \tag{1.3-21}$$

与单位取样序列的卷积： $$x(n)*\delta(n)=x(n) \tag{1.3-22}$$

与移位单位取样序列的卷积： $$x(n)*\delta(n-k)=x(n-k) \tag{1.3-23}$$

这些基本定律在线性时不变系统的变换和分析中是很有用的。例如利用结合律可以求得串联系统的单位取样响应如图 1.3-6 所示；利用分配律可以求得并联系统的单位取样响应如图 1.3-7 所示。

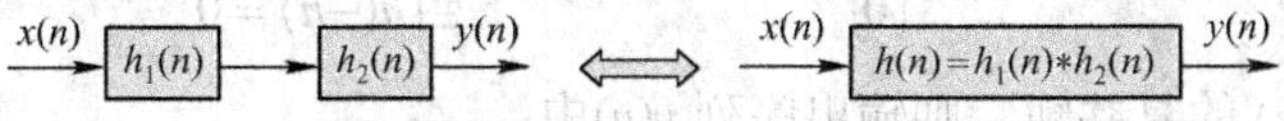

图 1.3-6 串联系统的单位取样响应

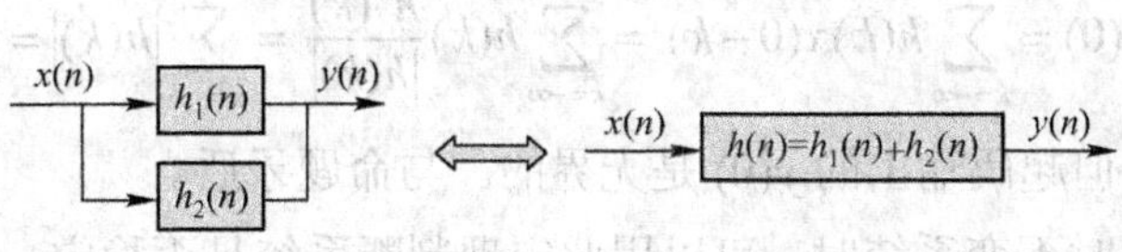

图 1.3-7 并联系统的单位取样响应

在图 1.3-6 和图 1.3-7 中使用了双箭头，说明是等效的变换。可以合并，也可以拆分。必须再次强调的是，只有线性时不变系统才有这种性质。

1.4 离散时间系统的因果性和稳定性

由上一节可以看到一个系统如果是线性时不变系统，可以通过卷积计算得到系统的输出。但在工程中更为重要的约束条件是系统的稳定性和因果性，稳定性和因果性是保证系统的正常运行和物理可实现的重要条件。

1.4.1 离散时间系统的稳定性

定义：若存在一个正数 M，使得序列 $x(n)$ 满足：

$$|x(n)| < M \qquad -\infty < n < \infty \tag{1.4-1}$$

则称序列 $x(n)$ 是有界的。

定义：若输入序列有界，则输出序列也是有界的系统称为稳定系统。

稳定系统的这一定义也被称为是系统稳定的 BIBO（Bounded Input Bounded Output）定义。

实际中，用实验信号测定系统是否稳定时，显然不可能对所有有界输入都检查是否得到有界输出。常用的测定系统稳定性的做法是用单位阶跃序列作为输入信号，如果系统的输出信号随时间（变量 n）的增大趋于常数或零，则该系统一定稳定，否则不稳定。这种方法不必对所有有界输入都进行实验。

定理：一个线性时不变系统是稳定系统的充要条件是系统的单位取样响应 $h(n)$ 绝对可和，即：

$$S = \sum_{n=-\infty}^{\infty} |h(n)| < \infty \tag{1.4-2}$$

证明：

充分性：设 $|x(n)|$ 的最大值为 M，即：$|x(n)| \leqslant M$。

由卷积公式，有

$$|y(n)| = \left| \sum_{k=-\infty}^{\infty} h(k)x(n-k) \right| \leqslant \sum_{k=-\infty}^{\infty} |h(k)||x(n-k)| \leqslant M \sum_{k=-\infty}^{\infty} |h(k)| < \infty$$

单位取样响应 $h(n)$ 绝对可和时，输入序列 $x(n)$ 有界，输出序列 $y(n)$ 有界，系统稳定。

必要性：用反证法。命题是：当 $S = \sum_{n=-\infty}^{\infty} |h(n)| = \infty$，有界输入时也有有界输出。

选择有界输入序列为：

$$x(n) = \begin{cases} h^*(-n)/|h(-n)| & \text{当 } h(-n) \neq 0 \\ 0 & \text{当 } h(-n) = 0 \end{cases}$$

式中，$h^*(-n)$ 是 $h(-n)$ 的复共轭，则输出序列 $y(n)$ 中：

$$y(0) = \sum_{k=-\infty}^{\infty} h(k)x(0-k) = \sum_{k=-\infty}^{\infty} h(k)\frac{h^*(k)}{|h(k)|} = \sum_{k=-\infty}^{\infty} |h(k)| = \infty$$

说明虽然是有界输入，但起码输出的 $y(0)$ 是无界的。与命题矛盾。

在已知系统为线性时不变系统时，可以用此定理判断系统是否稳定，否则只能由稳定系统的定义来判断。证明过程也说明线性时不变系统并不一定是稳定系统，这与系统的单位取样响应 $h(n)$ 密切相关。

1.4.2 离散时间系统的因果性

定义：若一个离散系统的输出 $y(n)$，在 $n = n_0$ 时的序列值 $y(n_0)$，只依赖于 $n \leqslant n_0$ 的输入序列，而与 $n > n_0$ 的输入序列无关，就称此系统为因果系统。

因果系统的输出值只和当前、以前的输入和以前的输出值有关。这意味着系统的输出是不可预知的，这样的系统也才是物理可实现的。但是如果不是实时处理，或允许有一定的处理延时，则可把"将来"的输入值存储起来以备调用，则此时非因果系统是可以实现的，这也是数字系统优于模拟系统的一个地方。

定义：若有一个序列，当 $n < 0$ 时的序列值全等于零，则称此序列为因果序列。

定理：一个线性时不变系统为因果系统的充要条件是：当 $n < 0$ 时，其单位取样响应 $h(n)$ 的序列值全为零，即 $h(n)$ 为因果序列。

证明：

充分性：当 $n < 0$ 时，$h(n) = 0$，则 $k > n_0$ 时，$h(n_0 - k) = 0$。

输出序列 $y(n)$ 在 n_0 的取值应为：

$$
\begin{aligned}
y(n_0) &= \sum_{k=-\infty}^{\infty} x(k)h(n_0 - k) \\
&= \sum_{k=-\infty}^{n_0} x(k)h(n_0 - k) + \sum_{k=n_0+1}^{\infty} x(k)h(n_0 - k) \\
&= \sum_{k=-\infty}^{n_0} x(k)h(n_0 - k)
\end{aligned}
$$

说明 $y(n_0)$ 与输入序列 $x(k)$ 的 $k > n_0$ 的序列值无关。

必要性：用反证法。命题是：即使 $n < 0$ 时 $h(n) \neq 0$，也是一个因果系统。

输出序列 $y(n)$ 在 n_0 的值为

$$
y(n_0) = \sum_{k=-\infty}^{n_0} x(k)h(n_0 - k) + \sum_{k=n_0+1}^{\infty} x(k)h(n_0 - k)
$$

这时输出 $y(n_0)$ 不但同 $k \leqslant n_0$ 的输入序列 $x(k)$ 的序列值有关，而且还与输入序列 $x(k)$ 的 $k > n_0$ 的序列值有关，这就同因果系统的定义发生了矛盾。因此定理成立。

定理的使用是有前提的，必须是线性时不变系统，才可以用 $h(n)$ 来判断。否则只能由因果系统的定义来判断。

【例 1.4-1】 设线性时不变系统的单位取样响应序列 $h(n) = a^n u(n)$，其中 a 为实常数，试分析该系统的因果性和稳定性。

解：由于 $n < 0$ 时，$h(n) = 0$，即 $h(n)$ 是因果序列，所以系统是因果系统。

$$
\sum_{n=-\infty}^{\infty} |h(n)| = \sum_{n=0}^{\infty} |a|^n = \lim_{N \to \infty} \frac{1 - |a|^N}{1 - |a|}
$$

只有当 $|a| < 1$ 时，才有 $\sum_{n=-\infty}^{\infty} |h(n)| = \frac{1}{1 - |a|}$，即 $h(n)$ 是绝对可和的；否则 $\sum_{n=-\infty}^{\infty} |h(n)| \to \infty$。

因此系统稳定的条件是 $|a|<1$；否则 $|a| \geqslant 1$ 时，系统是不稳定的。

*1.5 离散时间信号的相关分析

在信号处理系统以及通信系统中，有时需要比较两个信号序列之间的相似程度，或信号与其移位以后的信号的相似程度，并依据这种相似程度所提供的信息进行信号的检测与测量等工作，此时就要利用离散时间信号的相关运算。由于实际应用中，信号多为实信号，因此本节所涉及的离散时间信号均为实信号。

1.5.1 离散时间信号的互相关

设序列 $x(n)$ 和 $y(n)$ 为两个能量有限的离散时间信号，则序列 $x(n)$ 与序列 $y(n)$ 之间的互相关序列定义为：

$$R_{xy}(m) = \sum_{n=-\infty}^{+\infty} x(n)y(n-m) \tag{1.5-1}$$

式(1.5-1)表明，$R_{xy}(m)$ 在时刻 m 时的值等于序列 $x(n)$ 不动，而序列 $y(n)$ 右移 m 个单位后，相乘并求和的结果。$R_{xy}(m)$ 反映了序列 $x(n)$ 与右移 m 个单位的序列 $y(n)$ 之间的相似程度，某一 m 处 $R_{xy}(m)$ 的绝对值越大，则此时相似性就越强。

按照上述的定义，则序列 $y(n)$ 与序列 $x(n)$ 之间的互相关序列定义为：

$$R_{yx}(m) = \sum_{n=-\infty}^{+\infty} y(n)x(n-m) \tag{1.5-2}$$

式(1.5-2)表明，$R_{yx}(m)$ 在时刻 m 的值等于序列 $y(n)$ 不动，而序列 $x(n)$ 左移 m 个单位后，相乘并求和的结果。

由式(1.5-1)和式(1.5-2)可以看出，$R_{xy}(m)$ 与 $R_{yx}(m)$ 是不同的，并可以证明：

$$R_{xy}(m) = R_{yx}(-m) \tag{1.5-3}$$

令式(1.5-1)中等号右边的 $n-m=k$，则式(1.5-1)还可写为：

$$R_{xy}(m) = \sum_{k=-\infty}^{+\infty} x(m+k)y(k) = \sum_{n=-\infty}^{+\infty} x(n+m)y(n) \tag{1.5-4}$$

做序列 $x(m)$ 与序列 $y(-m)$ 之间的线性卷积，可得：

$$x(m) * y(-m) = \sum_{k=-\infty}^{+\infty} x(k)y[-(m-k)] = \sum_{k=-\infty}^{+\infty} x(n)y(n-m) \tag{1.5-5}$$

对比式(1.5-1)和式(1.5-5)可得：

$$R_{xy}(m) = x(m) * y(-m) \tag{1.5-6}$$

式(1.5-6)表明了序列相关运算与序列卷积运算之间的关系。

1.5.2 离散时间信号的自相关

式(1.5-1)中，若序列 $y(n) = x(n)$，则有：

$$R_{xx}(m) = \sum_{n=-\infty}^{+\infty} x(n)x(n-m) \tag{1.5-7}$$

式(1.5-7)称为序列 $x(n)$ 的自相关运算,序列 $R_{xx}(m)$ 称为序列 $x(n)$ 的自相关序列,反映了序列 $x(n)$ 和其自身延迟了 m 个单位的序列之间的相似程度。

在式(1.5-7)中,令 $m=0$,则有:

$$R_{xx}(0) = \sum_{n=-\infty}^{+\infty} x(n)x(n) = \sum_{n=-\infty}^{+\infty} |x(n)|^2 \tag{1.5-8}$$

式(1.5-8)表明,$R_{xx}(0)$ 等于信号序列 $x(n)$ 自身的能量。如果 $x(n)$ 不是能量有限信号,则 $R_{xx}(0) \to \infty$。因此,对功率信号,其自相关序列定义为:

$$R_{xx}(m) = \lim_{N \to \infty} \frac{1}{2N+1} \sum_{n=-N}^{+N} x(n)x(n-m) \tag{1.5-9}$$

若 $x(n)$ 是周期为 N 的周期序列,由式(1.5-9),其自相关序列为:

$$R_{xx}(m) = \lim_{N \to \infty} \frac{1}{N} \sum_{n=0}^{N-1} x(n)x(n-m) = \lim_{N \to \infty} \frac{1}{N} \sum_{n=0}^{N-1} x(n)x(n-N-m) \tag{1.5-10}$$
$$= R_{xx}(m+N)$$

式(1.5-10)表明,周期序列的自相关序列也是周期序列,且和原序列具有相同的周期。这样,在式(1.5-10)中,无限多个周期的求和平均可以用一个周期的求和平均代替,即周期序列的自相关序列的定义为:

$$R_{xx}(m) = \frac{1}{N} \sum_{n=0}^{N-1} x(n)x(n-m) \tag{1.5-11}$$

除了上述的一些性质外,自相关序列的主要性质还有:

(1)若序列 $x(n)$ 是实序列,则 $R_{xx}(m)$ 为偶函数,即:

$$R_{xx}(m) = R_{xx}(-m) \tag{1.5-12}$$

(2)$R_{xx}(m)$ 在 $m=0$ 时取得最大值,即:

$$R_{xx}(0) \geqslant R_{xx}(m) \tag{1.5-13}$$

(3)若 $x(n)$ 是能量信号,则有:

$$\lim_{m \to \infty} R_{xx}(m) = 0 \tag{1.5-14}$$

式(1.5-14)表明,将能量信号序列 $x(n)$ 相对于其自身移动至无穷远处,二者就没有相似性了,这从能量信号的特征不难理解。

习题一

1-1 画出序列 $x(n)$。

(1)$x(n) = (1/2)^n u(n)$ (2)$x(n) = (2)^n u(n)$ (3)$x(n) = \delta(n) + 2\delta(n-2)$

(4)$x(n) = \sin(\pi n/6) u(n)$ (5)$x(n) = (2)^n R_6(n)$ (6)$x(n) = (1/2)^n R_6(n)$

(7)$x(n) = \sin(\pi n/6) R_6(n)$ (8)$x(n) = 2\cos(\pi n/6) u(n)$ (9)$x(n) = e^{-j\pi n/6} R_6(n)$

1-2 判断下列 $x(n)$ 是否为周期序列?若是,求最小周期。

(1)$x(n) = 5\cos(0.05n)$ (2)$x(n) = 3\sin(0.05\pi n)$

(3)$x(n) = 2\sin(0.05\pi n) + \cos(0.12\pi n)$ (4)$x(n) = 3\sin(0.05\pi n + 0.6\pi)$

（5）$x(n) = \mathrm{e}^{-\mathrm{j}(\pi n/8 + \pi/8)}$　　　　　　（6）$x(n) = \mathrm{e}^{-\mathrm{j}\pi n/8} R_8(n)$

1-3　已知序列 $x(n)$ 和 $y(n)$ 如图 E1-1 所示，求：

（1）$z(n) = x(n) + y(n)$　　（2）$z(n) = x(n)y(n)$　　（3）$x(n)$ 的能量　　（4）$y(n)$ 的能量

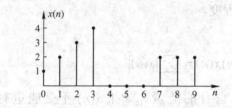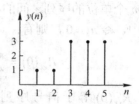

图 E1-1　题 1-3 图

1-4　有 $x_a(t) = \sin(\pi t)$ 和 $x(n) = x_a(nT) = \sin(\pi nT)$，其中 T 为采样周期，求：

（1）模拟信号 $x_a(t)$ 的模拟角频率 Ω。

（2）$T = 1\mathrm{s}$ 时，数字信号 $x(n)$ 的数字角频率 ω。

（3）$T = 0.5\mathrm{s}$ 时，数字信号 $x(n)$ 的数字角频率 ω。

（4）ω、Ω 和 T 之间有什么样的关系？

（5）画出（2）、（3）对应的序列 $x(n)$，有何发现？

1-5　连续时间信号 $x_a(t) = \cos(2\pi f_0 t + \varphi)$，其中 $f_0 = 20\mathrm{Hz}$，$\varphi = \pi/2$，求：

（1）$x_a(t)$ 的周期；

（2）用采样周期 $T = 0.02\mathrm{s}$ 对 $x_a(t)$ 进行采样，得到离散时间信号 $x(n)$，写出 $x(n)$ 的表达式，并求出其最小周期。

1-6　离散时间 LTI 系统，单位取样响应为 $h(n)$，输入信号 $x(n)$ 是周期为 N 的周期序列，证明输出信号 $y(n)$ 也是周期为 N 的周期序列。

1-7　一个 LTI 系统的单位取样响应 $h(n)$ 在区间 $N_0 \leqslant n \leqslant N_1$ 之外皆为零，输入序列 $x(n)$ 在区间 $N_2 \leqslant n \leqslant N_3$ 之外皆为零，输出序列 $y(n)$ 在区间 $N_4 \leqslant n \leqslant N_5$ 之外皆为零。试以 N_0、N_1、N_2、N_3 表示出 N_4 和 N_5。

1-8　计算序列 $x(n)$ 和 $y(n)$ 的卷积。

（1）$x(n) = u(n) - u(n-N)$　　　$y(n) = nu(n)$

（2）$x(n) = u(n-1) - u(n-2)$　　$y(n) = u(n+3) - u(n+1)$

（3）$x(n) = (1/2)^n u(n)$　　　　$y(n) = (1/4)^n u(n)$

（4）$x(n) = (1/2)^n u(n)$　　　　$y(n) = u(n) - u(n-10)$

（5）$x(n) = 2^n u(-n-1)$　　　　$y(n) = 4^n u(-n-1)$

1-9　$x(n)$ 和 $y(n)$ 分别表示一个系统的输入和输出，试确定下列系统是否为线性系统、时不变系统、稳定系统、因果系统（a、b 为常数）。

（1）$y(n) = ax(n) + b$　　　　　（2）$y(n) = ax^2(n)$　　　　　（3）$y(n) = \mathrm{e}^{-x(n)}$

（4）$y(n) = \sum\limits_{k=n-3}^{n} \mathrm{e}^{x(k)}$　　　（5）$y(n) = x(n)g(n)$　　　　（6）$y(n) = x(n)\sin\left(\dfrac{2\pi n}{7} + \dfrac{\pi}{4}\right)$

1-10　一个输入为 $x(n)$ 的系统，系统的输入/输出关系为 $y(n) - by(n-1) = x(n)$，其中 b 为常数，且有 $y(0) = 1$。

（1）判断系统是否为线性的；

（2）判断系统是否为时不变的；

（3）若 $y(0) = 0$，（1）和（2）的答案是否改变？

1-11　某离散时间系统的差分方程为：$y(n) + 2y(n-1) + y(n-2) = x(n)$，当 $n < 0$ 时，有 $y(n) = 0$。

（1）计算 $x(n) = \delta(n)$ 时，$n = 1, 2, 3, 4, 5$ 的 $y(n)$ 的值；

（2）计算 $x(n) = u(n)$ 时的 $y(n)$；

（3）求系统的单位取样响应 $h(n)$；

（4）系统稳定吗？为什么？

1-12 某离散时间 LTI 系统的单位取样响应为 $h(n) = 3\left(-\dfrac{1}{4}\right)^n u(n-1)$，判断该系统是否为因果系统和稳定系统。

1-13 某离散时间系统的结构如图 E1-2 所示。设：

$h_1(n) = 4 \times (0.5)^n [u(n) - u(n-3)]$ $h_2(n) = h_3(n) = (n+1)u(n)$

$h_4(n) = \delta(n-1)$ $h_5(n) = \delta(n) - 4\delta(n-3)$

求该系统总的单位取样响应 $h(n)$，并推导出输出 $y(n)$ 和输入 $x(n)$ 之间的关系。

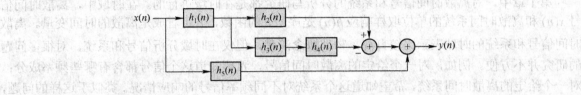

图 E1-2 题 1-13 图

1-14 计算下列信号序列的自相关序列。

（1）$x(n) = a^n u(n)$，$0 < a < 1$ （2）$x(n) = R_N(n)$ （3）$x(n) = \cos\left(\dfrac{2\pi n}{N}\right)$

第2章 离散时间信号和系统的频域表示

2.1 引 言

第1章中，对离散时间信号和系统的分析与研究都是在时域进行的。在时域中，离散时间信号 $x(n)$ 和离散时间系统的单位取样响应 $h(n)$ 是序号 n 的函数，n 可看成是离散的时间变量。离散时间信号和系统的时域表示比较直观，物理概念清楚，但仅在时域分析信号和系统，对很多问题的研究并不方便。例如，对一个给定的离散时间信号，希望知道这个信号都含有哪些频率成分；对一个给定的离散时间系统，希望知道这个系统对不同频率信号的响应情况。类似于这样的问题，在时域就很难进行解决。这时，就需要将离散时间信号或离散时间系统由时域表示转换为频域表示，以便于问题的分析。对离散时间信号和系统进行频域表示和分析的重要数学工具就是离散时间傅里叶变换，也称为序列的傅里叶变换。本章将以序列的傅里叶变换为基础，讨论离散时间信号与系统的频域表示与分析方法。

2.2 离散时间信号和系统的傅里叶变换分析

在线性时不变离散时间系统分析中，余弦(或正弦)序列的稳态响应很重要，为此首先讨论系统对复指数序列的响应。这是因为如果要求出系统对输入 $x(n) = A\cos(\omega_0 n + \varphi_0)$ 的稳态响应，则必须先求出系统对复指数序列的响应(根据正、余弦序列与复指数序列的关系)，然后再根据叠加原理求出系统对余弦(或正弦)序列的响应。

2.2.1 特殊的复指数序列 $e^{j\omega n}$

复指数序列的一般形式是 $Ae^{j(\omega n+\varphi)}$，常使用的是 $e^{j\omega n}$ 及其变形，它可以表示为：

$$e^{j\omega n} = \cos(\omega n) + j\sin(\omega n) \tag{2.2-1}$$

欧拉公式的形式为：

$$e^{j\omega n} + e^{-j\omega n} = 2\cos(\omega n) \tag{2.2-2}$$

$$e^{j\omega n} - e^{-j\omega n} = j2\sin(\omega n) \tag{2.2-3}$$

式 (2.2-1)～式 (2.2-3) 说明复指数序列与正、余弦序列有密切的关系，但要在复数域中进行讨论。如果要以画图说明复指数序列，使用复平面表示是最直观的。若以 $\cos(\omega n)$ 为实轴，$j\sin(\omega n)$ 为虚轴，则 $e^{j\omega n}$ 是复平面单位圆上的一些点。如令 x 为复数，它的实部可表示成 $\mathrm{Re}(x)$，虚部表示为 $\mathrm{Im}(x)$，为简单起见，画图时实轴冠以 Re，虚轴冠以 Im。下面画出序列 $e^{j\pi n/2}$，如图 2.2-1 所示。

显然，序列 $e^{j\omega n}$ 也有周期性问题，对数字角频率 ω 也存在分析区间的问题，如果对正弦序列的相关问题已经清楚，不难做出正确的回答。请读者思考并总结。

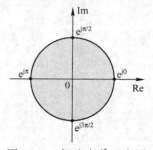

图 2.2-1 序列 $e^{j\pi n/2}$ 示意图

2.2.2 LTI 系统对复指数序列 $e^{j\omega n}$ 的响应

若一个线性时不变系统的输入序列 $x(n) = e^{j\omega n}$，亦即有 $x(n-k) = e^{j\omega(n-k)}$，则系统的输出序列应为：

$$y(n) = \sum_{k=-\infty}^{\infty} h(k)e^{j(n-k)\omega} = e^{j\omega n}\sum_{k=-\infty}^{\infty} h(k)e^{-j\omega k}$$

若定义

$$H(e^{j\omega}) = \sum_{k=-\infty}^{\infty} h(k)e^{-j\omega k} \tag{2.2-4}$$

则

$$y(n) = e^{j\omega n}H(e^{j\omega}) \tag{2.2-5}$$

式 (2.2-5) 中 $e^{j\omega n}$ 是系统的输入序列，又称为系统的特征函数，相应的特征值为 $H(e^{j\omega})$，$H(e^{j\omega})$ 通常称为系统的频率响应。由此式可以看出，当输入序列为 $e^{j\omega n}$ 时，输出序列是与输入序列同频率的复指数序列，只是由于 $H(e^{j\omega})$ 也是一个复数，$y(n)$ 的幅值和相位与输入序列可能不同。由复指数序列和正余弦序列之间的关系，当系统输入序列为正余弦序列时，输出序列是与输入序列同频率的正余弦序列，其幅度受 $H(e^{j\omega})$ 的模值的加权，相位则是输入序列相位和 $H(e^{j\omega})$ 相位角的和。由式 (2.2-4) 可以看出，等式右边的变量 k 可以统一换成其他符号而不会影响到 $H(e^{j\omega})$（例如用变量 n 来替换变量 k）。

2.2.3 LTI 系统的频率响应

$H(e^{j\omega}) = \sum_{n=-\infty}^{\infty} h(n)e^{-j\omega n}$ 称为系统的频率响应，它一般为复数，可用其实部和虚部表示为：

$$H(e^{j\omega}) = H_R(e^{j\omega}) + jH_I(e^{j\omega}) \tag{2.2-6}$$

或者用幅度和相位表示为：

$$H(e^{j\omega}) = \left|H(e^{j\omega})\right|e^{j\varphi(\omega)} \tag{2.2-7}$$

其中

$$\varphi(\omega) = \arg[H(e^{j\omega})] = \arctan[H_I(e^{j\omega})/H_R(e^{j\omega})] \tag{2.2-8}$$

$$\left|H(e^{j\omega})\right| = [H_R^2(e^{j\omega}) + H_I^2(e^{j\omega})]^{1/2} \tag{2.2-9}$$

一般把式 (2.2-8) 的 $\varphi(\omega)$ 称为相频响应，把式 (2.2-9) 的 $\left|H(e^{j\omega})\right|$ 称为幅频响应。

系统的频率响应包括相频响应、幅频响应都是数字角频率 ω 的连续函数，而且是以 2π 为周期的周期函数。因此在对离散时间信号与系统进行频域分析时，只分析一个周期就可以了。由频率响应定义式 (2.2-4) 做如下推导（r 与 k 均为整数）：

$$H(e^{j(\omega+2\pi r)}) = \sum_{k=-\infty}^{\infty} h(k)e^{-j(\omega+2\pi r)k} = \sum_{k=-\infty}^{\infty} h(k)e^{-j\omega k} = H(e^{j\omega})$$

上述的推导过程就说明了离散时间系统的频率响应 $H(e^{j\omega})$ 是以 2π 为周期的。

实际应用中，多数系统都是实系统，即 $h(n)$ 是实序列，此时，系统的幅频响应是数字角频率 ω 的偶函数，系统的相频响应则是数字角频率 ω 的奇函数。

【例 2.2-1】 由于经常用到矩形窗序列，现假定一线性时不变系统的单位取样响应序列 $h(n)$ 为矩形窗序列，即：

$$h(n) = R_N(n) = \begin{cases} 1 & 0 \leqslant n \leqslant N-1 \\ 0 & \text{其他} n \end{cases}$$

求此系统的频率响应，并画出 $N=5$ 时的幅频、相频响应曲线。

解：其频率响应为：

$$H(e^{j\omega}) = \sum_{n=-\infty}^{\infty} h(n)e^{-j\omega n} = \sum_{n=0}^{N-1} e^{-j\omega n} = \frac{1-e^{-j\omega N}}{1-e^{-j\omega}}$$

$$= \frac{e^{-j\omega N/2}(e^{j\omega N/2}-e^{-j\omega N/2})}{e^{-j\omega/2}(e^{j\omega/2}-e^{-j\omega/2})} = \frac{\sin(\omega N/2)}{\sin(\omega/2)}e^{-j\omega(N-1)/2}$$

由式(2.2-8)、式(2.2-9)可得：
$$\left|H(e^{j\omega})\right| = \left|\frac{\sin(\omega N/2)}{\sin(\omega/2)}\right| \tag{2.2-10}$$

$$\varphi(\omega) = \arg[H(e^{j\omega})] = -\omega(N-1)/2 + \arg\left(\frac{\sin(\omega N/2)}{\sin(\omega/2)}\right) \tag{2.2-11}$$

式(2.2-11)中之所以含有第二项，是由于 $\sin(\omega N/2)/\sin(\omega/2)$ 的值来回变号的原因，即随着 ω 的值由 0 到 2π 的变化，其值在一段区间内是正值，在紧接着的区间内是负值……，由于 $e^{j\pi} = e^{j(-\pi)} = -1$（即 $\arg(-1) = \pi$），造成相频响应是间断连续的。

$N=5$ 时的幅频响应、相频响应曲线，如图 2.2-2 所示。

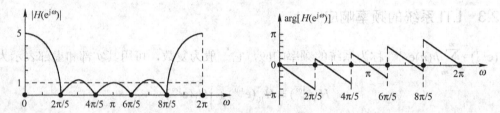

图 2.2-2 $\quad N=5$ 时的幅频响应和相频响应曲线

绘制幅频响应曲线时有以下几点需注意的地方：

（1）$\left|H(e^{j0})\right| = \lim\limits_{\omega \to 0}\left|\frac{\sin(\omega N/2)}{\sin(\omega/2)}\right| = N = 5$；

（2）$\left|H(e^{j\omega})\right|$ 为零的 ω 的取值应满足 $\sin(\omega N/2) = 0$，即 $\omega = 2k\pi/N = 2k\pi/5$；

（3）$H(e^{j\omega})$ 具有周期性和对称性。

绘制相频响应曲线时，将相频响应的取值限制在 $[-\pi,\pi]$ 区间内。

由图 2.2-2 的幅频响应曲线可以看出，单位取样响应为矩形窗的系统大致相当于一个低通滤波器（很不理想），当 ω 在区间 $[0,2\pi/N]$ 内时，相当于低通滤波器的通带，当 ω 在区间 $[2\pi/N,\pi]$ 内时相当于阻带。一般要求 $N \gg 1$。另外顺带指出，幅频响应如果以 $H(\omega)$ 表示（也称为幅度响应），允许取正负值的话，则图 2.2-2 中幅频响应曲线第一副瓣和第三副瓣应翻向 ω 轴的下方。

2.2.4 序列的傅里叶变换和反变换

当系统的单位取样响应序列 $h(n)$ 给定时，就可以用下式计算系统的频率响应 $H(e^{j\omega})$：

$$H(e^{j\omega}) = \sum_{n=-\infty}^{\infty} h(n)e^{-j\omega n} \tag{2.2-12}$$

式(2.2-12)其实就是式(2.2-4)，只是用等号右边的符号 n 代替了 k。$H(\mathrm{e}^{\mathrm{j}\omega})$ 是 ω 的周期连续函数，式(2.2-12)的右边是它的傅里叶级数展开的指数形式，称为傅里叶变换。由于该傅里叶变换是针对离散时间信号或系统的，因此也称为离散时间傅里叶变换(Discrete Time Fourier Transform，简称 DTFT)。由周期函数傅里叶级数的公式可知，$h(n)$ 正是其傅里叶级数的系数，可以用 $H(\mathrm{e}^{\mathrm{j}\omega})$ 的积分求出 $h(n)$，称为傅里叶反变换。傅里叶变换和反变换，称为傅里叶变换对，即

傅里叶变换
$$H(\mathrm{e}^{\mathrm{j}\omega}) = \sum_{n=-\infty}^{\infty} h(n)\mathrm{e}^{-\mathrm{j}\omega n} \tag{2.2-13}$$

傅里叶反变换
$$h(n) = \frac{1}{2\pi}\int_{-\pi}^{\pi} H(\mathrm{e}^{\mathrm{j}\omega})\mathrm{e}^{\mathrm{j}\omega n}\mathrm{d}\omega \tag{2.2-14}$$

对于任一信号序列 $x(n)$ 也可以仿照式(2.2-13)进行傅里叶变换，得到的结果通常称为信号的频谱。下面是任一信号序列 $x(n)$ 的傅里叶变换对：

傅里叶变换
$$X(\mathrm{e}^{\mathrm{j}\omega}) = \sum_{n=-\infty}^{\infty} x(n)\mathrm{e}^{-\mathrm{j}\omega n} \tag{2.2-15}$$

傅里叶反变换
$$x(n) = \frac{1}{2\pi}\int_{-\pi}^{\pi} X(\mathrm{e}^{\mathrm{j}\omega})\mathrm{e}^{\mathrm{j}\omega n}\mathrm{d}\omega \tag{2.2-16}$$

式(2.2-13)和式(2.2-15)的级数并不一定保证是收敛的。例如当 $h(n)$ 为单位阶跃序列或复指数序列时，就不收敛。因此，傅里叶变换存在的条件是式(2.2-15)收敛，可以证明其收敛的充分条件为：

$$\sum_{n=-\infty}^{\infty} |x(n)| < \infty \tag{2.2-17}$$

按上述条件，式(2.2-13)收敛的条件为：$\displaystyle\sum_{n=-\infty}^{\infty} |h(n)| < \infty$，这个条件与线性时不变系统是稳定系统的条件是一致的，因此一个稳定的线性时不变系统的单位取样响应序列的傅里叶变换，即其频率响应总是收敛的。

式(2.2-15)中，若令 $\omega=0$，则有：

$$X(\mathrm{e}^{\mathrm{j}0}) = \sum_{n=-\infty}^{\infty} x(n) \tag{2.2-18}$$

式(2.2-18)常用以检验序列傅里叶变换结果是否正确。

【例2.2-2】 一个数字理想低通滤波器的频率响应为：

$$H(\mathrm{e}^{\mathrm{j}\omega}) = \begin{cases} 1 & |\omega| \leqslant \omega_c \\ 0 & \omega_c < |\omega| \leqslant \pi \end{cases}$$

式中，ω_c 是理想低通滤波器的截止频率。如果一个输入序列通过有这样特性的系统，这个序列经过傅里叶变换后，频谱中的频率低于截止频率的低频分量可以通过，频率高于截止频率的高频分量被滤除。$H(\mathrm{e}^{\mathrm{j}\omega})$ 的图形如图2.2-3所示，求出此系统的单位取样响应序列 $h(n)$。

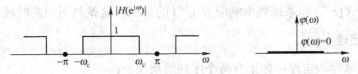

图2.2-3 理想低通滤波器的频率响应

解： 由式(2.2-14)有：

$$h(n) = \frac{1}{2\pi} \int_{-\omega_c}^{\omega_c} 1 \cdot e^{j\omega n} d\omega = \frac{1}{2\pi jn}(e^{j\omega_c n} - e^{-j\omega_c n}) = \frac{\sin(\omega_c n)}{\pi n} \qquad (n\text{ 取整数})$$

只要给出 ω_c，就可以求出 $h(n)$。现令 $\omega_c = \pi/2$，求出的 $h(n)$ 如图 2.2-4 所示。

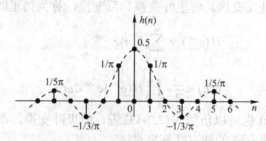

图 2.2-4　截止频率 $\omega_c = \pi/2$ 的理想低通滤波器的单位取样响应

图 2.2-4 中的虚线是响应的包络线，它是模拟理想低通滤波器的冲激响应曲线，显然离散时间系统是取与 ω_c 有关的包络线上的点。由于 $n<0$ 时，单位取样响应 $h(n)$ 不为 0，即 $h(n)$ 为非因果序列，因此理想低通滤波器是非因果的。并且当 $\omega_c = \pi/2$ 时，有：

$$\sum_{n=-\infty}^{\infty} |h(n)| = \frac{1}{2} + \frac{2}{\pi}\left(1 + \frac{1}{3} + \frac{1}{5} + \cdots\right) \to \infty \qquad (\text{请留意图形的对称性})$$

说明理想低通滤波器不是稳定系统。因此理想低通滤波器不是因果稳定系统，是无法实现的。在后续章节中将介绍逼近理想低通滤波器的因果稳定的低通滤波器的设计方法。

2.2.5　信号通过线性时不变稳定系统的频域表示法

1. 时域卷积定理

即：一个线性时不变系统如果是稳定系统，则其傅里叶变换存在。如果系统的单位取样响应是 $h(n)$，频率响应是 $H(e^{j\omega})$；输入序列 $x(n)$ 的傅里叶变换是 $X(e^{j\omega})$；输出序列 $y(n)$ 的傅里叶变换为 $Y(e^{j\omega})$，则一定有

$$Y(e^{j\omega}) = H(e^{j\omega})X(e^{j\omega}) \tag{2.2-19}$$

证明： 根据卷积公式

$$y(n) = x(n) * h(n) = \sum_{k=-\infty}^{\infty} x(k)h(n-k)$$

则

$$Y(e^{j\omega}) = \sum_{n=-\infty}^{\infty} y(n)e^{-j\omega n} = \sum_{n=-\infty}^{\infty} \sum_{k=-\infty}^{\infty} x(k)h(n-k)e^{-j\omega n}$$

$$= \sum_{k=-\infty}^{\infty} x(k)e^{-j\omega k} \sum_{n=-\infty}^{\infty} h(n-k)e^{-j\omega(n-k)} = H(e^{j\omega})X(e^{j\omega})$$

即证明式(2.2-19)成立。式(2.2-19)说明，输入信号通过系统后，输出信号的傅里叶变换等于输入信号的傅里叶变换 $X(e^{j\omega})$ 和系统频率响应 $H(e^{j\omega})$ 的乘积，这就是所谓的时域卷积定理。

2. 频域卷积定理

同理可证明频域卷积定理：如果有两个序列的乘积为：

$$y(n) = x(n)h(n)$$

则相应的频域关系为：

$$Y(\mathrm{e}^{\mathrm{j}\omega})=\frac{1}{2\pi}\int_{-\pi}^{\pi}X(\mathrm{e}^{\mathrm{j}\theta})H(\mathrm{e}^{\mathrm{j}(\omega-\theta)})\mathrm{d}\theta \qquad (2.2\text{-}20)$$

这个关系的证明如下：

$$y(n)=\frac{1}{2\pi}\int_{-\pi}^{\pi}Y(\mathrm{e}^{\mathrm{j}\omega})\mathrm{e}^{\mathrm{j}\omega n}\mathrm{d}\omega$$

$$=\frac{1}{2\pi}\int_{-\pi}^{\pi}\left[\frac{1}{2\pi}\int_{-\pi}^{\pi}X(\mathrm{e}^{\mathrm{j}\theta})H(\mathrm{e}^{\mathrm{j}(\omega-\theta)})\mathrm{d}\theta\right]\mathrm{e}^{\mathrm{j}\omega n}\mathrm{d}\omega$$

$$=\frac{1}{2\pi}\int_{-\pi}^{\pi}X(\mathrm{e}^{\mathrm{j}\theta})\mathrm{e}^{\mathrm{j}\theta n}\mathrm{d}\theta\frac{1}{2\pi}\int_{-\pi}^{\pi}H(\mathrm{e}^{\mathrm{j}(\omega-\theta)})\mathrm{e}^{\mathrm{j}(\omega-\theta)n}\mathrm{d}\omega$$

$$=x(n)h(n)$$

式(2.2-20)得到证明。

式(2.2-20)说明，两个相乘序列的傅里叶变换是这两个序列各自的傅里叶变换的卷积，这就是所谓的频域卷积定理。需要补充说明的是，这里的 $x(n)$、$y(n)$ 和 $h(n)$ 均是任意确切的信号序列，它们的傅里叶变换分别是 $X(\mathrm{e}^{\mathrm{j}\omega})$、$Y(\mathrm{e}^{\mathrm{j}\omega})$ 和 $H(\mathrm{e}^{\mathrm{j}\omega})$，并非局限为某个线性时不变系统。亦即频域卷积定理只与序列和傅里叶变换有关，与系统无关。

2.2.6　离散时间傅里叶变换的 MATLAB 计算

离散时间信号 $x(n)$ 的傅里叶变换 $X(\mathrm{e}^{\mathrm{j}\omega})$ 由式(2.2-15)所确定。式(2.2-15)是一个求和公式，对于该求和公式的计算，也可借助于 MATLAB 中的矩阵向量乘法进行。同时，借助于仿真软件，对于幅度谱和相位谱的绘制更加方便。仍以例 2.2-1 为实例，介绍 MATLAB 中离散时间傅里叶变换的计算及画图程序。MATLAB 示例程序如下：

```
N=5;n=0:N–1;
hn=[ones(1,N)];
k=0:199;w=(pi/100)*k;          %频率轴[0,2*pi]区间分为 200 点
H=hn*(exp(–j*pi/100)).^(hn'*k);  %用矩阵向量乘法计算 h(n)的傅里叶变换
magH=abs(H);                    %计算幅频响应
angH=angle(H);                  %计算相频响应
subplot(311);stem(n,hn,'.');title('h(n)');      %绘制 h(n)的时域图形
subplot(312);plot(w/pi,magH);title('幅频响应');  %绘制幅频响应
subplot(313);plot(w/pi,angH/pi);title('相频响应'); %绘制相频响应
```

该程序的运行结果如图 2.2-5 所示。

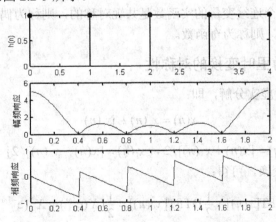

图 2.2-5　例 2.2-1 的 MATLAB 求解结果

2.3 傅里叶变换的对称性

傅里叶变换有一些对称性质，在今后的序列与频谱的讨论中很有用，详细了解有助于对傅里叶变换的深入理解。

2.3.1 共轭对称与共轭反对称

定义：如果 $x(n)$ 为复数序列（简称复序列），则：

1. 若 $x(n) = x^*(-n)$，称序列 $x(n)$ 为共轭对称序列，一般用 $x_e(n)$ 表示。当共轭对称序列是实序列时，称为偶序列。

2. 若 $x(n) = -x^*(-n)$，称序列 $x(n)$ 为共轭反对称序列，一般用 $x_o(n)$ 表示。当共轭反对称序列是实序列时，则称为奇序列。

根据以上定义可以证明：任意一个序列 $x(n)$ 都可以表示成某个共轭对称序列 $x_e(n)$ 和某个共轭反对称序列 $x_o(n)$ 之和。即：

$$x(n) = x_e(n) + x_o(n) \tag{2.3-1}$$

只要令 $x_e(n) = \dfrac{1}{2}[x(n) + x^*(-n)]$，$x_o(n) = \dfrac{1}{2}[x(n) - x^*(-n)]$，式 (2.3-1) 就成立。

可以证明，式 (2.3-1) 中的共轭对称序列 $x_e(n)$ 的实部是偶序列，虚部是奇序列；而共轭反对称序列 $x_o(n)$ 的实部是奇序列，虚部是偶序列。

同理，一个序列 $x(n)$ 的傅里叶变换 $X(e^{j\omega})$ 也可分解成某个共轭对称和某个共轭反对称函数之和，即：

$$X(e^{j\omega}) = X_e(e^{j\omega}) + X_o(e^{j\omega}) \tag{2.3-2}$$

只要令 $X_e(e^{j\omega}) = \dfrac{1}{2}[X(e^{j\omega}) + X^*(e^{-j\omega})]$ 和 $X_o(e^{j\omega}) = \dfrac{1}{2}[X(e^{j\omega}) - X^*(e^{-j\omega})]$，式 (2.3-2) 就成立。显然，$X_e(e^{j\omega})$ 是共轭对称函数，$X_o(e^{j\omega})$ 是共轭反对称函数。即：

$$X_e(e^{j\omega}) = X_e^*(e^{-j\omega}) \tag{2.3-3}$$

和
$$X_o(e^{j\omega}) = -X_o^*(e^{-j\omega}) \tag{2.3-4}$$

与序列一样，如果一个连续变量的实函数是共轭对称的，则称为偶函数；如果一个连续变量的实函数是共轭反对称的，则称为奇函数。

2.3.2 离散时间傅里叶变换的对称性

首先将序列 $x(n)$ 进行虚实分解，即：

$$x(n) = x_r(n) + jx_i(n) \tag{2.3-5}$$

其中
$$x_r(n) = [x(n) + x^*(n)]/2 ，\quad x_i(n) = [x(n) - x^*(n)]/2j$$

对 $x_r(n)$ 进行傅里叶变换，可得：

$$\mathrm{DTFT}[x_r(n)] = \frac{1}{2}\mathrm{FT}[x(n)] + \frac{1}{2}\mathrm{DTFT}[x^*(n)] = \frac{1}{2}[X(e^{j\omega}) + X^*(e^{-j\omega})] = X_e(e^{j\omega}) \tag{2.3-6}$$

对 $jx_i(n)$ 进行傅里叶变换，可得：

$$\text{DTFT}[x_i(n)] = \frac{1}{2}\text{DTFT}[x(n)] - \frac{1}{2}\text{DTFT}[x^*(n)] = \frac{1}{2}[X(e^{j\omega}) - X^*(e^{-j\omega})] = X_o(e^{j\omega}) \quad (2.3\text{-}7)$$

式 (2.3-6) 及式 (2.3-7) 表明：序列分解成实部与虚部两部分，实部对应的傅里叶变换具有共轭对称性，虚部和 j 一起对应的傅里叶变换具有共轭反对称性。

再将序列 $x(n)$ 进行共轭对称与共轭反对称分解，即式 (2.3-1)：

$$x(n) = x_e(n) + x_o(n)$$

对 $x_e(n)$ 及 $x_o(n)$ 分别进行傅里叶变换，可得：

$$\text{DTFT}[x_e(n)] = \frac{1}{2}\text{DTFT}[x(n)] + \frac{1}{2}\text{DTFT}[x^*(-n)] = \frac{1}{2}[X(e^{j\omega}) + X^*(e^{j\omega})] = X_R(e^{j\omega}) \quad (2.3\text{-}8)$$

$$\text{DTFT}[x_o(n)] = \frac{1}{2}\text{DTFT}[x(n)] - \frac{1}{2}\text{DTFT}[x^*(-n)] = \frac{1}{2}[X(e^{j\omega}) - X^*(e^{j\omega})] = jX_I(e^{j\omega}) \quad (2.3\text{-}9)$$

式 (2.3-8) 及式 (2.3-9) 表明：序列的共轭对称部分的傅里叶变换是序列傅里叶变换的实部，而序列共轭反对称部分的傅里叶变换是序列傅里叶变换的虚部。

2.3.3 离散时间傅里叶变换的时频对称性

除上述分析的对称性质之外，傅里叶变换还有一些时域与频域之间的对称性质，如表 2.3-1 所示。这些性质可以根据傅里叶变换的定义加以证明。

表 2.3-1 傅里叶变换的对称性质

序列 $x(n)$	傅里叶变换 $X(e^{j\omega})$
1. $x(n)$	$X(e^{j\omega})$
2. $x^*(n)$	$X^*(e^{-j\omega})$
3. $x^*(-n)$	$X^*(e^{j\omega})$
4. $\text{Re}[x(n)]$	$X_e(e^{j\omega})$ 即 $X(e^{j\omega})$ 共轭对称部分
5. $j\,\text{Im}[x(n)]$	$X_o(e^{j\omega})$ 即 $X(e^{j\omega})$ 共轭反对称部分
6. $x_e(n)$，即 $x(n)$ 共轭对称部分	$\text{Re}[X(e^{j\omega})]$
7. $x_o(n)$，即 $x(n)$ 共轭反对称部分	$j\,\text{Im}[X(e^{j\omega})]$
8. $x(n-n_0)$	$X(e^{j\omega})e^{-j\omega n_0}$
9. $x(n)e^{j\omega_0 n}$	$X(e^{j(\omega-\omega_0)})$
10. 任意实序列 $x(n)$	$X(e^{j\omega}) = X^*(e^{-j\omega})$ 共轭对称函数 $\text{Re}[X(e^{j\omega})] = \text{Re}[X(e^{-j\omega})]$ 实部是偶函数 $\text{Im}[X(e^{j\omega})] = -\text{Im}[X(e^{-j\omega})]$ 虚部是奇函数 $|X(e^{j\omega})| = |X(e^{-j\omega})|$ 幅值是偶函数 $\arg[X(e^{j\omega})] = -\arg[X(e^{-j\omega})]$ 相位是奇函数
11. $x(n)$ 是实偶序列，$x(n) = x_e(n)$	$X(e^{j\omega}) = \text{Re}[X(e^{j\omega})]$，只有实部
12. $x(n)$ 是实奇序列，$x(n) = x_o(n)$	$X(e^{j\omega}) = \text{Im}[X(e^{j\omega})]$，只有虚部

表 2.3-1 列出的对称性质中的一些性质是傅里叶变换本身所具有的对称性，而大部分对称性是指序列与频谱之间的对称关系，通常称为时域、频域的傅里叶变换对称关系，如性质 2 对应于 3；性质 4 对应于 6；性质 5 对应于 7 及性质 8 对应于 9 等。对称性质在以后章节中将会得到应用。

【例 2.3-1】   已知序列 $x(n)$ 为实因果序列，其傅里叶变换的实部为：$X_R(e^{j\omega}) = 1 + \cos\omega$，求序列 $x(n)$。

解：由式(2.3-8)及已知条件可得：

$$X_R(e^{j\omega}) = \text{DTFT}[x_e(n)] = 1 + \cos\omega = 1 + \frac{1}{2}e^{j\omega} + \frac{1}{2}e^{-j\omega}$$

由离散时间傅里叶变换的定义公式，有：

$$X_R(e^{j\omega}) = \sum_{n=-\infty}^{+\infty} x_e(n)e^{-j\omega n} = 1 + \frac{1}{2}e^{j\omega} + \frac{1}{2}e^{-j\omega}$$

因此，可得：$x_e(-1) = 1/2$，$x_e(0) = 1$，$x_e(1) = 1/2$。

由于 $x_e(n) = \dfrac{x(n) + x^*(-n)}{2}$，且 $x(n)$ 为实因果序列，则有：

$$x_e(-1) = \frac{1}{2} = \frac{x(1) + x(-1)}{2} = \frac{x(1)}{2} \Rightarrow x(1) = 1 \qquad x_e(0) = 1 = \frac{x(0) + x(0)}{2} \Rightarrow x(0) = 1$$

综上分析，序列 $x(n) = R_2(n)$。

2.4 连续时间信号的采样与恢复

虽然离散时间信号出现在很多情况中，但是最常见的还是连续时间信号(模拟信号)。数字信号处理的第一步往往就是对连续时间信号进行采样，使之成为离散时间信号(也称为采样信号)。经处理后，如果需要的话，再将处理过的离散时间信号通过"内插"的概念，恢复成连续时间信号。信号的恢复，也称为信号的重构。

2.4.1 周期采样

对一个连续时间信号进行采样的方式多种多样，但最实用、最简单的是周期采样。因此本书中的采样一律是指周期采样。周期采样又称为均匀采样，数学上把采样又称为抽样。

从原理上说，采样器就是一个高速开关电路，如图 2.4-1 所示。

采样信号可以用数学公式表示如下

$$x_s(t) = x_a(t)s(t) \qquad (2.4-1)$$

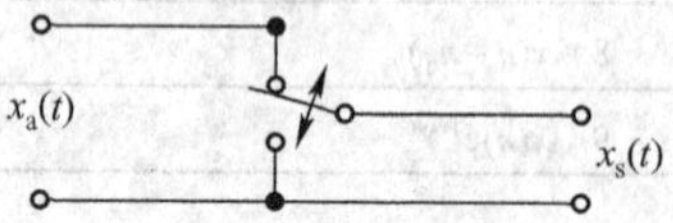

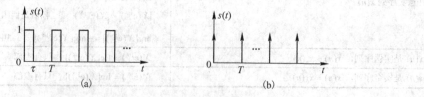

图 2.4-1 采样器示意图

式(2.4-1)中，$s(t)$ 为一开关函数，如图 2.4-2(a)所示。

图 2.4-2 开关函数的波形及其近似简化

由图 2.4-2(a)可知 $s(t)$ 实际上是幅值为 1、重复周期为 T、宽度为 τ 的单位周期矩形脉冲串。当 $\tau \Box T$ 时，就认为 $\tau \to 0$，则单位矩形脉冲串即可近似为不同"时刻"的冲激串，如图 2.4-2(b)所示。如此近似，并假定采样可从任意时刻开始，则下式成立：

$$s(t) = \delta_T(t) = \sum_{n=-\infty}^{\infty} \delta(t - nT) \tag{2.4-2}$$

其中 $\delta(t)$ 为单位冲激函数。将式 (2.4-2) 代入式 (2.4-1)，有：

$$x_s(t) = x_a(t)\delta_T(t) = x_a(t)\sum_{n=-\infty}^{\infty} \delta(t - nT) \tag{2.4-3}$$

这样只有在 $t = nT$ 时 $x_a(t)$ 的值才得以保留，其他"时刻"的值就不再定义了，不定义并不意味着 $x_a(t)$ 一定是 0 值。由此，式 (2.4-3) 可写为：

$$x_s(t) = \sum_{n=-\infty}^{\infty} x_a(nT)\delta(t - nT) \tag{2.4-4}$$

由式 (2.4-4) 可见，连续时间信号经采样得到的是离散时间信号。

2.4.2　周期采样信号的频谱分析

连续时间信号经采样（和 A/D 转换）得到离散时间信号（数字信号），那么从频域角度而言，当然希望采样前后的信号频谱是相同的，如果不是这样，又是什么关系呢？

一个周期连续信号 $x(t)$ 可以展开为傅里叶级数，其指数形式为：

$$x(t) = \sum_{k=-\infty}^{\infty} A_k e^{jk\Omega t} \qquad k = 0, \pm 1, \pm 2, \cdots \tag{2.4-5}$$

如果 $x(t)$ 的周期为 T，则式 (2.4-5) 中的 $\Omega_s = 2\pi/T$。A_k 为展开项的系数（傅里叶级数系数），可由式 (2.4-6) 求出：

$$A_k = \frac{1}{T}\int_{-T/2}^{T/2} x(t)e^{-jk\Omega_s t}dt \tag{2.4-6}$$

而式 (2.4-2) 的开关函数的近似 $\delta_T(t)$ 是一个周期连续函数，其傅里叶级数展开式，应该具有式 (2.4-5) 的形式。即有：

$$\delta_T(t) = \sum_{n=-\infty}^{\infty} \delta(t - nT) = \sum_{k=-\infty}^{\infty} A_k e^{jk\Omega_s t} \tag{2.4-7}$$

其中

$$A_k = \frac{1}{T}\int_{-T/2}^{T/2} \delta(t)e^{-jk\Omega_s t}dt = \frac{1}{T}\int_{0^-}^{0^+} \delta(t)\cdot 1 dt = \frac{1}{T} \tag{2.4-8}$$

式 (2.4-8) 表明，$\delta_T(t)$ 进行傅里叶级数展开的各项的系数都是同一个常数 $1/T$。式 (2.4-8) 在推导过程中利用了连续系统中对 $\delta(t)$ 的其中一个定义，即其冲激幅度无限大、作用时间无限小、面积为 1 的定义。则：

$$\delta_T(t) = \frac{1}{T}\sum_{k=-\infty}^{\infty} e^{jk\Omega_s t} \qquad k = 0, \pm 1, \pm 2, \cdots \tag{2.4-9}$$

把式 (2.4-9) 代入式 (2.4-1)，有：

$$x_s(t) = x_a(t)\delta_T(t) = \frac{1}{T} x_a(t)\sum_{k=-\infty}^{\infty} e^{jk\Omega_s t} \tag{2.4-10}$$

式 (2.4-10) 的第一个等号后是两个信号的乘积，在频域分析时，是复卷积的关系。在第二个等号后是 $x_a(t)$ 与无数个信号分别相乘的代数和，在频域分析时利用线性关系，先求出各个复卷积，然后再求代数和。为了避开求复卷积的困难和烦琐，利用连续信号的傅里叶变换的性质，即：

若 $x_a(t)$ 的频谱为 $X_a(j\Omega)$，记为 $x_a(t) \rightarrow X_a(j\Omega)$，则 $x_a(t)e^{j\Omega_0 t}$ 的频谱为 $X_a(j\Omega - j\Omega_0)$，记为 $x_a(t)e^{j\Omega_0 t} \rightarrow X_a(j\Omega - j\Omega_0)$。

此性质和离散时间信号的傅里叶变换的性质是类似的。如令 $x_s(t)$ 的频谱为 $X_s(j\Omega)$，则基于上面的性质，对式(2.4-10)两端进行傅里叶变换，有：

$$X_s(j\Omega) = \frac{1}{T}\sum_{k=-\infty}^{\infty} X_a(j\Omega - jk\Omega_s) \tag{2.4-11}$$

亦即：

$$X_s(j\Omega) = \frac{1}{T}\sum_{k=-\infty}^{\infty} X_a\left(j\Omega - jk\frac{2\pi}{T}\right) \tag{2.4-12}$$

由式(2.4-11)和式(2.4-12)可以得到下面的结论：

（1）采样前后的信号频谱是不一样的，采样后的信号频谱 $X_s(j\Omega)$ 是采样之前信号频谱 $X_a(j\Omega)$ 的周期延拓，延拓周期为 $2\pi/T$。图 2.4-3 示出了这种关系。之所以如此，完全是由于采样信号的影响。

（2） $X_s(j\Omega)$ 的幅度是 $X_a(j\Omega)$ 的幅度的 $f_s = 1/T$ 倍，其中 f_s 为采样频率，T 为采样周期。

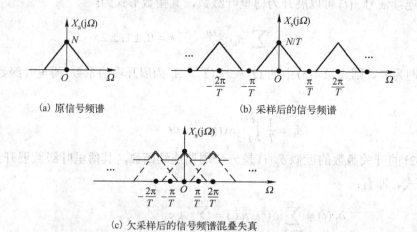

(a) 原信号频谱　　　　　　(b) 采样后的信号频谱

(c) 欠采样后的信号频谱混叠失真

图 2.4-3　采样前后信号频谱的变化

2.4.3　时域采样定理

连续信号经过采样而得到离散信号，它是原连续信号与采样周期 T 有关的一个样本，显然有两个问题存在：

（1）一个连续信号经过采样，由于采样周期 T 不一样，会产生无穷个样本，这些样本是否都能通过某些算法或变换正确地恢复为原连续信号，也就是说，这些样本是否都能反映这个连续信号。

（2）不同的连续信号经过采样，是否会产生相同的样本，如果是的话，又如何区分相同样本所反映的不同的连续信号。

【例 2.4-1】　有两个要采样的正弦信号为：$x_1(t) = \sin\left(\frac{\pi}{8}t\right)$，$x_2(t) = \sin\left(\frac{\pi}{4}t\right)$，画出采样周期 $T = 2$，$T = 4$ 和 $T = 8$ 的样本图。

解：以图 2.4-4(a)和(b)分别表示这两个信号的采样序列，采样由 $t = 0$ 开始。

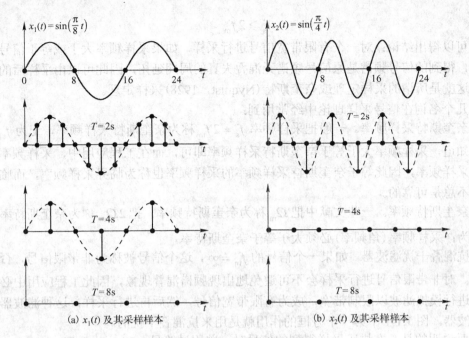

(a) $x_1(t)$ 及其采样样本　　　　　　(b) $x_2(t)$ 及其采样样本

图 2.4-4　信号采样实例分析

通过此例的采样样本可以得到一些简单直观的分析结果：

（1）采样周期 $T=2s$ 时，由包络线可以看出，$x_1(t)$ 的采样样本能够反映其连续信号的特点。$x_2(t)$ 的采样样本勉强能够反映其连续信号的特点。两个样本不相同。

（2）采样周期 $T=4s$ 时，由包络线可以看出，$x_1(t)$ 的采样样本勉强能够反映其连续信号的特点。$x_2(t)$ 的采样样本为全 0，不能反映其连续信号的特点。两个样本不相同。但是 $x_1(t)$ 的样本与 $T=2s$ 时的 $x_2(t)$ 样本相同。

（3）采样周期 $T=8s$ 时，$x_1(t)$、$x_2(t)$ 的采样样本均为全 0，不能反映其连续信号的特点。两个样本相同。

由此例不仅回答了前面的问题，而且可以看出采样周期 T 的大小决定了一个信号的样本，只要 T 设置得合适，样本就能够反映采样前的连续信号的特点。T 过大时，样本将变得毫无意义，术语称为欠采样，即单位时间内采样次数太少。

另外，从频域的角度来看，由于欠采样时 T 过大，将造成图 2.4-3(b) 中频谱延拓的中心点 $2k\pi/T$ 向左移动很大，结果采样后的频谱如图 2.4-3(c) 所示，产生了频域的混叠失真。在图中只标出了 $\Omega=2\pi/T$ 这一中心点移动到的位置，其他中心点应在等距位置上。由图 2.4-3 还可看出，如果采样前的信号频谱 $X_a(j\Omega)$ 是在 Ω 的一个有界区间内分布的话，具有这样频谱的信号称为频域带限信号，一定能够通过选取合适的采样周期 T，使得采样后的信号频谱不发生混叠失真。当然这是理论上的结论，如果要求 T 非常小，工程实践中则须考虑目前有无这样高速采样的器件。一个非带限信号，不管如何采样，频谱混叠失真都不可避免。顺带指出，图 2.4-3(c) 的频谱混叠图形只是定性说明，明显采用"加法"绘图，其实应该由采样后的样本经傅里叶变换再绘图，那才是准确的。结合图 2.4-3，对一个带限信号采样保证不发生频谱混叠失真，应有：

$$\pi/T \geqslant \Omega_m \tag{2.4-13}$$

其中 Ω_m 为连续信号的最高模拟角频率，且有 $\Omega_m=2\pi f_m$，f_m 称为最高振荡频率，简称最高频率。则应有：

$$\Omega_s \geqslant 2\Omega_m \tag{2.4-14}$$

或 $$f_s \geqslant 2f_m \qquad (2.4\text{-}15)$$

由此可以得出结论：对一个有限带宽信号进行采样，如果采样频率大于或等于信号最高频率的 2 倍时，得到的信号频谱是原信号频谱无混叠失真的周期延拓，因此可以由采样后的信号恢复原信号。这就是所谓的采样定理或奈奎斯特(Nyquist, 1928)采样定理。

以下几个名词在信号采样理论中经常用到：

（1）奈奎斯特采样频率。一般把采样频率 $f_s = 2f_m$ 称为奈奎斯特采样频率，记为 $f_{s\min}$，从理论上可以知道，采样频率大于等于奈奎斯特采样频率即可，而在工程应用中，采样频率必须大于奈奎斯特采样频率，因此等于奈奎斯特采样频率的采样频率也称为临界采样频率，而临界采样频率的结果不总是可靠的。

（2）奈奎斯特频率。一些文献中把 Ω_m 称为奈奎斯特频率，把 $2\Omega_m$ 称为奈奎斯特率，则采样定理叙述为：采样频率(角频率)必须大于等于奈奎斯特率。

（3）抗混叠干扰滤波器。如果一个信号的 $f_m = \infty$，这个信号被称为非带限信号，否则称其为带限信号。对非带限信号进行采样会不可避免地出现频谱混叠现象，因此工程应用中必须先要对连续信号进行模拟滤波以限制带宽，成为有限带宽信号，然后再进行采样，这种滤波器称为抗混叠干扰滤波器。图 1.1-1 中第一个方框的作用就是用来抗混叠干扰的。

另外要说明的是，在描述采样得到的信号时，曾用过符号 $x_s(t) \rightarrow x_s(nT) \rightarrow x(n)$，它们都具有相同的含义，概念上略有差别，为的是方便叙述和公式推导。以后，将常用 $x(n)$ 来表示离散时间信号，用 $X(e^{j\omega})$ 表示 $X_s(j\Omega)$，其中 $\omega = \Omega T$，而 T 为采样周期。

2.4.4　信号的恢复和采样内插公式

1. 从频域分析信号的恢复

由采样定理可知，只要采样频率大于等于奈奎斯特采样频率，带限信号采样后得到的离散信号的频谱就不会产生混叠现象，而且有(参照图 2.4-3)：

$$X_s(j\Omega) = \frac{1}{T} X_a(j\Omega), \qquad |\Omega| < \frac{\Omega_s}{2} = \frac{\pi}{T} \qquad (2.4\text{-}16)$$

当这样的离散信号通过一个如图 2.4-5 所示的低通滤波器后，就能从频谱 $X_s(j\Omega)$ 中提出基带频谱，即采样前的频谱 $X_a(j\Omega)$，而达到恢复信号的目的。

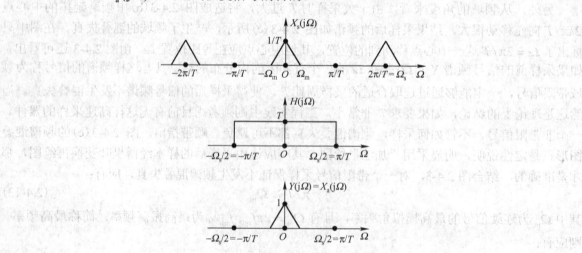

图 2.4-5　离散信号通过低通滤波器恢复原信号频谱

具体做法如下：

（1）先设计一个模拟低通滤波器，使

$$H(\mathrm{j}\Omega)=\begin{cases}T & |\Omega|<\Omega_{\mathrm{s}}/2=\pi/T \\ 0 & |\Omega|\geqslant\Omega_{\mathrm{s}}/2=\pi/T\end{cases} \tag{2.4-17}$$

（2）利用时域卷积定理，有

$$Y(\mathrm{j}\Omega)=X_{\mathrm{s}}(\mathrm{j}\Omega)H(\mathrm{j}\Omega)=X_{\mathrm{a}}(\mathrm{j}\Omega) \tag{2.4-18}$$

（3）用傅里叶反变换，则得到被恢复的 $x_{\mathrm{a}}(t)$。

显然，滤波器是理想低通模拟滤波器，方法在理论上成立，第 6 章将介绍模拟滤波器的设计方法。

2. 从时域分析信号的恢复（采样内插公式）

由式（2.4-18）和时域卷积定理可知，信号恢复的时域表达式为：

$$y(t)=y(nT)=\sum_{k=-\infty}^{\infty}x_{\mathrm{s}}(kT)h[(n-k)T] \tag{2.4-19}$$

式（2.4-19）中的 $h(t)$ 应为：

$$h(t)=\frac{1}{2\pi}\int_{-\frac{\pi}{T}}^{\frac{\pi}{T}}T\mathrm{e}^{\mathrm{j}\Omega t}\mathrm{d}\Omega=\frac{\sin\left(\frac{\pi}{T}t\right)}{\frac{\pi}{T}t} \tag{2.4-20}$$

则

$$h[(n-k)T]=\frac{\sin[\frac{\pi}{T}(n-k)T]}{\frac{\pi}{T}(n-k)T} \tag{2.4-21}$$

将式（2.4-21）代入式（2.4-19），可得到信号的恢复公式如下：

$$x_{\mathrm{a}}(t)=y(t)=\sum_{k=-\infty}^{\infty}x_{\mathrm{s}}(kT)\frac{\sin[\frac{\pi}{T}(t-kT)]}{\frac{\pi}{T}(t-kT)}=\sum_{k=-\infty}^{\infty}x_{\mathrm{s}}(kT)\varphi_{k}(t) \tag{2.4-22}$$

其中

$$\varphi_{k}(t)=\frac{\sin[\frac{\pi}{T}(t-kT)]}{\frac{\pi}{T}(t-kT)} \tag{2.4-23}$$

式（2.4-23）被称为采样恢复的时域内插公式。

内插公式的特点不是一目了然的。首先要明确式（2.4-22）是连续信号表达式，因此内插公式中的 t 是连续的；其次，式（2.4-23）中的 k 只能取离散值，亦即内插公式中的 k 是离散的，k 对应第 k 个采样点；第三，如令 $k=K$，则当 $t=KT$ 时，利用极限知识可知，$\varphi_{K}(KT)=1$，t 为其他整倍数 T 值时，内插公式的值为 0，而 t 为非整倍数 T 值时，恢复信号的函数值是所有的采样值与其内插值的线性组合，这是式（2.4-22）的精华所在。推导和使用内插公式的重要原因是：由它得到的函数精度要比一般的数值分析方法好得多。以上陈述可简单归纳为：在每一个采样点上，由于只有该采样点对应的内插值恒为 1，其他采样点对应的内插值恒为零，从而保证各采样点的恢复值为信号原值。而采样点之间信号的恢复值是所有的采样值与其内插值的线性组合，也就是由各采样值为"权"的加权内插函数的波形延伸值叠加而成的，如图 2.4-6 所示。

图 2.4-6（c）中，只有采样区中的结果是可靠的，采样区外不能使用内插公式。另外，无论是频域分析，还是时域分析，都不能完全重现原信号，即采样是不可逆的。

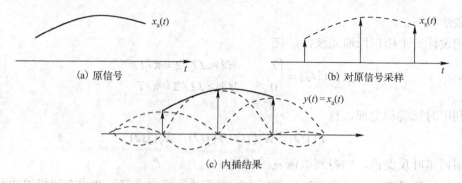

(a) 原信号　　　　　　　　　　(b) 对原信号采样

(c) 内插结果

图 2.4-6　原信号采样后内插恢复示意图

3. D/A 器件常用的恢复方式

在实际数字信号处理系统中，采样信号到模拟信号的转换通常是利用 D/A 器件完成的。D/A 器件的组成原理如图 2.4-7 所示，包含三个部分：

（1）解码。解码的功能是将数字信号 $x(n)$ 转换为时域离散信号 $x_s(nT)$，或表示为 $x_s(t)$，也就是先将代表信号幅值大小的数字编码转换为模拟的信号幅值。

图 2.4-7　D/A 器件的组成原理

（2）零阶保持。零阶保持器的作用是将每个采样点的样值保持一个采样周期的时长，直到下一个采样时间点，相当于在两个采样点之间进行常数内插。零阶保持器的单位冲激响应如图 2.4-8 所示，其输入与输出的信号如图 2.4-9 所示。

图 2.4-8　零阶保持器的单位冲激响应

（a）零阶保持器的输入　　　（b）零阶保持器的输出

图 2.4-9　零阶保持器的输入与输出

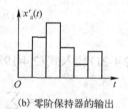

由图 2.4-8 可以看出，零阶保持器的单位冲激响应是一个矩形窗函数，所以其本质是一个非理想的低通滤波器，是可以物理实现的。

（3）平滑滤波。零阶保持器输出的信号 $x_a'(t)$ 是阶梯状的，已经能够反映出原模拟信号的变化趋势。为使信号波形平滑，需要在零阶保持器后加上一个低通滤波器，滤去其中的高频成分，得到最终的恢复信号 $x_a(t)$。平滑滤波有时是包含在 D/A 器件中的，有时则需要外接，视具体的 D/A 器件而定。

这种以零阶保持为核心的信号恢复方法所恢复出的模拟信号虽然有些失真，但简单、易实现，是经常使用的方法。

*2.4.5　正弦信号的采样

连续时间信号中的正弦信号不管是在理论研究中还是在实际信号处理的应用中，都是非常重要的，因此，对正弦信号的采样也是在信号处理理论中经常讨论的问题。设连续时间正弦信号的表达式如下：

$$x_a(t) = A\sin(\Omega_0 t + \varphi) = A\sin(2\pi f_0 t + \varphi) \tag{2.4-24}$$

按照前面的带限信号的采样定理，对该信号采样，采样频率 $f_s = 2f_0$ 满足采样定理，应该是不会丢失信号信息的，但实际上并非完全如此。当 $\varphi = 0$ 时，用 $f_s = 2f_0$ 对该信号采样，则一个周期内抽样的两个点的值都为 0，显然不包含原信号的任何信息。当 $\varphi = \pi/2$ 时，一个周期内采样的两个点的值分别为 A 与 $-A$，从采样信号可以重建原信号。当 φ 未知时，由采样信号无法重建 $x_a(t)$。产生这一问题的原因可以从频域进行解释，现画出式 (2.4-24) 所示正弦信号的幅度谱如图 2.4-10 所示。

从图 2.4-10 中可看出，正 (余) 弦信号的频谱是位于 $\Omega = \Omega_0$ 处的冲激，在对正余弦信号进行截断时，会产生频谱泄漏，因此不能把正 (余) 弦信号简单地视为带限信号。有关这一问题，在第 4 章将有详细的分析。因此本节所讨论的带限信号采样定理应用于正 (余) 弦信号的采样就会产生一定的问题。本书不对正弦信号的采样做更深入的讨论，仅给出一些结论：

（1）对式 (2.4-24) 的正弦信号，若 $f_s = 2f_0$，当 $\varphi = 0$ 时，采样信号无法恢复原信号；当 $\varphi = \pi/2$ 时，可以由采样信号恢复原信号；当 φ 为已知且 $0 < \varphi < \pi/2$ 时，则由采样信号恢复出的是 $x_a'(t) = A\sin\varphi\cos(\Omega_0 t)$，经过移位和幅度变换，仍可得到原信号；如果 φ 未知，则根本无法由采样信号恢复原信号。

（2）从数学的角度分析，式 (2.4-24) 的正弦信号在恢复时有三个未知数，分别是振幅 A、角频率 Ω_0 和初相位 φ，因此只要保证在它的一个周期内均匀抽样 3 个样值，即可由采样信号准确地重建原信号。

（3）对采样后的正余弦信号做截断处理时，截断的长度必须为此周期信号周期的整数倍，才不会产生频谱的泄漏。

习题二

2-1 一个离散时间 LTI 系统的单位取样响应 $h(n)$ 和输入信号 $x(n)$ 分别为：

$$h(n) = 2\delta(n) - \delta(n-1), \quad x(n) = \delta(n) + 2\delta(n-1)$$

（1）求 $x(n)$ 和 $h(n)$ 的傅里叶变换 $X(e^{j\omega})$ 和 $H(e^{j\omega})$；

（2）通过计算傅里叶反变换求系统的输出信号 $y(n)$；

（3）直接求卷积验证（2）的结果。

2-2 一个时域离散系统的单位取样响应 $h(n) = \frac{1}{2}\delta(n) + \delta(n-1) + \frac{1}{2}\delta(n-2)$。

（1）求系统的频率响应，画出幅频响应和相频响应曲线；

（2）求系统对输入 $x(n) = 5\cos(\pi n/4)$ 的稳态响应；

（3）求系统对输入 $x(n) = 5\cos(3\pi n/4)$ 的稳态响应；

（4）求系统对输入 $x(n) = u(n)$ 的全响应，假定 $n < 0$ 时，$y(n) = 0$。

2-3 一个具有单位取样响应 $h(n) = a^n u(n)$ 的 LTI 系统，其中 a 为实数，且 $0 < a < 1$，若输入信号 $x(n) = b^n u(n)$，其中 b 为实数，且 $0 < |b| < 1$。

（1）直接计算卷积和，求出该系统的输出信号 $y(n)$ 并表示成 $y(n) = (k_1 a^n + k_2 b^n)u(n)$；

（2）分别计算 $x(n)$、$h(n)$ 和（1）中求得的 $y(n)$ 的离散时间傅里叶变换 $X(e^{j\omega})$、$H(e^{j\omega})$ 和 $Y(e^{j\omega})$，并证明 $Y(e^{j\omega}) = X(e^{j\omega})H(e^{j\omega})$。

2-4 设有序列 $x(n)$ 及其傅里叶变换 $X(e^{j\omega})$。

（1）证明 $\sum\limits_{n=-\infty}^{\infty} x(n)x^*(n) = \frac{1}{2\pi}\int_{-\pi}^{\pi} X(e^{j\omega})X^*(e^{j\omega})d\omega$。此式是帕斯瓦尔（Parseval）定理的一种形式；

（2）以 $x(n) = \left(\dfrac{1}{2}\right)^n u(n)$ 为例，对帕斯瓦尔定理予以验证。

2-5　已知序列 $x(n)$ 如图 E2-1 所示，其傅里叶变换用 $X(\mathrm{e}^{\mathrm{j}\omega})$ 表示，完成下列运算：

（1）$X(\mathrm{e}^{\mathrm{j}0})$　　　（2）$\displaystyle\int_{-\pi}^{\pi} X(\mathrm{e}^{\mathrm{j}\omega})\,\mathrm{d}\omega$　　　（3）$\displaystyle\int_{-\pi}^{\pi}\left|X(\mathrm{e}^{\mathrm{j}\omega})\right|^2\,\mathrm{d}\omega$

（4）画出该序列的共轭对称分量 $x_{\mathrm{e}}(n)$

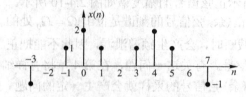

图 E2-1　题 2-5 图

2-6　某系统的单位取样响应 $h(n) = -\dfrac{1}{4}\delta(n+1) + \dfrac{1}{2}\delta(n) - \dfrac{1}{4}\delta(n-1)$。

（1）判断系统的稳定性和因果性；

（2）求频率响应 $H(\mathrm{e}^{\mathrm{j}\omega})$；

（3）画出幅频响应 $|H(\mathrm{e}^{\mathrm{j}\omega})|$ 和相频响应 $\arg[H(\mathrm{e}^{\mathrm{j}\omega})]$；

（4）系统可以近似为何种滤波器（高通、低通、带通、带阻）？

2-7　一个 LTI 系统的差分方程为 $y(n) - \dfrac{1}{2}y(n-1) = x(n) + \dfrac{1}{2}x(n-1)$，$n \geqslant 0$。

（1）求频率响应 $H(\mathrm{e}^{\mathrm{j}\omega})$；

（2）求幅频响应 $|H(\mathrm{e}^{\mathrm{j}\omega})|$ 和相频响应 $\arg[H(\mathrm{e}^{\mathrm{j}\omega})]$。

2-8　一个因果 LTI 系统的差分方程为 $y(n) - ay(n-1) = x(n) - bx(n-1)$，求 b 为何值时，此系统为全通系统（$b \neq a$）。全通系统是指其幅频响应为常数的系统。

2-9　某数字滤波器的频率响应如图 E2-2 所示，求该数字滤波器的单位取样响应 $h(n)$。

2-10　对带限模拟信号滤波时，常采用数字滤波器，如图 E2-3 所示，图中 T 表示采样周期，假定 T 足够小到可防止混叠失真。把从 $x(t)$ 到 $y(t)$ 的整个系统等效为一个模拟滤波器。

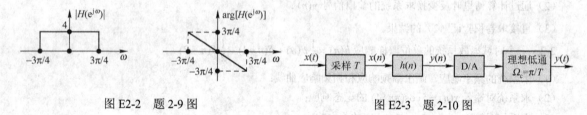

图 E2-2　题 2-9 图　　　　　　　　　图 E2-3　题 2-10 图

（1）如果 $h(n)$ 的截止频率 $\omega_{\mathrm{c}} = \pi/8\mathrm{rad}$，$1/T = 10\mathrm{kHz}$，求整个系统的截止频率；

（2）如果 $1/T = 20\mathrm{kHz}$，重复（1）的计算。

2-11　设有两个模拟信号，分别为 $x_1(t) = \cos 2\pi t$，$x_2(t) = \cos 5\pi t$。使用采样频率 $f_s = 4\mathrm{Hz}$ 分别对这两个信号进行采样，采样后经理想低通滤波器进行还原，理想低通滤波器在通带内的幅频响应为 $1/4$，截止频率为 $f_{\mathrm{c}} = 2\mathrm{Hz}$。则恢复输出的信号 $y_1(t)$ 和 $y_2(t)$ 相对于原信号有无失真，为什么？

第3章 离散时间信号与系统的 z 域分析

3.1 引 言

z 域分析同频域分析一样，也是离散时间信号与系统的一种变换域分析方法，其理论基础是离散时间信号的 z 变换。z 域分析在离散时间信号与系统中的作用就如同拉普拉斯变换在连续时间信号与系统中的作用一样，它把差分方程转换为简单的代数方程，使得离散时间系统的求解大大简化。同时，以 z 变换为基础，引入离散时间系统的系统函数的概念，利用系统函数的零、极点分布，可以定性分析系统的时域特性、频率响应、稳定性等问题，是离散时间系统分析的重要方法。像拉普拉斯变换可以看做连续时间傅里叶变换在复频域的推广一样，z 变换可以看成离散时间傅里叶变换 (DTFT) 在复频域的一种推广。本章将以序列的 z 变换为基础，讨论离散时间信号与系统的 z 域表示及分析方法。需要说明的是，本书对 z 变换的介绍比较简明，但足以满足相关理论分析的需要。

3.2 离散时间信号的 z 变换

3.2.1 z 变换的定义

序列 $x(n)$ 的 z 变换 $X(z)$ 定义为：

$$X(z) = \sum_{n=-\infty}^{\infty} x(n) z^{-n} \tag{3.2-1}$$

式中，$z = re^{j\omega}$，是一复变量。有时用 ZT$[x(n)]$ 来表示式 (3.2-1) 的这种变换。在极坐标平面上，r 是矢径，ω 是幅角。在直角坐标平面上，则用其实部 Re(z) 表示横坐标，用其虚部 Im(z) 表示纵坐标，并以此组成以 z 为变量的复数平面，在作图时，坐标轴就命名为 Re 和 Im。

【例 3.2-1】 在直角坐标平面上画出 $|z| = 1.2$ 的图形。

解：图形绘制如图 3.2-1 所示，$|z| = 1.2$ 是一个圆。虚线表示 $|z| = 1$ 的圆，即 $z = e^{j\omega}$，通常称为单位圆。当 $|z| = 1$ 时，序列的 z 变换就等于傅里叶变换。在式 (3.2-1) 中，相当于将原序列 $x(n)$ 乘上了实指数 r^{-n}，因此通过选择适当的 r 值，总可以使式 (3.2-1) 的 z 变换收敛。例如序列 $x(n) = 2^n u(n)$ 的傅里叶变换并不存在，但当 $r > 2$ 时，则 $2^n u(n) \cdot r^{-n}$ 就绝对可和，所以这个序列的 z 变换的收敛区域 (Region Of Convergence，ROC) 为 $|z| > 2$。

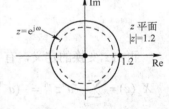

图 3.2-1 例 3.2-1 的图

3.2.2 z 变换的收敛域

由 z 变换的定义可以知道，只有当该级数收敛时 z 变换才有意义，而且同一个 z 变换的表达式，由于收敛域的不同，往往代表了不同序列的 z 变换函数。所以为了单值地确定 z 变换所对应的时间序列，不仅要给出 z 变换的函数表达式，而且必须同时说明它的收敛域。可见收敛域是定

义 z 变换函数的重要因素。

1. z 变换的收敛条件

式(3.2-1)是级数求和,其收敛的充要条件是:

$$\sum_{n=-\infty}^{\infty}\left|x(n)z^{-n}\right| = \sum_{n=-\infty}^{\infty}|x(n)|\left|z^{-n}\right| < \infty \tag{3.2-2}$$

即式(3.2-1)的收敛域就由满足式(3.2-2)的所有 z 值组成,如果 z 平面上有一点 z_i 在收敛域内,则 $|z|=|z_i|$ 的圆上的所有点一定也在收敛域内。因此,如果把 $|z|=0$ 和 $|z|=\infty$ 都看成圆的话,则收敛域在 z 平面上是一个环状区域:

$$R_{x^-} < |z| < R_{x^+} \tag{3.2-3}$$

式中, R_{x^-}、R_{x^+} 分别称为收敛域内、外半径。内半径可小到零,而外半径可为无限大,均为非负实数。

2. 收敛域

定义:对于任何序列 $x(n)$,能保证式(3.2-1)所表示的级数收敛的所有 z 值的集合,称为 z 变换 $X(z)$ 的收敛域(ROC)。

【例 3.2-2】 有以下两个序列,分别求其 z 变换及对应的 ROC。

(1) $x_1(n)=\begin{cases} a^n & n \geqslant 0 \\ 0 & n < 0 \end{cases}$ (2) $x_2(n)=\begin{cases} 0 & n \geqslant 0 \\ -a^n & n < 0 \end{cases}$

解:由 z 变换的定义,有:

$$X_1(z)=\sum_{n=0}^{\infty} a^n z^{-n} = 1 + (az^{-1})^1 + (az^{-1})^2 + \cdots$$

只有当 $|az^{-1}|<1$ 时,上式的级数才收敛,亦即 $|z|>|a|$ 才收敛。因此:

$$X_1(z)=\frac{1}{1-az^{-1}}=\frac{z}{z-a} , \ \text{且 ROC: } |z|>|a|$$

再由 z 变换的定义,有

$$X_2(z)=\sum_{n=-\infty}^{-1} -a^n z^{-n} = -(a^{-1}z)^1 - (a^{-1}z)^2 - \cdots$$
$$= 1 - [1 + (a^{-1}z)^1 + (a^{-1}z)^2 + \cdots]$$

只有当 $|a^{-1}z|<1$ 时,上式方括号中的级数才收敛,亦即 $|z|<|a|$ 才收敛。因此:

$$X_2(z)=1-\frac{1}{1-a^{-1}z}=\frac{z}{z-a} , \ \text{且 ROC: } |z|<|a|$$

图 3.2-2 用斜线表示了它们的收敛域。

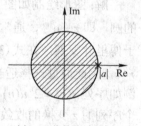

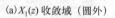
(a) $X_1(z)$ 收敛域(圆外)　　(a) $X_2(z)$ 收敛域(圆内)

图 3.2-2　例 3.2-2 的两个收敛域

由例 3.2-2 可以看出,序列不同却对应于相同的 z 变换表达式。但它们各自的收敛域绝对不同。因此,当给出 z 变换表达式的同时,必须说明它的收敛域,才能单值地确定它所对应的时间序列。

3. z 变换的零极点分布与收敛域

拉氏变换可以在复频域平面内用零、极点来说明它的一些性质，与之相类似，z 变换也可以利用 z 平面上的零极点分布图来表示它的性质。当 z 变换表达式可以表示成两个多项式之比时，这是 z 变换最重要和最有用的形式，即：

$$X(z) = \frac{P(z)}{Q(z)} \tag{3.2-4}$$

式(3.2-4)的分子多项式 $P(z)$ 等于零的根使 $X(z) = 0$，对应的 z 值称为 $X(z)$ 的零点，分母多项式 $Q(z)$ 等于零的根使 $X(z) \to \infty$，对应的 z 值称为 $X(z)$ 的极点。

MATLAB 的信号处理工具箱提供 zplane 函数用以绘制 $X(z)$ 的零极点分布图，其调用格式为：

zplane(B, A)

该函数绘制出列向量 B 表示的分子多项式 $P(z) = 0$ 的根和列向量 A 表示的分母多项式 $Q(z) = 0$ 的根，即 $X(z)$ 的零点和极点。同时，该函数会同时绘制出参考单位圆，并在多阶零点和极点的右上角标出其阶次。

【例 3.2-3】 已知 $X(z) = 1 - z^{-8}$，绘制 $X(z)$ 的零极点分布图。

解：将 $X(z)$ 写成：$X(z) = 1 - z^{-8} = \dfrac{z^8 - 1}{z^8}$

绘图程序如下：

```
B=[1 0 0 0 0 0 0 0 -1];
A=[1 0 0 0 0 0 0 0 0];
zplane(B,A);
```

该程序的运行结果如图 3.2-3 所示。

根据极点的定义，z 变换在极点处不收敛。换句话说，$X(z)$ 在收敛域内不能出现极点，收敛域总是以极点为边界的。通常作图时以"o"表示零点，"×"表示极点。

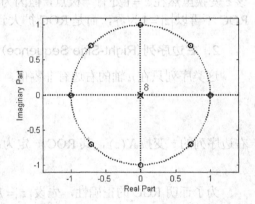

图 3.2-3　例 3.2-3 的零极点分布图

3.2.3　序列的性质和其 z 变换收敛域的关系

对一个序列来说，当序列的 z 变换存在时，其在 z 平面上的收敛域的位置和序列的性质存在着密切的关系。现将一些典型情况分别讨论如下。

1. 有限长序列(Finite Length Sequence)

这类序列只在有限长度区间 $N_1 \leqslant n \leqslant N_2$ 之内有非零值，即：

$$x(n) = \begin{cases} x(n) & N_1 \leqslant n \leqslant N_2 \\ 0 & 其他 n \end{cases} \tag{3.2-5}$$

由 z 变换的定义，式(3.2-5)所示的序列的 z 变换可写成：

$$X(z) = \sum_{n=N_1}^{N_2} x(n) z^{-n} = \sum_{n=N_1}^{N_2} x(n) \frac{1}{z^n} \tag{3.2-6}$$

当 $|x(n)| < \infty$ 时，式(3.2-6)为一有限项级数和，则其 ROC 为整个 z 平面，但 $|z| = 0$ 和 $|z| = \infty$ 需

除外，进一步讨论如下：显然当 $N_1 < 0$ 时，ROC 不包括 $|z| = \infty$，而当 $N_2 > 0$ 时，ROC 不包括 $|z| = 0$。因此，有限长序列的 z 变换，其 ROC 至少为 $0 < |z| < \infty$，当 $n > 0$ 时序列有非零值，则 $|z| = 0$ 不包含在收敛域内；当 $n < 0$ 时序列有非零值，则 $|z| = \infty$ 不包含在收敛域内。这里要指出，$z^0 = 1$，不管 z 为何值，即使 $z = \infty$ 也是如此。

【例 3.2-4】 求单位取样序列 $\delta(n)$ 的 z 变换。

解：$\delta(n)$ 是有限长序列的特例，它的 z 变换为：

$$ZT[\delta(n)] = \sum_{n=0}^{0} \delta(n)z^{-n} = 1 \qquad \text{ROC}: 0 \leqslant |z| \leqslant \infty \qquad (3.2\text{-}7)$$

它的 z 变换的收敛域是整个 z 平面，这与一般的 ROC 的圆环带不一致，它的 z 变换的 ROC 属特殊情况。

【例 3.2-5】 求矩形序列 $R_N(n)$ 的 z 变换。

解：$R_N(n)$ 是一种常用的有限长序列，根据 $R_N(n)$ 的定义，它的 z 变换为：

$$ZT[R_N(n)] = \sum_{n=0}^{N-1} R_N(n)z^{-n} = \sum_{n=0}^{N-1} 1 \cdot z^{-n} = \frac{1 - z^{-N}}{1 - z^{-1}} \qquad \text{ROC}: |z| > 0 \qquad (3.2\text{-}8)$$

该 z 变换虽然在 $z = 1$ 处有一极点，但因为同时在 $z = 1$ 处还存在零点，零点抵消了极点，所以它的 ROC 不再以 $|z| = 1$ 为界，而是 ROC 扩大到 $|z| > 0$ 的区域。

2. 右边序列（Right-Side Sequence）

这类序列只在 n 轴的右边有非零值，即当 $n < N$ 时 $x(n) = 0$，其 z 变换为：

$$X(z) = \sum_{n=N}^{\infty} x(n)z^{-n} \qquad (3.2\text{-}9)$$

右边序列的 z 变换 $X(z)$，其 ROC 一定为：

$$|z| > R_x \qquad (3.2\text{-}10)$$

为了证明 ROC 的正确性，先设 $|z| = R_x$ 处收敛，即：

$$\sum_{n=N}^{\infty} |x(n)| R_x^{-n} < \infty$$

如果 $N \geqslant 0$，则当 $|z| > R_x$ 时必定有： $(3.2\text{-}11)$

$$\sum_{n=N}^{\infty} |x(n)z^{-n}| \leqslant \sum_{n=N}^{\infty} |x(n)||z|^{-n} < \sum_{n=N}^{\infty} |x(n)| R_x^{-n} < \infty$$

如果 $N < 0$，则式 (3.2-9) 的右边可写成两项，有：

$$\sum_{n=N}^{\infty} x(n)z^{-n} = \sum_{n=N}^{-1} x(n)z^{-n} + \sum_{n=0}^{\infty} x(n)z^{-n} \qquad (3.2\text{-}12)$$

式 (3.2-12) 的第一项为有限长序列，其 ROC 至少为 $0 < |z| < \infty$。第二项根据前面 $N \geqslant 0$ 的论述，其在 $|z| > R_x$ 时收敛。因为公共收敛域就是 $R_x < |z| < \infty$，因此右边序列的 z 变换的 ROC 是半径为 R_{x^-} 的圆的圆外部分，但 $|z| = \infty$ 是否包含于 ROC 内与 N 有关。

如果右边序列为因果序列，即 $N \geqslant 0$，则序列 z 变换在 $|z| = \infty$ 处也收敛。由此可得到一个推论：如果序列 $x(n)$ 的 z 变换的 ROC 包括 $|z| = \infty$，则该序列为因果序列，反之亦然。

【例 3.2-6】 求序列 $x(n) = a^n u(n)$ 的 z 变换。其中 a 为正实数。

解：

$$X(z) = \sum_{n=-\infty}^{\infty} x(n)z^{-n} = \sum_{n=0}^{\infty} a^n z^{-n} = \frac{1}{1-az^{-1}} = \frac{z}{z-a} \qquad \text{ROC}: |z| > a$$

这是一个右边序列，$X(z)$ 在 $z=a$ 处有一极点，当 $|z| > a$ 时收敛，且收敛域包括 $|z| = \infty$，所以该序列为一个因果序列。

3．左边序列（Left-Side Sequence）

这类序列只在 n 轴的左边有非零值，即当 $n > N$ 时 $x(n) = 0$，其 z 变换为：

$$X(z) = \sum_{n=-\infty}^{N} x(n)z^{-n} \tag{3.2-13}$$

按照右边序列的同样方法，可以证明左边序列的 z 变换的 ROC 一定为：

$$|z| < R_{x^+} \tag{3.2-14}$$

即左边序列的 z 变换 $X(z)$，应在收敛半径 R_{x^+} 以内的 z 平面收敛，但 $z=0$ 是否属于 ROC 与 N 有关。显然，由式（3.2-13）可知，当 $N < 0$ 时，$z=0$ 属于 ROC，即反因果序列的 z 变换的 ROC 包括 $z=0$。

【例 3.2-7】 求序列 $x(n) = -b^n u(-n-1)$ 的 z 变换，其中 b 为正实数。

解：

$$X(z) = \sum_{n=-\infty}^{N} x(n)z^{-n} = \sum_{n=-\infty}^{-1} -b^n z^{-n} = 1 - \sum_{n=0}^{\infty} (b^{-1}z)^n = \frac{z}{z-b} \qquad \text{ROC}: |z| < b$$

4．双边序列（Bilateral Sequence）

若序列 $x(n)$ 是从 $n = -\infty$ 到 $+\infty$ 都有值（也许某些值为 0）的序列，此序列就称为双边序列，如一个左边序列"加"一个右边序列一定是一个双边序列。前面介绍的 3 种序列，其实就是双边序列加了不同约束条件的 3 个特例。其 z 变换为：

$$X(z) = \sum_{n=-\infty}^{\infty} x(n)z^{-n} = \sum_{n=-\infty}^{-1} x(n)z^{-n} + \sum_{n=0}^{\infty} x(n)z^{-n} \tag{3.2-15}$$

式（3.2-15）中的第一项为左边序列的 z 变换，ROC 为 $|z| < R_{x^+}$，第二项为右边序列的 z 变换，ROC 为 $|z| > R_{x^-}$。

显然，对整个变换式而言，必须存在一个公共收敛域，使得各子式均能收敛。这就要求下式必须成立：

$$R_{x^+} > R_{x^-} \tag{3.2-16}$$

如果式（3.2-16）成立，则双边序列 z 变换的 ROC 为：

$$R_{x^-} < |z| < R_{x^+} \tag{3.2-17}$$

如果式（3.2-16）不成立，则双边序列 z 变换不收敛。

【例 3.2-8】 求序列 $x(n) = a^n u(n) - b^n u(-n-1)$ 的 z 变换。

解：利用例 3.2-6 和例 3.2-7 的结果可知该双边序列的 z 变换为：

$$X(z) = \frac{z}{z-a} + \frac{z}{z-b} = \frac{z(2z-a-b)}{(z-a)(z-b)} \qquad \text{ROC}: |a| < |z| < |b|$$

$X(z)$ 有两个极点：$z=a$，$z=b$；有两个零点：$z=0$，$z=(a+b)/2$。需要提醒的是，a、b 为何值，例中特意没有指明。如果作图说明 ROC 及零、极点分布，就要做一些假定，讨论如下：

（1）假定 a、b 均为正实数，且 $b > a$，则 ROC 为 $a < |z| < b$，如图 3.2-4（a）所示。

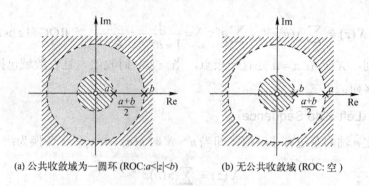

(a) 公共收敛域为一圆环 (ROC:$a<|z|<b$)　　　　(b) 无公共收敛域 (ROC: 空)

图 3.2-4　例 3.2-8 图

（2）假定 a、b 均为正实数，且 $b<a$，则 ROC 为空，$X(z)$ 不收敛，如图 3.2-4(b)所示。

例 3.2-8 是两项构成双边序列的 z 变换的情况，更多项构成双边序列时，一般可以逐项变换后，确定变换的公共收敛域。

常用序列的 z 变换及其收敛域见表 3.2-1。

表 3.2-1　常用 z 变换表

序　　列	z 变　换	收敛域(ROC)
$\delta(n)$	1	$0\leqslant|z|\leqslant\infty$
$u(n)$	$\dfrac{1}{1-z^{-1}}$	$|z|>1$
$R_N(n)$	$\dfrac{1-z^{-N}}{1-z^{-1}}$	$|z|>0$
$nu(n)$	$\dfrac{z^{-1}}{(1-z^{-1})^2}$	$|z|>1$
$a^n u(n)$	$\dfrac{1}{1-az^{-1}}$	$|z|>|a|$
$-a^n u(-n-1)$	$\dfrac{1}{1-az^{-1}}$	$|z|<|a|$
$na^n u(n)$	$\dfrac{az^{-1}}{(1-az^{-1})^2}$	$|z|>|a|$
$-na^n u(-n-1)$	$\dfrac{az^{-1}}{(1-az^{-1})^2}$	$|z|<|a|$
$e^{-na}u(n)$	$\dfrac{1}{1-e^{-a}z^{-1}}$	$|z|>|e^{-a}|$
$e^{-j\omega_0 n}u(n)$	$\dfrac{1}{1-e^{-j\omega_0}z^{-1}}$	$|z|>1$
$\sin(\omega_0 n)u(n)$	$\dfrac{\sin(\omega_0)z^{-1}}{1-2\cos(\omega_0)z^{-1}+z^{-2}}$	$|z|>1$
$\cos(\omega_0 n)u(n)$	$\dfrac{1-\cos(\omega_0)z^{-1}}{1-2\cos(\omega_0)z^{-1}+z^{-2}}$	$|z|>1$
$r^n\sin(\omega_0 n)u(n)$	$\dfrac{r\sin(\omega_0)z^{-1}}{1-2r\cos(\omega_0)z^{-1}+r^2z^{-2}}$	$|z|>|r|$
$r^n\cos(\omega_0 n)u(n)$	$\dfrac{1-r\cos(\omega_0)z^{-1}}{1-2r\cos(\omega_0)z^{-1}+r^2z^{-2}}$	$|z|>|r|$

3.2.4　z 变换的性质和定理

由 z 变换定义可以推导出它的一些性质，这些性质说明了序列的时域特性和 z 域特性之间的关系，有助于求出复杂序列的 z 变换。清楚 z 变换的性质并能熟练地运用，将为解决数字信号处理中的一些复杂问题提供方便。以下介绍 z 变换的几种主要性质和定理。

1. 线性性质

z 变换的线性性质指它符合叠加原理，也就是说，z 变换是线性变换。如果有序列 $x(n)$ 和 $y(n)$，它们的 z 变换分别是 $X(z)$ 和 $Y(z)$，即：

$$ZT[x(n)] = X(z) \qquad ROC: R_{x-} < |z| < R_{x+}$$

$$ZT[y(n)] = Y(z) \qquad ROC: R_{y-} < |z| < R_{y+}$$

则

$$ZT[ax(n) + by(n)] = aX(z) + bY(z) \qquad ROC: R_- < |z| < R_+ \qquad (3.2\text{-}18)$$

其中 a、b 为任意常数。

相加后序列的 z 变换的收敛域一般是原两序列 z 变换收敛域的重叠部分，即 R_- 为 R_{x-} 和 R_{y-} 中的较大者。而 R_+ 为 R_{x+} 和 R_{y+} 中的较小者，记做 $\max[R_{x-}, R_{y-}] < |z| < \min[R_{x+}, R_{y+}]$。如果线性组合后，某些极点刚好被引入的零点所抵消，则收敛域可能有所扩大。

2. 序列的移位

若一个序列 $x(n)$ 的 z 变换为 $X(z)$，$R_{x-} < |z| < R_{x+}$，则 $x(n+m)$ 的 z 变换一定为：

$$ZT[x(n+m)] = z^m X(z) \qquad R_{x-} < |z| < R_{x+} \qquad (3.2\text{-}19)$$

证明：

$$ZT[x(n+m)] = \sum_{n=-\infty}^{\infty} x(n+m)z^{-n} = \sum_{n=-\infty}^{\infty} x(n+m)z^{-(n+m)}z^m$$

$$= z^m X(z) \qquad R_{x-} < |z| < R_{x+}$$

例如，$\delta(n)$ 的 z 变换为 $ZT[\delta(n)] = 1$，ROC：$0 \leqslant z \leqslant \infty$，则 $ZT[\delta(n-1)] = z^{-1}$，ROC：$0 < z \leqslant \infty$。此例还可以倒过来理解，即已知 $\delta(n-1)$ 的 z 变换，求 $\delta(n) = \delta[(n-1)+1]$ 的 z 变换，即：

$$ZT[\delta(n)] = ZT[\delta(n-1+1)] = zz^{-1} = 1 \qquad ROC: 0 \leqslant z \leqslant \infty$$

说明在序列移位前、后的 z 变换的 ROC 有可能是不一致的。由于因子 z^m 的影响，需要对 $z = 0$ 和 $|z| = \infty$ 的收敛情况进行判断。

3. 乘以指数序列

若一个序列 $x(n)$ 的 z 变换为 $X(z)$，$R_{x-} < |z| < R_{x+}$，则 $a^n x(n)$ 的 z 变换一定为：

$$ZT[a^n x(n)] = X(a^{-1}z) \qquad ROC: |a|R_{x-} < |z| < |a|R_{x+} \qquad (3.2\text{-}20)$$

证明：

$$ZT[a^n x(n)] = \sum_{n=-\infty}^{\infty} x(n)(a^{-1}z)^{-n} = X(a^{-1}z)$$

而 ROC：$R_{x-} < |a^{-1}z| < R_{x+}$，即 ROC：$|a|R_{x-} < |z| < |a|R_{x+}$。

式 (3.2-20) 意味着：如果 $X(z)$ 在 $z = z_1$ 处有一极点，则 $X(a^{-1}z)$ 的对应极点必然为 $z = az_1$。显然，以 $z = az_1$ 代入 $X(a^{-1}z)$ 就是 $X(z_1)$。当 a 为正实数时，则 ROC 将按比例扩大或缩小，而极点和零点位置将在 z 平面上沿它们与原点的连线做径向移动；当 $a = e^{j\omega_0}$ 时，则极点和零点位置将以原点为轴心顺时针旋转 ω_0 弧度，当 a 是 $|a| \neq 1$ 的复数时，则极点和零点位置将在 z 平面上既有旋转，又有径向移动。

4. z 域微分性质

若一个序列 $x(n)$ 的 z 变换为 $X(z)$，$R_{x^-} < |z| < R_{x^+}$，则 $nx(n)$ 的 z 变换一定为：

$$ZT[nx(n)] = -z\frac{dX(z)}{dz} \qquad \text{ROC}: R_{x^-} < |z| < R_{x^+} \qquad (3.2-21)$$

证明：

$$\frac{dX(z)}{dz} = \frac{d}{dz}\left(\sum_{n=-\infty}^{\infty} x(n)z^{-n}\right) = \sum_{n=-\infty}^{\infty} x(n)(-n)z^{-n-1} = -z^{-1}\sum_{n=-\infty}^{\infty} nx(n)z^{-n}$$

即

$$ZT[nx(n)] = -z\frac{dX(z)}{dz} \qquad \text{ROC}: R_{x^-} < |z| < R_{x^+}$$

【例 3.2-9】 已知 $x(n) = a^n u(n)$ 的 z 变换为 $X(z) = \dfrac{z}{z-a}$，ROC：$|z| > |a|$，求序列 $nx(n) = na^n u(n)$ 的 z 变换。

解：

$$ZT[nx(n)] = -z\frac{d}{dz}X(z) = -z\frac{d}{dz}\left(\frac{z}{z-a}\right) = \frac{az}{(z-a)^2} \qquad \text{ROC}: |z| > |a|$$

5. 复序列的共扼

若一个序列 $x(n)$ 的 z 变换为 $X(z)$，$R_{x^-} < |z| < R_{x^+}$，则 $x^*(n)$ 的 z 变换一定为：

$$ZT[x^*(n)] = X^*(z^*) \qquad \text{ROC}: R_{x^-} < |z| < R_{x^+} \qquad (3.2-22)$$

证明：

$$ZT[x^*(n)] = \sum_{n=-\infty}^{\infty} x^*(n)z^{-n} = \left\{\sum_{n=-\infty}^{\infty}[x^*(n)z^{-n}]^*\right\}^* = \left[\sum_{n=-\infty}^{\infty}x(n)(z^*)^{-n}\right]^* = X^*(z^*)$$

由于 $|z| = |z^*|$，因此其 ROC 不变，即 ROC：$R_{x^-} < |z| < R_{x^+}$。

6. 初值定理

若一个序列 $x(n)$ 为因果序列，即 $n < 0$ 时，$x(n) = 0$，则：

$$\lim_{z\to\infty} X(z) = x(0) \qquad (3.2-23)$$

证明：由 $n < 0$ 时，$x(n) = 0$，则：

$$X(z) = \sum_{n=0}^{\infty} x(n)z^{-n} = x(0) + x(1)z^{-1} + x(2)z^{-2} + \cdots \qquad (3.2-24)$$

对式 (3.2-24) 两边同时取极限，有：

$$\lim_{z\to\infty} X(z) = \lim_{z\to\infty}[x(0) + x(1)z^{-1} + x(2)z^{-2} + \cdots] = x(0)$$

7. 终值定理

若一个序列 $x(n)$ 为因果序列，且 $X(z)$ 除单位圆上可有一个 $z = 1$ 的一阶极点外，其余极点都在单位圆内，则：

$$\lim_{n\to\infty} x(n) = \lim_{z\to 1}[(z-1)X(z)] \qquad (3.2-25)$$

证明：利用序列的移位性质可得：

$$ZT[x(n+1) - x(n)] = (z-1)X(z) = \sum_{n=-\infty}^{+\infty}[x(n+1) - x(n)]z^{-n}$$

由于 $x(n)$ 为因果序列，则：

$$(z-1)X(z) = \sum_{n=-1}^{+\infty}[x(n+1)-x(n)]z^{-n} = \lim_{n \to \infty}\sum_{m=-1}^{n}[x(m+1)-x(m)]z^{-m} \qquad (3.2\text{-}26)$$

对式（3.2-26）取 $z \to 1$ 的极限，得：

$$
\begin{aligned}
\lim_{z \to 1}(z-1)X(z) &= \lim_{n \to \infty}\sum_{m=-1}^{n}[x(m+1)-x(m)]z^{-m} \\
&= \lim_{n \to \infty}\{[x(0)-0]+[x(1)-x(0)]+\cdots+[x(n+1)-x(n)]\} \\
&= \lim_{n \to \infty}x(n+1) = \lim_{n \to \infty}x(n)
\end{aligned}
$$

8. 时域卷积定理

若序列 $x(n)$ 和 $h(n)$ 的 z 变换分别为 $X(z)$ 和 $H(z)$，序列 $y(n)$ 为它们的卷积，即：

$$y(n) = x(n) * h(n) = \sum_{k=-\infty}^{\infty}x(k)h(n-k)$$

则 $y(n)$ 的 z 变换为：

$$Y(z) = X(z)H(z) \qquad (3.2\text{-}27)$$

证明：

$$
\begin{aligned}
ZT[y(n)] &= \sum_{n=-\infty}^{\infty}\left[\sum_{k=-\infty}^{\infty}x(k)h(n-k)\right]z^{-n} \\
&= \sum_{n=-\infty}^{\infty}\left[\sum_{k=-\infty}^{\infty}x(k)h(n-k)\right]z^{-k}z^{-(n-k)} \\
&= \sum_{k=-\infty}^{\infty}x(k)z^{-k}\sum_{n=-\infty}^{\infty}h(n-k)z^{-(n-k)} = X(z)H(z)
\end{aligned}
$$

其 ROC 为 $X(z)$ 和 $H(z)$ 收敛域的重叠部分，即 $\max[R_{x-}, R_{h-}] < |z| < \min[R_{x+}, R_{h+}]$。如果 $X(z)$ 和 $H(z)$ 中其中一个收敛圆上的极点被另一个的零点所抵消，则 $Y(z)$ 的 ROC 有可能扩大。

9. z 域卷积定理

若序列 $x(n)$ 和 $y(n)$ 的 z 变换分别为 $X(z)$ 和 $Y(z)$，序列 $w(n)$ 为它们的乘积，即：

$$w(n) = x(n)y(n)$$

则 $w(n)$ 的 z 变换 $W(z)$ 为 $X(z)$ 与 $Y(z)$ 的复卷积，具体表示形式推导如下。

根据 z 反变换定义有：

$$y(n) = \frac{1}{2\pi j}\oint_{c_1}Y(v)v^{n-1}\mathrm{d}v$$

因此

$$
\begin{aligned}
W(z) &= \sum_{n=-\infty}^{\infty}[x(n)y(n)]z^{-n} = \sum_{n=-\infty}^{\infty}\left[x(n)\frac{1}{2\pi j}\oint_{c_1}Y(v)v^{n-1}\mathrm{d}v\right]z^{-n} \\
&= \frac{1}{2\pi j}\oint_{c_1}\left(\sum_{n=-\infty}^{\infty}x(n)\left(\frac{z}{v}\right)^{-n}\right)Y(v)v^{-1}\mathrm{d}v \\
&= \frac{1}{2\pi j}\oint_{c_1}X\left(\frac{z}{v}\right)Y(v)v^{-1}\mathrm{d}v \qquad (3.2\text{-}28)
\end{aligned}
$$

或者写为

$$W(z) = \frac{1}{2\pi j}\oint_{c_2}X(v)Y\left(\frac{z}{v}\right)v^{-1}\mathrm{d}v \qquad (3.2\text{-}29)$$

式(3.2-28)和式(3.2-29)称为复卷积公式。其中：c_1 是 $X(z/v)$ 和 $Y(v)$ 两者 ROC 的重叠部分内的积分围线，c_2 是 $X(v)$ 和 $Y(z/v)$ 两者 ROC 的重叠部分内的积分围线。计算式(3.2-28)一般用留数法，而不是用复变函数积分。因此在应用复卷积公式时，正确确定围线 c 包围了哪些极点是很重要的。这也是难点之一。

如果 $W(z)$ 的 ROC 含有单位圆，而且 c_1 就为单位圆（即沿单位圆计算复卷积时），并令 $v = \mathrm{e}^{\mathrm{j}\theta}$，$Z = \mathrm{e}^{\mathrm{j}\omega}$，代入式(3.2-28)，有：

$$W(\mathrm{e}^{\mathrm{j}\omega}) = \frac{1}{2\pi} \int_{-\pi}^{\pi} X(\mathrm{e}^{\mathrm{j}(\omega-\theta)}) Y(\mathrm{e}^{\mathrm{j}\theta}) \mathrm{d}\theta \tag{3.2-30}$$

式(3.2-30)就是前面所述的频域卷积定理表达式。

【例 3.2-10】 已知序列 $x(n) = a^n u(n)$，$y(n) = b^n u(n)$。求 $w(n) = x(n)y(n)$ 的 z 变换。

解： 由前面的例 3.2-2 可知：

$$X(z) = \frac{1}{1 - az^{-1}} \qquad \text{ROC: } |z| > |a|$$

$$Y(z) = \frac{1}{1 - bz^{-1}} \qquad \text{ROC: } |z| > |b|$$

由式(3.2-28)可得 $w(n)$ 的 z 变换为：

$$W(z) = \frac{1}{2\pi\mathrm{j}} \oint_{c_1} \frac{1}{1 - a\dfrac{v}{z}} \cdot \frac{1}{1 - bv^{-1}} v^{-1} \mathrm{d}v = \frac{1}{2\pi\mathrm{j}} \oint_{c_1} \frac{-z/a}{v - z/a} \cdot \frac{1}{v - b} \mathrm{d}v$$

可以看出，被积函数有两个极点：$v = z/a$ 和 $v = b$。并且复卷积是在 v 平面上进行的，而不是在 z 平面上进行的，则已知的 ROC 应表示为

$$X(z/v) \qquad \text{ROC: } |z/v| > |a| \qquad \text{即} \quad |v| < |z|/|a|$$

$$Y(v) \qquad \text{ROC: } |v| > |b|$$

因此被积函数的公共收敛域是 $|b| < |v| < |z|/|a|$。现在要在此 ROC 中选择闭曲线 c_1，不管是反时针包围还是正时针包围，都只能围住被积函数的其中一个极点。由于 z 不同于时域变量 n，可以区分为大于等于 0 和小于 0 的情况，而且在 v 平面上即使出现高阶极点也是有限阶次的，用 c_1 取反时针求留数即可，为：

$$W(z) = \mathrm{Res}\left[\left(\frac{-z/a}{v - z/a}\right)\left(\frac{1}{v - b}\right)(v - b)\right]_{v=b} = \frac{-z/a}{b - z/a} = \frac{z}{z - ab} \qquad \text{ROC: } |z| > |ab|$$

z 域卷积定理是说明时域和 z 域之间的关系的，并不是一定要如此计算。显然，上例可先求序列的乘积，然后对乘积的结果进行 z 变换，这要容易得多。z 域卷积定理主要为下一定理做准备。

10. 帕斯瓦尔定理

若序列 $x(n)$ 和 $y(n)$ 的 z 变换分别为：

$$X(z) \qquad \text{ROC: } R_{x-} < |z| < R_{x+}$$

$$Y(z) \qquad \text{ROC: } R_{y-} < |z| < R_{y+}$$

且它们的 ROC 均含有单位圆，则有：

$$\sum_{n=-\infty}^{\infty} x(n) y^*(n) = \frac{1}{2\pi\mathrm{j}} \oint_c X(v) Y^*\left(\frac{1}{v^*}\right) v^{-1} \mathrm{d}v \tag{3.2-31}$$

证明： 令 $\qquad\qquad\qquad w(n) = x(n) y^*(n)$

由前面的性质 5（复序列的共轭），有 $\mathrm{ZT}[y^*(n)] = Y^*(z^*)$，再利用复卷积式(3.2-29)，则：

$$W(z) = \mathrm{ZT}[x(n) y^*(n)] = \frac{1}{2\pi\mathrm{j}} \oint_c X(v) Y^*\left(\frac{z^*}{v^*}\right) v^{-1} \mathrm{d}v$$

由于 $|z|=1$ 在收敛域内，因此有：

$$W(z)\big|_{z=1} = \{ZT[x(n)y^*(n)]\}\big|_{z=1} = \frac{1}{2\pi j}\oint_c X(v)Y^*\left(\frac{1}{v^*}\right)v^{-1}dv$$

并且注意到

$$\{ZT[x(n)y^*(n)]\}\big|_{z=1} = \left\{\sum_{n=-\infty}^{\infty}[x(n)y^*(n)]z^{-n}\right\}\bigg|_{z=1} = \sum_{n=-\infty}^{\infty}x(n)y^*(n)$$

所以式(3.2-31)成立。

因为在单位圆上收敛，令 $v=e^{j\omega}$，则有：

$$dv = je^{j\omega}d\omega, \quad \frac{1}{v^*} = e^{j\omega}, \quad v^{-1} = e^{-j\omega}$$

将上述关系式代入式(3.2-31)，有：

$$\sum_{n=-\infty}^{\infty}x(n)y^*(n) = \frac{1}{2\pi}\int_{-\pi}^{\pi}X(e^{j\omega})Y^*(e^{j\omega})d\omega \tag{3.2-32}$$

式(3.2-32)称为傅里叶变换的帕斯瓦尔定理。

当 $y(n)=x(n)$ 时，由式(3.2-32)有

$$\sum_{n=-\infty}^{\infty}|x(n)|^2 = \frac{1}{2\pi}\int_{-\pi}^{\pi}|X(e^{j\omega})|^2d\omega \tag{3.2-33}$$

式(3.2-33)的物理意义在于：序列能量等于频谱能量。

表 3.2-2 列出了 z 变换主要性质，供参阅（设 $ZT[x(n)]=X(z)$，$ROC:R_{x^-}<|z|<R_{x^+}$；$ZT[y(n)]=Y(z)$，$ROC:R_{y^-}<|z|<R_{y^+}$）。

表 3.2-2 z 变换的主要性质

序　　列	z 变　　换	收　敛　域
$ax(n)+by(n)$	$aX(z)+bY(z)$	$\max[R_{x^-},R_{y^-}]<|z|<\min[R_{x^+},R_{y^+}]$
$x(n-m)$	$z^{-m}X(z)$	$R_{x^-}<|z|<R_{x^+}$
$a^n x(n)$	$X(a^{-1}z)$	$|a|R_{x^-}<|z|<|a|R_{x^+}$
$nx(n)$	$-z\dfrac{dX(z)}{dz}$	$R_{x^-}<|z|<R_{x^+}$
$x^*(n)$	$X^*(z^*)$	$R_{x^-}<|z|<R_{x^+}$
$x(-n)$	$X(z^{-1})$	$1/R_{x^-}>|z|>1/R_{x^+}$
$x(n)*y(n)$	$X(z)Y(z)$	$\max[R_{x^-},R_{y^-}]<|z|<\min[R_{x^+},R_{y^+}]$
$x(n)y(n)$	$\dfrac{1}{2\pi j}\oint_c X\left(\dfrac{z}{v}\right)Y(v)v^{-1}dv$	$R_{x^-}R_{y^-}<|z|<R_{x^+}R_{y^+}$
$\mathrm{Re}[x(n)]$	$\dfrac{1}{2}[X(z)+X^*(z^*)]$	$R_{x^-}<|z|<R_{x^+}$
$\mathrm{Im}[x(n)]$	$\dfrac{1}{2j}[X(z)-X^*(z^*)]$	$R_{x^-}<|z|<R_{x^+}$

表 3.2-2 中收敛域的描述是一般性的，具体应用时要注意零、极点的对消和 $z=0$、$|z|=\infty$ 处的收敛情况。

3.3 z 反变换

由函数 $X(z)$ 及其收敛域（ROC）求序列 $x(n)$ 的变换称为 z 反变换。用 z 变换方法分析时域离散系统时，要用到 z 反变换。从 z 变换的定义式(3.2-1)可以看出，序列 $x(n)$ 的 z 变换定义式就是复变函数中的罗朗级数，罗朗级数在收敛域内是解析函数。因此，在收敛域内的 z 变换也是解析函数，

这就意味着 z 变换及其所有导数是 z 的连续函数，在这种条件下，研究 z 变换和 z 反变换时，就可以运用复变函数理论中的一些定理了，下面就是根据柯西积分定理推导出来的 z 反变换关系式。

3.3.1 z 反变换公式

z 反变换公式为：

$$x(n) = \mathrm{ZT}^{-1}[X(z)] = \frac{1}{2\pi \mathrm{j}} \oint_c X(z) z^{n-1} \mathrm{d}z \tag{3.3-1}$$

式中，$\mathrm{ZT}^{-1}[X(z)]$ 表示对 $X(z)$ 进行 z 反变换。其结果应是：在 z 平面上的 $X(z)$ 的收敛域中，沿包含原点的任意封闭曲线 c 的反时针方向对 $X(z)z^{n-1}$ 的围线积分。

式(3.3-1)的证明如下：

将 z 变换定义式，即式(3.2-1)两边均乘以 z^{m-1}，并在 $X(z)$ 的收敛域内取一条包围原点的积分围线做围线积分，有：

$$\frac{1}{2\pi \mathrm{j}} \oint_c X(z) z^{m-1} \mathrm{d}z = \frac{1}{2\pi \mathrm{j}} \oint_c \left(\sum_{n=-\infty}^{\infty} x(n) z^{-n} \right) z^{m-1} \mathrm{d}z$$

$$= \sum_{n=-\infty}^{\infty} x(n) \frac{1}{2\pi \mathrm{j}} \oint_c z^{-n+m-1} \mathrm{d}z \tag{3.3-2}$$

式(3.3-2)不加证明地把求和与积分次序进行了交换。柯西积分定理的一个推导式为：

$$\frac{1}{2\pi \mathrm{j}} \oint_c z^{k-1} \mathrm{d}z = \begin{cases} 1 & k = 0 \\ 0 & k \neq 0 \end{cases} \tag{3.3-3}$$

对照式(3.3-2)与式(3.3-3)，只要式(3.3-2)中的 $m = n$，就有：

$$\frac{1}{2\pi \mathrm{j}} \oint_c X(z) z^{m-1} \mathrm{d}z = x(m)$$

则 z 反变换公式(3.3-1)得到证明。

如果 $X(z)$ 的 ROC 含有单位圆，且积分曲线 c 就选为单位圆，以 $z = \mathrm{e}^{\mathrm{j}\omega}$（单位圆）代入式(3.3-1)，则围线积分变为 ω 由 $-\pi$ 到 $+\pi$ 的积分，有：

$$x(n) = \frac{1}{2\pi \mathrm{j}} \int_{-\pi}^{\pi} X(\mathrm{e}^{\mathrm{j}\omega}) \mathrm{e}^{\mathrm{j}\omega(n-1)} \mathrm{d}\mathrm{e}^{\mathrm{j}\omega} = \frac{1}{2\pi} \int_{-\pi}^{\pi} X(\mathrm{e}^{\mathrm{j}\omega}) \mathrm{e}^{\mathrm{j}\omega n} \mathrm{d}\omega$$

则 z 反变换成为前面说明过的离散时间傅里叶反变换式。

3.3.2 z 反变换计算方法

直接使用式(3.3-1)的围线积分求 $x(n)$ 是比较困难的，较常采用的计算方法主要有留数法、幂级数展开法和部分分式展开法。

1. 留数法 (Contour Integral Method)

由复变函数理论，式(3.3-1)可以应用柯西留数定理来求解。由该定理有：

$$x(n) = \frac{1}{2\pi \mathrm{j}} \oint_c X(z) z^{n-1} \mathrm{d}z = \sum_k \mathrm{Res}[X(z) z^{n-1}]_{z=z_k} \tag{3.3-4}$$

式中，z_k 为 $X(z)z^{n-1}$ 在 c 内的极点，Res 表示极点的留数，求和符号表示所有极点的留数的代数和。

求留数也是比较困难的，但如果 $X(z)z^{n-1}$ 是 z 的有理函数，可写为下面的有理分式的话，即：

$$X(z) z^{n-1} = \frac{\psi(z)}{(z-z_k)^s} \tag{3.3-5}$$

求留数就比较容易了。式(3.3-5)表示 $X(z)z^{n-1}$ 在 $z=z_k$ 处有 s 阶极点，而 $\psi(z)$ 中已没有 $z=z_k$ 的极点。根据留数定理，$X(z)z^{n-1}$ 在 $z=z_k$ 处的留数为：

$$\operatorname{Res}[X(z)z^{n-1}]_{z=z_k} = \frac{1}{(s-1)!}\left[\frac{\mathrm{d}^{s-1}\psi(z)}{\mathrm{d}z^{s-1}}\right]_{z=z_k} = \frac{1}{(s-1)!}\left\{\frac{\mathrm{d}^{s-1}}{\mathrm{d}z^{s-1}}[(z-z_k)^s X(z)z^{n-1}]\right\}_{z=z_k} \tag{3.3-6}$$

如果 $z=z_k$ 是 $X(z)z^{n-1}$ 的一阶极点，式(3.3-6)就变得简单了，即：

$$\operatorname{Res}[X(z)z^{n-1}]_{z=z_k} = \psi(z_k) \tag{3.3-7}$$

求留数时，一定要注意收敛域内积分围线 c 所包围的极点情况（只计算围线 c 内的留数和）。

【例 3.3-1】 求 $X(z) = \dfrac{1}{1-az^{-1}}$，ROC：$|z|>|a|$ 的 z 反变换。

解：由式(3.3-1)可得：

$$x(n) = \frac{1}{2\pi\mathrm{j}}\oint_c X(z)z^{n-1}\mathrm{d}z = \frac{1}{2\pi\mathrm{j}}\oint_c \frac{z^n}{z-a}\mathrm{d}z$$

由 $X(z)$ 的 ROC，积分围线 c 要选为半径大于 $|a|$ 的一个圆，c 围住那些极点，要根据 n 的情况分别讨论：

（1）$n \geqslant 0$ 时，$z=a$ 和 $z=\infty$（$n>1$）是极点，但 c 只围住了一阶极点 $z=a$，由式(3.3-7)，有：

$$\operatorname{Res}[X(z)z^{n-1}]_{z=a} = \left[\frac{z^n}{z-a}(z-a)\right]_{z=a} = a^n = a^n u(n)$$

（2）$n<0$ 时，c 围住了一阶极点 $z=a$ 和 $-n$ 阶极点 $z=0$，由式(3.3-6)和式(3.3-7)，留数分别是：

$$\operatorname{Res}[X(z)z^{n-1}]_{z=0} = \left\{\frac{1}{(-n-1)!}\frac{\mathrm{d}^{-n-1}}{\mathrm{d}z^{-n-1}}\left[\frac{z^n}{z-a}(z-0)^{-n}\right]\right\}_{z=0}$$

$$= (-1)^{-n-1}[(z-a)^n]_{z=0} = (-1)^{-n-1}(-1)^n a^n = -a^n u(-n-1)$$

$$\operatorname{Res}[X(Z)z^{n-1}]_{z=a} = \left[\frac{z^n}{z-a}(z-a)\right]_{z=a} = a^n = a^n u(-n-1)$$

由以上计算可知，$n<0$ 时，留数和为 0。

综上，由 n 的所有情况归纳得到：$x(n) = a^n u(n)$，即为所求。

由此例可以看出，留数法也是比较麻烦的。当 $X(z)$ 的 ROC 为 $0 < R_{x-} < |z| < R_{x+} < \infty$，即反变换的结果为双边序列时，必然会遇到类似例 3.3-1 的高阶求导的问题，因此式(3.3-4)就要进行改造，以使得反变换容易一些。

设有 $X(z)$，它的 ROC 为 $0 < R_{x-} < |z| < R_{x+} < \infty$。用留数法其 z 反变换应为：

$$x(n) = \frac{1}{2\pi\mathrm{j}}\oint_c X(z)z^{n-1}\mathrm{d}z = \sum_{z_k}\operatorname{Res}[X(z)z^{n-1}]_{z=z_k}\ (c\ \text{内})$$

也就是式(3.3-4)加了一个强调说明——c 内。

现令 $X(z) = X_1(z) + X_2(z)$，且 $X_1(z)$ 的 ROC：$|z| > R_{x-}$ 和 $X_2(z)$ 的 ROC：$|z| < R_{x+}$（分解为一个左边序列和一个右边序列的和）。这就意味着，如果在 $X(z)$ 的 ROC 中选取闭曲线 c 后，$X_1(z)$ 的极点都在 c 内，而 $X_2(z)$ 的极点都在 c 外，如图 3.3-1 所示。

显然，$X_1(z)$ 的 z 反变换对应于 $n \geqslant 0$ 的右边序列，$X_2(z)$ 的 z 反变换对应于 $n<0$ 的左边序列。由

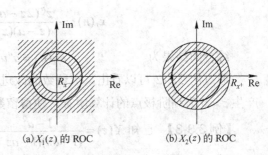

(a) $X_1(z)$ 的 ROC　　　(b) $X_2(z)$ 的 ROC

图 3.3-1　$X(z)$ 的分解

留数定理：

$$x_1(n) = \frac{1}{2\pi j} \oint_c X_1(z) z^{n-1} \mathrm{d}z = \sum_{z_k} \mathrm{Res}[X_1(z) z^{n-1}]_{z=z_k} \ (c\ \text{内})$$

$$= \begin{cases} \sum_{z_k} \mathrm{Res}[X_1(z) z^{n-1}]_{z=z_k} \ (c\ \text{内}) & n \geqslant 0 \\ 0 & n < 0 \end{cases}$$

$$x_2(n) = \frac{1}{2\pi j} \oint_c X_2(z) z^{n-1} \mathrm{d}z = -\sum_{z_k} \mathrm{Res}[X_2(z) z^{n-1}]_{z=z_k} \ (c\ \text{外})$$

$$= \begin{cases} -\sum_{z_k} \mathrm{Res}[X_2(z) z^{n-1}]_{z=z_k} \ (c\ \text{外}) & n < 0 \\ 0 & n \geqslant 0 \end{cases}$$

由留数定理，闭曲线 c 顺时针时就围住了 c 外的极点，求留数的积分路径反向，如图 3.3-1(b) 所示。因此得到的 c 外的留数和要变号，正如上面的求 $x_2(n)$ 的式子所示。需要指出的是，这是原理性说明，计算留数时，并不要把 $X(z)$ 拆成 $X_1(z)$ 和 $X_2(z)$。即求留数的综合式为：

$$x(n) = \frac{1}{2\pi j} \oint_c X(z) z^{n-1} \mathrm{d}z$$

$$= \begin{cases} \sum_{z_k} \mathrm{Res}[X(z) z^{n-1}]_{z=z_k} \ (c\ \text{内}) & n \geqslant 0 \\ -\sum_{z_k} \mathrm{Res}[X(z) z^{n-1}]_{z=z_k} \ (c\ \text{外}) & n < 0 \end{cases} \tag{3.3-8}$$

即当 $n \geqslant 0$ 时，计算 c 内的极点的留数和；当 $n < 0$ 时，计算 c 外的极点的留数和。

【例 3.3-2】 已知 $X(z) = \dfrac{z}{z-a} + \dfrac{z}{z-b}$，ROC：$a < |z| < b$，其中 a、b 均为正实数，且 $a < b$。求其 z 反变换。

解：在 $X(z)$ 的 ROC 中选择闭曲线 c，然后写出：

$$X(z) z^{n-1} = \frac{z(2z-a-b)}{(z-a)(z-b)} z^{n-1}$$

（1）当 $n \geqslant 0$ 时，c 反时针（对应 c 内）围住了 1 阶极点 $z = a$，留数为：

$$x_1(n) = \frac{z^n(2z-a-b)}{(z-a)(z-b)}(z-a)\bigg|_{z=a} = a^n u(n)$$

（2）当 $n < 0$ 时，c 顺时针（对应 c 外）围住了 1 阶极点 $z = b$，留数为：

$$x_2(n) = -\frac{z^n(2z-a-b)}{(z-a)(z-b)}(z-b)\bigg|_{z=b} = -b^n u(-n-1)$$

综合的结果为

$$x(n) = a^n u(n) - b^n u(-n-1)$$

通过例 3.3-2 可以看出，求留数的改进方法，能够避开由于 $X(z)$ 乘了 z^{n-1} 之后，在 $n < 0$ 时产生 $z = 0$ 为高阶极点的计算困难，使得留数的计算相对容易一些。

【例 3.3-3】 已知 $X(z) = \dfrac{1-a^2}{(1-az)(1-az^{-1})}$，$|a| < 1$，求其 z 反变换 $x(n)$。

解：由于题目中没有给定 z 变换的收敛域，为求出反变换 $x(n)$，必须对收敛域进行讨论。$X(z)$

有两个极点，分别是 $z=a$ 和 $z=a^{-1}$，这样收敛域就对应了 3 种情况，分别是：

（1）$|z|>|a^{-1}|$，对应右边序列。

在 ROC 中选择闭曲线 c，然后写出：

$$F(z)=\frac{1-a^2}{(1-az)(1-az^{-1})}z^{n-1}=\frac{1-a^2}{-a(z-a)(z-a^{-1})}z^n$$

当 $n<0$ 时，围线 c 外部无极点，因此 $x(n)=0$；

当 $n\geqslant 0$ 时，围线 c 内有两个极点：$z=a$ 和 $z=a^{-1}$，因此

$$x(n)=\mathrm{Res}[F(z),a]+\mathrm{Res}[F(z),a^{-1}]$$

$$=\frac{1-a^2}{(z-a)(1-az)}z^n(z-a)\Big|_{z=a}+\frac{1-a^2}{-a(z-a)(z-az^{-1})}z^n(z-a^{-1})\Big|_{z=a^{-1}}$$

$$=a^n-a^{-n}$$

最后表示成 $x(n)=(a^n-a^{-n})u(n)$。

（2）$|z|<|a|$，对应左边序列。

当 $n<0$ 时，围线 c 外部有两个极点：$z=a$ 和 $z=a^{-1}$，因此

$$x(n)=-\mathrm{Res}[F(z),a]-\mathrm{Res}[F(z),a^{-1}]=-a^n-(-a^{-n})=a^{-n}-a^n$$

当 $n\geqslant 0$ 时，围线 c 内无极点，因此 $x(n)=0$。

最后表示成 $x(n)=(a^{-n}-a^n)u(-n-1)$。

（3）$|a|<|z|<|a^{-1}|$，对应双边序列。

当 $n<0$ 时，围线 c 外有极点 $z=a^{-1}$，因此，$x(n)=-\mathrm{Res}[F(z),a^{-1}]=a^{-n}$。

当 $n\geqslant 0$ 时，围线 c 内有极点 $z=a$，因此，$x(n)=\mathrm{Res}[F(z),a]=a^n$。

最后表示成 $x(n)=a^{|n|}$。

2．幂级数展开法(Power Series Expansion Method)

幂级数展开法也称长除法。如果能把 $X(z)$ 在其收敛域内按式 (3.2-1) 展开成 z^{-1} 的幂级数，即：

$X(z)=\sum\limits_{n=-\infty}^{\infty}x(n)z^{-n}$，则对应幂级数中 z^{-n} 的系数就是 $x(n)$。

当 $X(z)$ 能表示成有理分式时，即：

$$X(z)=\frac{P(z)}{Q(z)} \tag{3.3-9}$$

式中，$P(z)$ 和 $Q(z)$ 均是有理多项式，如果 $X(z)$ 的 ROC 是 $|z|>R_x$，则 $x(n)$ 一定是右边序列，在做长除运算时，$P(z)$ 和 $Q(z)$ 均按 z^{-1} 的升幂次序排列；如果 $X(z)$ 的 ROC 是 $|z|<R_{x_+}$，则 $x(n)$ 必然是左边序列，在做长除运算时，$P(z)$ 和 $Q(z)$ 应按 z^{-1} 的降幂次序排列。如此排列为的是使商，即 $X(z)$ 也是按 z^{-1} 的升幂次序或降幂次序排列，能够正确得到右边序列最左边的第一项或左边序列最右边的第一项。

【例 3.3-4】 求 $X(z)=\dfrac{1}{1-az^{-1}}$ 的 ROC 分别为 $|z|>|a|$ 和 $|z|<|a|$ 的 z 反变换 $x(n)$。

解：（1）当 ROC 为 $|z|>|a|$ 时，$x(n)$ 应是右边序列，因此要按照 z^{-1} 的升幂的次序排列分母、分子和商，即进行除法运算：

$$\begin{array}{r}
1+az^{-1}+a^2z^{-2}+\cdots \\
1-az^{-1} \overline{\big)\ 1\phantom{-az^{-1}}} \\
\underline{1-az^{-1}} \\
az^{-1} \\
\underline{az^{-1}-a^2z^{-2}} \\
a^2z^{-2} \\
\underline{a^2z^{-2}-a^3z^{-3}} \\
a^3z^{-3}\cdots
\end{array}$$

则有 $x(0)=1$，$x(1)=a$，$x(2)=a^2$，$\cdots$ 亦即 $x(n)=a^nu(n)$。

（2）当 ROC 为 $|z|<|a|$ 时，$x(n)$ 应是左边序列，因此要按照 z^{-1} 的降幂次序排列分母、分子和商，即进行除法运算：

$$\begin{array}{r}
-a^{-1}z-a^{-2}z^2-a^{-3}z^3\cdots \\
-az^{-1}+1 \overline{\big)\ 1\phantom{-a^{-1}z}} \\
\underline{1-a^{-1}z} \\
a^{-1}z \\
\underline{a^{-1}z-a^{-2}z^2} \\
a^{-2}z^2 \\
\underline{a^{-2}z^2-a^{-3}z^3} \\
a^{-3}z^3\cdots
\end{array}$$

显然此时 $x(n)=-a^nu(-n-1)$。

例 3.3-4 说明用幂级数展开法求 $x(n)$ 时，运算简单容易。但是也应看到，对 ROC 为 $0<R_{x-}<|z|<R_{x+}<\infty$ 的 z 反变换一般是不可以的。另外，一般很难得到像例 3.3-4 这样的 $x(n)$ 的闭合形式。

3. 部分分式展开法（Partial-Fraction Expansion Method）

序列的 z 变换常可表示成 z 的有理分式，见式(3.3-9)。从实用角度而言，一般序列为因果序列，其 z 变换的 ROC 为 $|z|>R_{x-}$，为了保证在 $|z|=\infty$ 处也收敛，则式(3.3-9)中分母多项式 $Q(z)$ 的阶次就不能低于分子多项式 $P(z)$ 的阶次。其实这是从实用角度提出的约束条件，部分分式展开法并不受限于此约束条件。求出分母 $Q(z)$ 的根，然后进行因式分解，为了保证因式分解后的各项的分子至少比分母的阶次低 1 次，可把上式写为：

$$\frac{X(z)}{z}=\sum_{k=1}^{N}\frac{A_k}{z-z_k} \qquad \text{ROC}:\ |z|>\max[|z_k|] \qquad (3.3\text{-}10)$$

式中，假定 $X(z)/z$ 的所有极点都是 1 阶极点，用 z_k 表示极点。由于 $X(z)/z$ 与 $X(z)$ 相比较，两者的 ROC 是一致的，只不过 $X(z)/z$ 在 $z=0$ 处增加了极点，或者把 $z=0$ 处的极点阶数增加了 1 阶。注意式(3.3-10)的 ROC 的约束条件。系数 A_k 可以用留数法求出，即：

$$A_k=\mathrm{Res}\left[\frac{X(z)}{z}\right]_{z=z_k}=\frac{X(z)}{z}(z-z_k)\bigg|_{z=z_k} \qquad (3.3\text{-}11)$$

对照式(3.3-10)，式(3.3-12)明显成立，即：

$$X(z)=\sum_{k=1}^{N}\frac{A_k}{z-z_k}z \qquad \text{ROC}:\ |z|>\max[|z_k|] \qquad (3.3\text{-}12)$$

由前面的表 3.2-1 和所举的例子，式(3.3-12)的 z 反变换为：

$$x(n) = \sum_{k=1}^{N} A_k (z_k)^n u(n)$$

【例 3.3-5】 求 $X(z) = \dfrac{z+1}{3z^2 - 4z + 1}$，ROC：$|z| > 1$ 的 z 反变换。

解： 由于

$$\frac{X(z)}{z} = \frac{z+1}{z(3z^2 - 4z + 1)} = \frac{z+1}{3z(z-1)(z-1/3)}$$

则可分解为

$$\frac{X(z)}{z} = \frac{A_1}{z} + \frac{A_2}{z-1} + \frac{A_3}{z-1/3}$$

由留数求系数

$$A_1 = \left[\frac{z+1}{3z(z-1)(z-1/3)} \cdot z \right]_{z=0} = 1$$

$$A_2 = \left[\frac{z+1}{3z(z-1)(z-1/3)} (z-1) \right]_{z=1} = 1$$

$$A_3 = \left[\frac{z+1}{3z(z-1)(z-1/3)} (z-1/3) \right]_{z=1/3} = -2$$

则有

$$X(z) = 1 + \frac{z}{z-1} - \frac{2z}{z-1/3}$$

z 反变换的结果为

$$x(n) = \delta(n) + u(n) - 2\left(\frac{1}{3}\right)^n u(n)$$

如果 $X(z)/z$ 的因式分解中，不仅有 N 个 1 阶极点，还有一个高阶极点，即：

$$\frac{X(z)}{z} = \sum_{k=1}^{N} \frac{A_k}{z - z_k} + \sum_{j=1}^{M} \frac{B_j}{(z - z_i)^j} \qquad \text{ROC：} |z| > \max[|z_k|, |z_i|] \tag{3.3-13}$$

其中 $z = z_i$ 是一个 M 阶极点。值得注意的是，式 (3.3-13) 的第二个求和符号的含义，它是由因式分解的形式所决定的，如果另外还有一个高阶极点，就必须再加一个类似的求和符号。A_k 的确定与前面一样，B_j 由下式确定：

$$B_j = \frac{1}{(M-j)!} \left\{ \frac{\mathrm{d}^{M-j}}{\mathrm{d}z^{M-j}} \left[(z - z_i)^M \frac{X(z)}{z} \right] \right\}_{z=z_i} \tag{3.3-14}$$

一般而言，常见的高阶极点也就是 2 阶极点，这里假定有一个 2 阶极点。则有：

$$X(z) = \sum_{k=1}^{N} \frac{A_k}{z - z_k} z + \frac{B_1}{z - z_i} z + \frac{B_2}{(z - z_i)^2} z$$

其 z 反变换为 $x(n) = \sum_{k=1}^{N} A_k (z_k)^n u(n) + B_1 (z_i)^n u(n) + B_2 n (z_i)^{n-1} u(n-1)$

如果有更高阶的情况，z 反变换一般形式为：

$$\mathrm{ZT}^{-1} \left[\frac{z}{(z-a)^M} \right] = \frac{1}{(M-1)!} n(n-1) \cdots (n-M+2) a^{n-M+1} u(n-M+1) \tag{3.3-15}$$

3.4 系统函数

在前面的章节中，曾研究了两种描述线性时不变离散时间系统的方法，分别是"系统单位取样响应 $h(n)$"和"系统频率响应 $H(\mathrm{e}^{j\omega})$"，两者之间存在着傅里叶变换关系。本节将介绍另外两种描述线性时不变系统的方法，分别是"差分方程"和"系统函数"，两者之间存在着 z 变换关系。以系统函数为基础，可以对系统的分类、性能及实现结构等进行深入的研究及分析。以后为方便起见，也常用 LTI 系统表示线性时不变离散时间系统。

3.4.1　LTI 系统的系统函数与系统特性

一个 LTI 离散时间系统的系统函数定义为其单位取样响应 $h(n)$ 的 z 变换，即：

$$H(z) = \sum_{n=-\infty}^{\infty} h(n)z^{-n} \qquad (3.4\text{-}1)$$

如果 $x(n)$ 是 LTI 离散时间系统的输入序列，其 z 变换为 $X(z)$；而 $y(n)$ 为系统的输出序列，其 z 变换为 $Y(z)$，则由 z 变换的卷积定理可得到：

$$Y(z) = H(z)X(z) = X(z)H(z) \qquad (3.4\text{-}2)$$

由式(3.4-2)有
$$H(z) = Y(z)/X(z) \qquad (3.4\text{-}3)$$

式(3.4-3)提供了求 LTI 离散时间系统的系统函数 $H(z)$ 的一种方法。

同一个 LTI 系统可以用时域的 $h(n)$ 来表征，也可以用频域的 $H(e^{j\omega})$ 来表征，还可用 z 域的系统函数 $H(z)$ 来描述，那么系统函数一定能反映系统的特性。根据前面的知识，可以将这些特性归纳如下：

（1）在 z 平面的单位圆上计算出的系统函数就是系统的频率响应，即

$$H(z)\Big|_{z=e^{j\omega}} = H(e^{j\omega}) \qquad (3.4\text{-}4)$$

（2）一个 LTI 系统稳定的充要条件是系统函数 $H(z)$ 的收敛域包括单位圆。

（3）一个 LTI 系统是因果系统的充要条件是系统函数 $H(z)$ 在 $|z|=\infty$ 处也收敛。

（4）一个稳定的因果系统的系统函数 $H(z)$ 的收敛域应包含：$1 \leqslant |z| \leqslant \infty$。

（5）一个稳定的因果系统的系统函数 $H(z)$ 的全部极点必然在单位圆内部。

3.4.2　系统函数与差分方程的关系

一个 LTI 离散时间系统的输出序列 $y(n)$、输入序列 $x(n)$ 和单位取样响应 $h(n)$ 之间的关系为：

$$y(n) = h(n) * x(n) = \sum_{k=-\infty}^{\infty} h(k)x(n-k) \qquad (3.4\text{-}5)$$

式(3.4-5)通常称为卷积公式，从数学分析而言，是差分方程。显然式(3.4-5)一般不能用来进行求解，需要加上一个前提条件，即系统为因果系统。在这一前提条件下，系统当前的输出只与当前和过去的输入、过去的输出有关，这样式(3.4-5)就可抽象地写为：

$$y(n) = \sum_{k=1}^{N} a_k y(n-k) + \sum_{r=0}^{M} b_r x(n-r) \qquad (3.4\text{-}6)$$

一般因果 LTI 离散时间系统都可以用式(3.4-6)来近似描述，由于求和符号的上限都是有限值，因此可称为有限差分方程。

对式(3.4-6)两端进行 z 变换并考虑到 z 变换的移位性质，可以得到：

$$Y(z) = \sum_{k=1}^{N} a_k z^{-k} Y(z) + \sum_{r=0}^{M} b_r z^{-r} X(z) \qquad (3.4\text{-}7)$$

由式(3.4-3)及式(3.4-7)，则系统函数为：

$$H(z) = \frac{Y(z)}{X(z)} = \frac{\displaystyle\sum_{r=0}^{M} b_r z^{-r}}{1 - \displaystyle\sum_{k=1}^{N} a_k z^{-k}} \qquad (3.4\text{-}8)$$

由于式(3.4-8)是两个多项式之比，因此一般都可以分解因式为：

$$H(z) = \frac{A\prod\limits_{r=1}^{M}(1 - c_r z^{-1})}{\prod\limits_{k=1}^{N}(1 - d_k z^{-1})} \tag{3.4-9}$$

由式(3.4-9)可以看出，系统的零点为 $z = c_r$，系统极点为 $z = d_k$。可见，除了比例常数 A 以外，系统函数完全由其全部零、极点来确定。

3.4.3　系统函数与系统频率响应

由式(3.4-9)，当 $M = N$ 时，有：

$$H(z) = \frac{A\prod\limits_{r=1}^{N}(z - c_r)}{\prod\limits_{k=1}^{N}(z - d_k)} \tag{3.4-10}$$

可以根据系统函数零、极点位置，利用几何方法定性地确定系统的频率响应。把 $z = e^{j\omega}$ 代入式(3.4-10)，有：

$$H(e^{j\omega}) = A\frac{\prod\limits_{r=1}^{N}(e^{j\omega} - c_r)}{\prod\limits_{k=1}^{N}(e^{j\omega} - d_k)} = A\frac{\prod\limits_{r=1}^{N}\vec{C_r}}{\prod\limits_{k=1}^{N}\vec{D_k}} \tag{3.4-11}$$

在复平面上，$e^{j\omega}$ 为单位圆，如果取 $\omega = \omega_0$，则 $e^{j\omega}$ 可表示单位圆上的一点，原点(圆心)与此点的连线看成一个矢量，则此矢量的大小为 1，与横轴正方向的夹角为 ω_0。系统的零、极点也如此矢量化，只要取定 ω_0，就可用矢量方法计算式(3.4-11)。式(3.4-11)中，$\vec{C_r}$ 为系统零点指向单位圆上某一点的矢量，称为零点矢量，$\vec{D_k}$ 为系统极点指向单位圆上同一点的矢量，称为极点矢量。由于两个矢量相乘的结果为大小等于各矢量的模的积，幅角等于各矢量的幅角和；而两个矢量相除的结果为大小等于被除矢量模与除矢量模的商，幅角等于被除矢量幅角与除矢量幅角的差。因此，如果以下式表示系统的频率响应：

$$H(e^{j\omega}) = |H(e^{j\omega})| e^{j\varphi(\omega)} \tag{3.4-12}$$

则由以上讨论及式(3.4-11)，有：

$$|H(e^{j\omega})| = A\frac{\prod\limits_{r=1}^{N}C_r}{\prod\limits_{k=1}^{N}D_k} \tag{3.4-13}$$

$$\varphi(\omega) = \sum_{r=1}^{N}a_r - \sum_{k=1}^{N}b_k \tag{3.4-14}$$

式(3.4-13)与式(3.4-14)中，C_r 为零点矢量的长度，a_r 为零点矢量的幅角；D_k 为极点矢量的长度，b_k 为极点矢量的幅角。

显然，由式(3.4-12)表示的系统的幅频响应等于所有零点到单位圆上某一点的矢量长度的乘积除以所有极点到单位圆上同一点的矢量长度的乘积，相频响应等于所有零点到单位圆上那一点的矢量的幅角和减去所有极点到单位圆上那一点的矢量幅角和。只要令 ω 在 0 到 2π 之间旋转一周，在单位圆上取若干个点，就可估算出系统的频率响应。

【例 3.4-1】 已知系统的系统函数 $H(z) = \dfrac{z}{z-0.5}$，ROC：$|z| > 0.5$，作图估算系统的频率响应。

解：系统零点为 $z = 0$，系统极点为 $z = 0.5$，图 3.4-1 画出了零极点分布和频率响应。注意本例有 $\omega = a_r$。

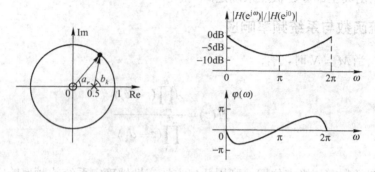

图 3.4-1 用矢量法估算系统频率响应

3.4.4 系统函数与系统分类

系统函数 $H(z)$ 描述了系统的输入和输出间的关系，式 (3.4-8) 以 z 的多项式之比来表示系统函数，$H(z)$ 的不同解析表达式代表了不同的系统结构，不同的系统结构虽然可以完成相同的功能，但实际效果不完全相同。因此可以根据系统函数将系统进行分类，作为指导工程实践的一个参考因素。

（1）全零点模型

对式 (3.4-8)，若所有 $a_k = 0$，则有：

$$H(z) = \sum_{r=0}^{M} b_r z^{-r} \tag{3.4-15}$$

这样的系统称为滑动平均（Moving Average，MA）系统。因为式 (3.4-15) 只有零点，除 $z = 0$ 外没有极点，因此又称为全零点模型。如果从系统冲激响应来看，这类系统的冲激响应为有限长序列，因此又称为有限冲激响应 (Finite Duration Impulse Response，FIR) 系统。

（2）全极点模型

对式 (3.4-8)，若除 $b_0 = 1$ 之外，其他 $b_r = 0$，则有

$$H(z) = \frac{1}{1 - \sum_{k=1}^{N} a_k z^{-k}} \tag{3.4-16}$$

这样的系统称为自回归 (Auto Regressive，AR) 系统。因为式 (3.4-16) 只有极点，没有零点，因此又称为全极点模型。如果从系统冲激响应来看，这类系统的冲激响应为无限长序列，因此又称为无限冲激响应 (Infinite Duration Impulse Response，IIR) 系统。

（3）零极点模型

对式 (3.4-8)，a_k、b_r 均不为零，则有：

$$H(z) = \frac{\sum\limits_{r=0}^{M} b_r z^{-r}}{1 - \sum\limits_{k=1}^{N} a_k z^{-k}} \qquad (3.4\text{-}17)$$

这样的系统称为自回归滑动平均（Auto Regressive Moving Average，ARMA）系统，因为式(3.4-17)既有极点，又有零点，因此又称为零极点模型。因为这类系统的冲激响应也为无限长序列，因此也属于 IIR 系统。

在 IIR 系统中，还常以系统函数 $H(z)$ 的分母多项式的阶次 N 来进一步分类为一阶($N=1$)系统、二阶($N=2$)系统、……这也是常用的术语。

3.4.5 全通系统与最小相位系统

1. 全通系统

对于一个离散时间系统而言，如果其幅频特性在$[0, 2\pi]$区间内恒为 1 或常数，即：

$$|H(\mathrm{e}^{j\omega})| = 1 \qquad 0 \leqslant \omega \leqslant 2\pi$$

则称该系统为全通系统。由于幅频特性对所有频率均为常数，因而信号通过全通系统后，幅度特性不会发生变化，变化的是相位，起到相位滤波的作用。

N 阶全通系统的系统函数的一般形式为：

$$H(z) = \frac{\sum\limits_{k=0}^{N} a_k z^{-N+k}}{\sum\limits_{k=0}^{N} a_k z^{-k}} \qquad (3.4\text{-}18)$$

式中，系数 a_k 为实数。若将分子与分母多项式展开，则可看出全通系统的系统函数的典型特征：分子与分母多项式具有相同阶数，且系数相同，但排列顺序相反。

将式(3.4-18)进行如下形式变换

$$H(z) = \frac{\sum\limits_{k=0}^{N} a_k z^{-N+k}}{\sum\limits_{k=0}^{N} a_k z^{-k}} = z^{-N} \frac{\sum\limits_{k=0}^{N} a_k z^{k}}{\sum\limits_{k=0}^{N} a_k z^{-k}} = z^{-N} \frac{D(z^{-1})}{D(z)} \qquad (3.4\text{-}19)$$

由式(3.4-19)可以看出，若 $z = z_0$ 为系统的极点，则 $z = 1/z_0$ 必为系统的零点，即零点与极点互为倒易关系。当 $H(z)$ 的分子、分母多项式的系数均为实数时，$H(z)$ 若有复数零极点，则一定是共轭成对的，使得复数零极点必为 4 个一组出现。即若 z_0 是系统的一个复数极点，则 z_0^* 也为系统的一个复数极点，此时 $1/z_0$ 和 $1/z_0^*$ 必为系统的零点。

全通系统的相频特性主要有以下一些性质：

.1) 全通系统的相频特性函数 $\varphi(\omega)$ 是频率的单调下降函数，即有：

$$\frac{\mathrm{d}\varphi(\omega)}{\mathrm{d}\omega} < 0 \qquad (3.4\text{-}20)$$

（2）对于 N 阶实稳定全通系统，当频率 ω 从 0 变化到 π 时，相位的改变为 $N\pi$，即：

$$\varphi(0) - \varphi(\pi) = N\pi \qquad (3.4\text{-}21)$$

全通系统在实际应用中一般用做相位校正或相位均衡。例如，一个幅频特性非常良好，但相频特性较差的滤波器系统，可以通过与全通系统相级联，在不改变幅频特性的基础上，校正滤波器系统的相频特性，使得所实现的系统在幅频特性和相频特性上都有较好的性能。

2．最小相位系统

因果稳定的线性时不变离散时间系统的系统函数 $H(z)$ 的所有极点必须位于 z 平面单位圆的内部，对 $H(z)$ 的零点位置并没有限制。若 $H(z)$ 的所有零点同时也位于 z 平面单位圆的内部，则称这样的系统为最小相位系统。若 $H(z)$ 的所有零点位于 z 平面单位圆的外部，则称这样的系统为最大相位系统。若 $H(z)$ 既有 z 平面单位圆内部的零点，也有 z 平面单位圆外部的零点，则称这样的系统为混合相位系统。

最小相位系统有以下一些重要性质：

（1）在幅频特性相同的所有因果稳定系统中，最小相位系统对信号具有最小的延时。

（2）若定义 $H^{-1}(z)=1/H(z)$ 为系统 $H(z)$ 的逆系统，则稳定的最小相位系统能够保证其逆系统也是稳定的。在信号检测及解卷积等实际应用中，逆系统具有重要的作用。

（3）任何非最小相位系统都可以由最小相位系统和全通系统级联而成。

以上只给出了全通系统和最小相位系统的相关结论，对一些性质的证明从略，有兴趣的读者可参考相关文献。

3.4.6　利用 MATLAB 分析系统的性能

1．判定系统的稳定性

对于因果的 LTI 离散时间系统，判别其稳定性，根据前面的结论，就是判别其系统函数 $H(z)$ 的所有极点是否在 z 平面的单位圆内。如果 $H(z)$ 的分母多项式阶数高于 3 阶，手工计算极点比较困难。利用 MATLAB 数字信号处理工具箱提供的 roots 函数，对 $H(z)$ 进行系统稳定性的判别则比较简单。

【**例 3.4-2**】　已知一线性时不变离散时间系统的系统函数 $H(z)=\dfrac{1-1.6z^{-1}+0.8z^{-2}}{1-1.6z^{-1}+0.9425z^{-2}}$，判别系统的稳定性。

解：程序如下：

```
A=[1,−1.6,0.9425];          %设置系统函数 H(z)的分母多项式 A(z)系数向量
P=roots(A);                 %利用 roots 函数计算 A(z)=0 的所有根，即系统的极点
M=max(abs(P));              %求所有极点的模的最大值，赋予变量 M
if M<1                      % M<1，则所有极点在单位圆内，系统稳定
    disp('该系统稳定'),
else,
    disp('该系统不稳定'),    %若 M>1，则有极点在单位圆外，系统不稳定
end
```

运行程序，在命令空间显示"该系统稳定"。同时，在 MATLAB 的 WORKSPACE 中，通过查看向量 P 的内容，还可得到系统所有极点的值。

2．分析系统的频率特性

MATLAB 数字信号处理工具箱提供的 freqz 函数，可用以计算数字系统的频率响应。其常用的调用格式有两种：

（1）H=freqz(B, A, w)

这种调用格式计算由输入向量 w 指定的频率点上系统的频率响应，结果存放在返回向量 H 中。输入向量 B 和 A 分别是系统函数 H(z)的分子多项式系数和分母多项式系数。

（2）[H, w]=freqz(B, A, M)

这种调用格式计算出系统在输入参数 M 限定的点数上的频率响应，存放在返回向量 H 中。freqz 函数自动将这 M 个频率点均匀设置在区间$[0,\pi]$上。默认 M 时，freqz 自动选取 512 个频率点计算。

这两种调用格式，若不带输出向量，则将自动绘制出$[0,\pi]$区间内的幅频响应和相频响应曲线。

【例 3.4-3】 已知 N 阶梳状滤波器的系统函数 $H(z) = 1 - z^{-N} = \dfrac{z^N - 1}{z^N}$，绘制出 8 阶（$N = 8$）梳状滤波器的幅频响应和相频响应曲线。

解：程序如下：

```
B=[1 0 0 0 0 0 0 0 −1];              %设置 H(z)的分子多项式系数向量
A=[1 0 0 0 0 0 0];                   %设置 H(z)的分母多项式系数向量
[H,w]=freqz(B,A);                    %计算系统的频率响应
subplot(211);plot(w/pi,abs(H));      %绘制幅频响应曲线
xlabel('\omega/pi');ylabel('|H(e^j^\omega)|');
axis([0,1,0,2.2]);
subplot(212);plot(w/pi,angle(H));    %绘制相频响应曲线
xlabel('\omega/pi');ylabel('\phi(\omega)');
```

运行程序，可绘制出 8 阶梳状滤波器的幅频响应和相频响应曲线如图 3.4-2 所示。

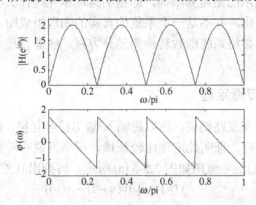

图 3.4-2 8 阶梳状滤波器的幅频响应和相频响应曲线

3.5 离散时间系统的信号流图

本节将讨论如何用信号流图来表示一个离散时间系统。有时也将系统的信号流图叫做网络信号流图。

3.5.1 网络的信号流图表示

由式（3.4-7）或式（3.4-8）可知，数字信号处理系统所需要的基本单元是加法器、常数乘法器和

延迟单元。在用信号流图表示系统时，常用图 3.5-1 所示的符号。其中图 (a) 表示两个信号序列相加；图 (b) 表示信号序列乘以常数 a；图 (c) 的 z^{-1} 表示延迟，即前一次信号取样值输出。流图中的节点既是求和点又是分支点。

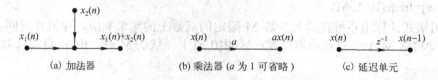

(a) 加法器　　　　　　(b) 乘法器 (a 为 1 可省略)　　　　(c) 延迟单元

图 3.5-1　信号流图常用符号

例如，一个二阶数字系统的系统函数表示为：

$$H(z) = \frac{b_0 + b_1 z^{-1}}{1 - a_1 z^{-1} - a_2 z^{-2}} \tag{3.5-1}$$

其差分方程则为

$$y(n) = a_1 y(n-1) + a_2 y(n-2) + b_0 x(n) + b_1 x(n-1) \tag{3.5-2}$$

像这样的数字系统可以用硬件实现，也可以用程序来实现。显然它的基本单元就是加法器、乘法器和延迟单元，它的一个信号流图如图 3.5-2 所示。

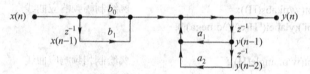

图 3.5-2　二阶数字系统的一个信号流图

一个系统的信号流图表示的是运算结构，即指明运算单元是什么类型，按照什么次序进行运算的结构图，是方框图的简化，并不是一个系统的真实的物理组成图，或者一个电路图。

具体画信号流图时，不必将系统函数转换为差分方程，应能直接由差分方程或者由系统函数画出信号流图。

3.5.2　信号流图的转置定理

如果将信号流图中的所有支路倒向，然后将输入/输出符号互换，则其系统函数不变。这一定理被称为信号流图的转置定理。证明此定理比较烦琐，现举例说明转置信号流图的过程。

【例 3.5-1】　一阶系统的信号流图如图 3.5-3 (a) 所示。可列出其差分方程为：

$$y(n) = c[ay(n-1) + x(n)] \tag{3.5-3}$$

其 z 变换为

$$Y(z) = acz^{-1}Y(z) + cX(z) \tag{3.5-4}$$

则

$$H(z) = \frac{Y(z)}{X(z)} = \frac{c}{1 - acz^{-1}} \tag{3.5-5}$$

将所有支路倒向，然后将输入/输出符号互换可得图 3.5-3 (b)。最后再按左输入右输出的常规习惯画成图 3.5-3 (c)，对图 3.5-3 (c) 重新计算差分方程仍为式 (3.5-3)，系统函数仍为式 (3.5-5)。

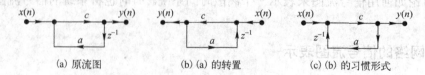

(a) 原流图　　　　　　(b) (a) 的转置　　　　　　(c) (b) 的习惯形式

图 3.5-3　一阶系统转置示意图

【例 3.5-2】 式(3.5-1)和图 3.5-2 所表示的二阶系统，按转置定理可以画成图 3.5-4(a)和习惯方式，即图 3.5-4(b)，它们所代表的系统差分方程仍为式(3.5-2)，系统函数仍为式(3.5-1)。

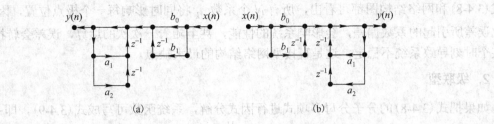

图 3.5-4　图 3.5-2 的二阶数字系统信号流图的转置形式

由以上两个转置定理应用的例子可以看出，一个系统的信号流图一般不是唯一的。有关信号流图的其他表现形式和应用将分别在后续章节中逐一介绍。由信号流图也可以写出系统函数或系统的差分方程，使用转置定理有时会更容易一些。

3.5.3　IIR 系统的网络结构

IIR 系统的系统函数如式(3.4-17)所示，其分母与分子都是 z 的多项式。那么除了式(3.4-17)之外，是否还有其他的等价表达形式，如果有其他表达形式，对应的信号流图是什么样的网络结构？以下对上述问题进行讨论。

1. 直接型

直接按照差分方程式(3.4-6)而得到的系统函数式(3.4-8)，称为 IIR 系统的直接型系统函数，与直接型系统函数有关的信号流图，称为 IIR 系统的直接型网络结构。式(3.4-8)可以改写成：

$$H(z) = \frac{Y(z)}{X(z)} = \frac{\sum_{r=0}^{M} b_r z^{-r}}{1 - \sum_{k=1}^{N} a_k z^{-k}} = H_1(z)H_2(z) \tag{3.5-6}$$

式中　$H_1(z) = \sum_{r=0}^{M} b_r z^{-r}$ 是 MA 系统，只确定系统零点。

$H_2(z) = \dfrac{1}{1 - \sum\limits_{k=1}^{N} a_k z^{-k}}$ 是 AR 系统，只确定系统极点。

对 LTI 系统总是存在有：

$$H(z) = H_1(z)H_2(z) = H_2(z)H_1(z) \tag{3.5-7}$$

则与式(3.5-7)有关的直接型网络结构至少有两种，如图 3.5-5(a)和(b)所示。

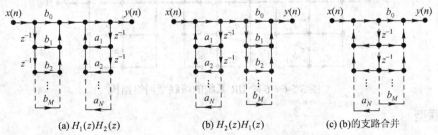

图 3.5-5　IIR 系统的直接型网络结构

图 3.5-5(c)是把图(b)中有关 z^{-1} 的两条支路合并为一条支路,在 $z \geqslant M$ 时能够节省 M 个延迟单元。图 3.5-5 的 3 个图都是直接型的,反映的系统函数是同一个系统函数,且运算速度一样。由式(3.4-8)和网络结构图都可看出,所有 N 个系数 a_k 将同时影响每一个极点位置,因此 a_k 值的量化误差所引起的系数偏差,会影响系统的性能,甚至随着一次次的运算,误差会转播和累积,到某个时刻导致系统不稳定,这是直接型网络结构的最大缺点。

2. 级联型

如果把式(3.4-8)的分子分母多项式进行因式分解,系统函数可写成式(3.4-9),即:

$$H(z) = \frac{A\prod\limits_{r=1}^{M}(1 - c_r z^{-1})}{\prod\limits_{k=1}^{N}(1 - d_k z^{-1})}$$

在这个表达式中,零点和极点要么是实数,要么是共轭复数,于是上式写为:

$$H(z) = A\frac{\prod\limits_{r=1}^{M_1}(1 - g_r z^{-1})\prod\limits_{r=1}^{M_2}(1 - h_r z^{-1})(1 - h_r^* z^{-1})}{\prod\limits_{k=1}^{N_1}(1 - q_k z^{-1})\prod\limits_{k=1}^{N_2}(1 - s_k z^{-1})(1 - s_k^* z^{-1})}$$

$$= A\frac{\prod\limits_{r=1}^{M_1}(1 - g_r z^{-1})\prod\limits_{r=1}^{M_2}(1 + b_{1r} z^{-1} + b_{2r} z^{-2})}{\prod\limits_{k=1}^{N_1}(1 - q_k z^{-1})\prod\limits_{k=1}^{N_2}(1 - a_{1k} z^{-1} - a_{2k} z^{-2})} \tag{3.5-8}$$

式(3.5-8)表示系统可以用一阶和二阶子系统级联组成。有时也把两个实一阶子系统配成一个二阶子系统,这样可采用通用的二阶环节级联而成(设 $N = M$),表示如下:

$$H(z) = A\frac{\prod\limits_{r=1}^{N/2}(1 + b_{1r} z^{-1} + b_{2r} z^{-2})}{\prod\limits_{k=1}^{N/2}(1 - a_{1k} z^{-1} - a_{2k} z^{-2})} = A\prod\limits_{k=1}^{N/2}\frac{(1 + b_{1k} z^{-1} + b_{2k} z^{-2})}{(1 - a_{1k} z^{-1} - a_{2k} z^{-2})} \tag{3.5-9}$$

要注意以上两式的分子、分母中各项系数的符号,其网络结构如图 3.5-6 所示($N = 6$)。如果 N 为奇数,则只要再增加一个一阶子系统即可。式(3.5-8)和式(3.5-9)称为级联型系统函数,对应的流图称为级联型网络结构。

级联型式的优点是:(1)要求存储单元较少;(2)用计算机或硬件实现时,只要设计一个网孔(即二阶)程序,就可实现对其余网孔的处理;(3)适当地对零极点配对调整,易满足系统要求,各级间互不影响,从而使得系统能稳定地工作,这是最重要的一点。

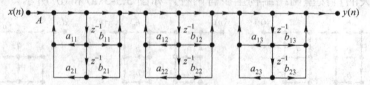

图 3.5-6 6 阶 IIR 系统的级联型网络结构

3. 并联型

如果把式(3.4-8)的分母多项式进行因式分解,然后再用部分分式展开,并假定 N 为偶数,且

$N \geqslant M$ ，则可写为

$$H(z) = C + \sum_{k=1}^{N/2} \frac{b_{1k} + b_{2k}z^{-1}}{1 - a_{1k}z^{-1} - a_{2k}z^{-2}} \qquad (3.5\text{-}10)$$

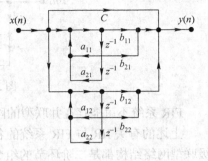

图 3.5-7 画出了 $N=4$ 时的并联型网络，其优点同级联型相同。如果 N 为奇数，则并上一个一阶环节即可。

图 3.5-7 4 阶 IIR 系统的并联型
网络结构

4．转置型

若将转置定理应用于以上 3 种类型的网络结构，就可分别得到对应的转置型网络结构，不过除在一些特殊场合(如噪声影响)能体现出其优点外，很少使用，这里不再赘述。

值得再次说明的是，上述的差分方程、不同表达形式的各型系统函数和各型网络结构都是对真实系统的数学抽象。或者是为了对已经存在的系统做理论分析，或者是为了对要设计的系统做理论指导。

3.5.4　FIR 系统的网络结构

如果式(3.4-8)的分母为 1，则有 $H(z) = \sum_{r=0}^{M} b_r z^{-r}$ 。一个因果 FIR 系统，若单位取样响应为 $h(n)$ ，其长度为 N ，则其系统函数还可写为：

$$H(z) = \sum_{n=0}^{N-1} h(n)z^{-n} \qquad (3.5\text{-}11)$$

由式(3.5-11)可知，系统除了在 $z=0$ 处有 $N-1$ 阶极点外，不存在其他的极点，但是它为 $N-1$ 阶多项式，存在有 $N-1$ 个零点，系统的性能几乎完全反映在这些零点的位置上，亦即合理安排零点的个数和位置将对设计系统起指导作用。

1．直接型

式(3.5-11)就是 FIR 系统的直接型系统函数，图 3.5-8(a)是直接型网络结构，图 3.5-8(b)是其转置型网络结构。

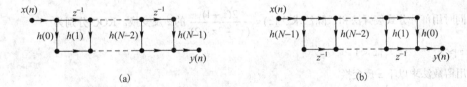

图 3.5-8　FIR 系统的直接型网络结构及其转置型网络结构

2．级联型

如将式(3.5-11)进行因式分解，当 N 为奇数时，则可全部合并写成二阶因式的乘积，当 N 为偶数时，可以写成一个一阶因式与其余二阶因式的乘积，即可得到 FIR 系统的级联型系统函数。这里假定 N 为奇数，并令 $M = (N-1)/2$ ，由式(3.5-11)有：

$$H(z) = \prod_{r=1}^{M} (\beta_{1r} + \beta_{2r}z^{-1} + \beta_{3r}z^{-2}) \qquad (3.5\text{-}12)$$

上式即为 FIR 系统的级联型系统函数，对应的网络结构如图 3.5-9 所示。

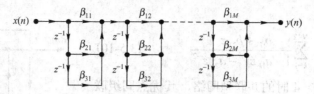

图 3.5-9　FIR 系统的级联型网络结构

FIR 系统不可能存在并联型的网络结构。

上述的有关 IIR 与 FIR 系统的各类网络结构有其各自的特点，是经常使用的。从理论上来说，级联型网络结构都是二阶环节的组合形式(也许，还要带一个一阶环节)，是可以用三阶甚至四阶环节来组合的，但这样做基本上没有实用价值。因此在后续章节中只对这里介绍的各类网络结构的特点和它们的性能进行讨论。

习题三

3-1　求下列序列的 z 变换及收敛域。

(1) $x(n) = 2^n u(n) - 2\left(\dfrac{1}{2}\right)^n u(n)$

(2) $x(n) = 3\left(-\dfrac{1}{2}\right)^n u(n) - 2(3)^n u(-n-1)$

(3) $x(n) = 3\left(\dfrac{1}{2}\right)^n u(n) + 5\left(\dfrac{1}{4}\right)^n u(-n-1)$

(4) $x(n) = 3\left(\dfrac{1}{3}\right)^n u(-n-1) + 5\left(\dfrac{1}{4}\right)^n u(n)$

(5) $x(n) = \left(-\dfrac{1}{5}\right)^n u(n) + 5\left(\dfrac{1}{2}\right)^{-n} u(-n-1)$

(6) $x(n) = 3\mathrm{e}^{-2n} u(n) + 2(4)^n u(-n-1) - 5\delta(n)$

(7) $x(n) = \dfrac{1}{2}\delta(n) + \delta(n-1) - \dfrac{1}{3}\delta(n-2)$

(8) $x(n) = 2\delta(n-3) - 2\delta(n+3)$

3-2　求下列序列的 z 变换及收敛域，并画出零极点示意图。

(1) $x(n) = a^{|n|}$　　$0 < |a| < 1$

(2) $x(n) = ar^n \cos(\omega_0 n + \varphi_0) u(n)$　　$0 < |a| < 1$，ω_0 与 φ_0 为常数

(3) $x(n) = \mathrm{e}^{-3n} \sin(\pi n/6) u(n)$

3-3　利用部分分式展开法求 $X(z) = \dfrac{z(z^2 - 4z + 5)}{(z-1)(z-2)(z-3)}$ 的 z 反变换，ROC 分别为：

(1) $2 < |z| < 3$　　(2) $|z| > 3$　　(3) $|z| < 1$

3-4　用长除法求 $X(z) = \dfrac{2}{z - 1/3}$ 的 z 反变换。ROC 分别为：(1) $|z| < 1/3$，(2) $|z| > 1/3$。

3-5　同时用部分分式展开法和长除法求 $X(z) = \dfrac{2(z+1)}{(z^2 - 3z + 2)}$ 的 z 反变换。ROC 分别为：

(1) $|z| > 2$　　(2) $|z| < 1$。

3-6　用留数法求以下 z 反变换。

(1) $X(z) = \dfrac{z^2}{(z-1/2)(z-1/4)}$　　ROC：$|z| > 1/2$

(2) $X(z) = \dfrac{z^2}{(z-1/2)(z-1/4)}$　　ROC：$|z| < 1/4$

(3) $X(z) = \dfrac{z^2}{(z-1/4)^2}$　　ROC：$|z| > 1/4$

(4) $X(z) = \dfrac{z^2}{(z-1/2)^2}$　　ROC：$|z| > 1/2$

3-7　在求解 z 反变换时，公式 $\displaystyle\sum_{n=0}^{\infty} c^n = \dfrac{1}{1-c}$ 是常用的，利用此公式求以下 z 反变换。

(1) $X(z) = \dfrac{1}{1 - az^{-1}}$　　ROC：$|z| > |a|$

(2) $X(z) = \dfrac{1 - b^2 z^{-2}}{1 + a^2 z^{-2}}$　　ROC：$|z| > |a|$

(3) $X(z) = \dfrac{r\sin(\theta_0)z^{-1}}{1 - 2r\cos(\theta_0)z^{-1} + r^2 z^{-2}}$　　ROC：$|z| > |r|$

3-8　求 $X(z) = \mathrm{e}^z + \mathrm{e}^{1/z}$ 的 z 反变换。$X(z)$ 的收敛域为 $0 < |z| < \infty$。

（提示：将 $X(z)$ 展开为罗朗级数）

3-9 假定序列 $x(n)$ 的 z 变换为 $X(z)$，证明：

（1）$-z\dfrac{d}{dz}X(z)$ 是 $nx(n)$ 的 z 变换

（2）$X^*(1/z^*)$ 是 $x^*(-n)$ 的 z 变换

（3）$\dfrac{1}{2}[X(z)+X^*(z^*)]$ 是 $\text{Re}[x(n)]$ 的 z 变换

（4）$\dfrac{1}{2}[X(z)-X^*(z^*)]$ 是 $\text{Im}[x(n)]$ 的 z 变换

3-10 利用 $nx(n)$ 的 z 变换，求 $n^2x(n)$ 的 z 变换。

3-11 序列 $x(n)$ 的自相关序列定义为：$\varphi(n)=\displaystyle\sum_{k=-\infty}^{\infty}x(k)x(n+k)$。用 $x(n)$ 的 z 变换结果 $X(z)$ 来表示 $\varphi(n)$ 的 z 变换。

3-12 一个因果 LTI 离散时间系统的差分方程为 $y(n)+\dfrac{1}{4}y(n-1)=x(n)+\dfrac{1}{2}x(n-1)$，求：

（1）系统函数 $H(z)$ 及其 ROC；

（2）系统的单位取样响应 $h(n)$；

（3）系统的频率响应 $H(e^{j\omega})$。

3-13 已知一个离散时间系统的系统函数为：$H(z)=z(z^2+1)$，ROC 为 $|z|>1$，求：

（1）系统是否为线性的?为什么?

（2）系统是否为时不变的?为什么?

（3）系统是否为因果的?为什么?

（4）系统是否为稳定的?为什么?

（5）求系统的差分方程。

（6）求系统的单位取样响应。

3-14 已知一个因果离散时间系统的系统函数为：$H(z)=\dfrac{1-a^{-1}z^{-1}}{1-az^{-1}}$，其中 a 为实数。求：

（1）为使系统稳定，a 的取值范围应为多少?

（2）画出 $a=0.5$ 时的零极点图，在图中标明 ROC。

（3）在 z 平面上用图解法说明此系统是全通系统，即其幅频响应为常数。

3-15 用 z 变换求解下列差分方程：

（1）$y(n)=\dfrac{1}{2}y(n-1)+x(n)$，$n\geqslant 0$，其中 $x(n)=\left(\dfrac{1}{2}\right)^n u(n)$，$y(-1)=\dfrac{1}{4}$。

（2）$y(n)=\dfrac{1}{2}y(n-1)+x(n)$，$n\geqslant 0$，其中 $x(n)=\left(\dfrac{1}{4}\right)^n u(n)$，$y(-1)=1$。

（3）$y(n)=y(n-1)+y(n-2)+2$，$n\geqslant 0$，其中 $y(-2)=1$，$y(-1)=2$。

3-16 一个因果 LTI 系统的差分方程为 $y(n)=y(n-1)+y(n-2)+x(n-1)$，求：

（1）系统的系统函数 $H(z)$，画出零极点分布图，指出其收敛域；

（2）系统的单位取样响应 $h(n)$；

（3）它是一个不稳定系统。求满足上述差分方程的一个稳定（但非因果）系统的单位取样响应。

3-17 研究一个序列 $x(n)$ 的 z 变换 $X(z)$，它的零极点分布如图 E3-1 所示。

（1）如果已知 $x(n)$ 的傅里叶变换 $X(e^{j\omega})$ 是收敛的，求 $X(z)$ 的 ROC，说明 $x(n)$ 是右边序列，还是左边序列或双边序列；

（2）如果不知道 $x(n)$ 的傅里叶变换是否收敛，但知道 $x(n)$ 是双边序列，试问图 E3-1 能对应多少个可能的序列，对每一种可能的序列指出其 z 变换的 ROC；

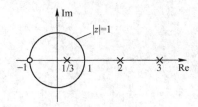

图 E3-1 题 3-17 图

（3）如果 $X(z)$ 代表某系统的系统函数，判断该系统是 IIR 系统还是 FIR 系统。

3-18 一个 LTI 系统，它的输入序列 $x(n)$ 和输出序列 $y(n)$ 满足下面的差分方程：

$$y(n-1) - \frac{10}{3}y(n) + y(n+1) = x(n)$$

（1）画出系统的零、极点分布图；

（2）讨论系统的稳定性和因果性；

（3）求系统单位取样响应的 3 种可能选择方案，验证每一种方案都满足差分方程。

3-19 图 E3-2 所示为一个因果 LTI 系统的信号流图。

（1）写出系统的差分方程；

（2）求出系统的系统函数 $H(z)$ 和系统的频率响应 $H(e^{j\omega})$；

（3）求出系统的单位阶跃响应。

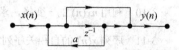

图 E3-2　题 3-19 图

第 4 章 离散傅里叶变换

4.1 引 言

在第 2 章中讨论了用离散时间傅里叶变换(DTFT)来表示序列和线性时不变系统的频域特征。但由于频谱 $X(e^{j\omega})$ 是 ω 的连续函数,很自然地联想到用计算机处理和分析频谱是不方便的。那么是否能像时域采样把连续信号变为离散信号那样,也对连续频谱采样而得到离散频谱呢?这一问题如果能够解决,那么用数字设备或计算机进行频域分析就没有困难了。本章将围绕在频域内取样,使频谱离散化的问题进行讨论。

有限长序列在实际应用中有着相当重要的地位,通过它可以导出另一种傅里叶变换表达式,即离散傅里叶变换(Discrete Fourier Transform, DFT),它是解决频谱离散化的有效方法。DFT 不仅在理论上有重要意义,而且在各种数字信号处理算法中起着重要作用。与此同时,DFT 有高效计算方法——快速傅里叶变换(Fast Fourier Transform, FFT)。

由于有限长序列的离散傅里叶变换和周期序列的离散傅里叶级数(Discrete Fourier Series, DFS)有密切的联系,为了便于读者更好地理解 DFT 的相关概念,本章将在讨论周期序列及其离散傅里叶级数的基础上,对离散傅里叶变换的概念及其应用做详细的分析。

4.2 周 期 序 列

一个周期为 N 的周期序列 $\tilde{x}(n)$,对于所有 n,应满足:

$$\tilde{x}(n) = \tilde{x}(n+kN) \tag{4.2-1}$$

式中,k 为整数;N 为正整数,称为该周期序列的周期。显然,N 的任意正整数倍,亦是该周期序列的周期,一般在没有特殊声明的情况下使用最小周期作为周期。与连续时间周期函数相比,周期序列由于 n 及 N 均为整数,因此有其独特的特点。周期序列中应用最广泛的序列是:

$$W_N^{kn} = e^{-j\frac{2\pi}{N}kn} \tag{4.2-2}$$

式(4.2-2)中,若令 $k=1$,W_N^n 则明显是一个周期序列。若 n 由 0 依次加 1 到 $N-1$,则序列 W_N^n 取完周期内的所有值,这些值就是 z 平面上以原点为圆心的单位圆被 N 等分的交点的坐标值,如图 4.2-1 所示($N=8$)。

当 k 为其他数值时,W_N^{kn} 的最小周期也许不是 N,但 N 一定是 W_N^{kn} 的周期。显然,W_N^{kn} 具有以下性质:

(1)周期性: $\quad W_N^{kn} = W_N^{(k-N)n} = W_N^{(n-N)k} \tag{4.2-3}$

(2)对称性: $\quad W_N^{-kn} = (W_N^{kn})^* = W_N^{(N-k)n} = W_N^{k(N-n)} \tag{4.2-4}$

(3)正交性: $\quad \sum_{k=0}^{N-1} W_N^{kn} = \begin{cases} N & n = rN \\ 0 & n \neq rN \end{cases} \tag{4.2-5}$

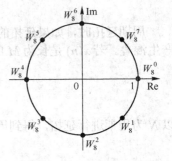

图 4.2-1 周期序列 W_N^{kn}($N=8$)

$$\sum_{n=0}^{N-1} W_N^{kn} = \begin{cases} N & k = rN \\ 0 & k \neq rN \end{cases} \tag{4.2-6}$$

式 (4.2-5) 和式 (4.2-6) 中，r 为整数。W_N^{kn} 的这些性质，在离散傅里叶变换的理论分析和实际应用中都是很重要的。

一个周期为 N 的周期序列 $\tilde{x}(n)$，在 $n = -\infty$ 到 ∞ 的范围内仅有 N 个序列值是独立的，取其中一个周期内的 N 个序列值足以表征整个序列的特征。而对于一个长度为 N 的有限长序列 $x(n)$，往往只讨论 $n = 0$ 到 $N-1$ 范围内的 N 个序列值，其余皆为零。二者在 $n = 0$ 到 $N-1$ 的范围内处理方法有共性，为便于分析讨论，可以建立一定的联系。

对于周期为 N 的周期序列 $\tilde{x}(n)$，定义 $n = 0$ 到 $N-1$ 为 $\tilde{x}(n)$ 的主值区间，由主值区间 N 个序列值组成的有限长序列 $x(n)$，称为 $\tilde{x}(n)$ 的主值序列，可以表示为：

$$x(n) = \tilde{x}(n) R_N(n) \tag{4.2-7}$$

其中，$R_N(n)$ 表示长度为 N 点的矩形序列，即：

$$R_N(n) = \begin{cases} 1 & 0 \leqslant n \leqslant N-1 \\ 0 & 其他 n \end{cases}$$

这一过程简称为取主值序列。

对于一个有限长序列：

$$x(n) = \begin{cases} x(n) & 0 \leqslant n \leqslant N-1 \\ 0 & 其他 n \end{cases}$$

如将其以 N 为周期进行周期延拓，则有：

$$\tilde{x}(n) = \sum_{r=-\infty}^{\infty} x(n+rN) \tag{4.2-8}$$

式 (4.2-7) 与式 (4.2-8) 表明了周期序列与有限长序列之间的处理关系，即周期序列的分析可以取主值序列进行分析（如移位、卷积等）。主值序列是有限长序列，容易分析，然后再周期延拓得到最后的结果。它们之间的关系如图 4.2-2 所示（$N=3$）。

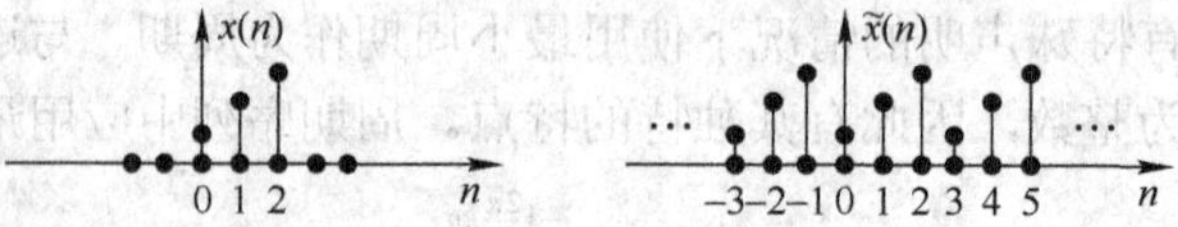

图 4.2-2　有限长序列与周期序列

周期延拓时，如果延拓的周期 N 与有限长序列的长度不同时，序列可能会发生一定的变化，产生混叠。若 $x(n)$ 是长为 M 的有限长序列，即：

$$x(n) = \begin{cases} x(n) & 0 \leqslant n \leqslant M-1 \\ 0 & 其他 n \end{cases} \tag{4.2-9}$$

以 N 为周期进行延拓，得到周期序列：

$$\tilde{x}_N(n) = \sum_{r=-\infty}^{\infty} x(n+rN) \tag{4.2-10}$$

再取 $\tilde{x}_N(n)$ 的主值序列，即：

$$x_N(n) = \tilde{x}_N(n) \cdot R_N(n) \tag{4.2-11}$$

式 (4.2-9) 的 $x(n)$ 与式 (4.2-11) 的 $x_N(n)$ 是否无条件地一致相同呢？讨论如下：

（1）当 $N \geqslant M$ 时，先看一下 $x_N(0)$ 的值，由于此值由 $\tilde{x}_N(0)$ 而来，由式 (4.2-10) 可知 r 只能取 0，即 $\tilde{x}_N(0) = x(0)$，这说明 $x_N(0)$ 和 $x(0)$ 是一致的。n 取其他值时，总是存在有 $x_N(n) = x(n)$。因此，只要 $N \geqslant M$，周期延拓就无混叠失真，主值序列与原序列相同。在具体使用中应遵循 $N \geqslant M$ 这一要求。

（2）当 $M/2 < N < M$ 时，由式 (4.2-10) 可知，$\tilde{x}_N(0)$ 不仅含有 $x(0)$，还叠加有 $x(N)$，即 r 不仅能取 0，也可取 1。说明 $x_N(0)$ 和 $x(0)$ 是不一致的。因此，当 $M/2 < N < M$ 时，周期延拓有混叠失真。显然，有：

$$x_N(n) \begin{cases} \neq x(n) & 0 \leqslant n \leqslant M-N-1 \\ = x(n) & M-N \leqslant n \leqslant N-1 \end{cases} \tag{4.2-12}$$

式 (4.2-12) 说明，当 $M/2 < N < M$ 时，部分混叠失真不可避免。图 4.2-3 (b) 示意了这一点。

（3）当 $N \leqslant M/2$ 时，$x_N(n)$ 对 $x(n)$ 而言，是全混叠失真。图 4.2-3 (c) 示意了这一点。

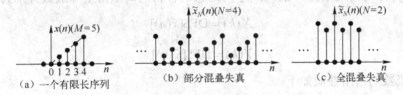

图 4.2-3 周期与序列长度不同时的周期延拓

有限长序列与周期序列之间的这一关系要引起注意，否则在数字信号处理中会产生不必要的麻烦。通常在应用中取 $M = N$，以避免错误或方便进一步的处理。

式 (4.2-8) 的周期延拓过程也可表示为：

$$\tilde{x}(n) = x((n))_N \tag{4.2-13}$$

其中 $((n))_N$ 表示模 N 运算，即 n 除以 N 取 0 到 $N-1$ 范围内的余数。使用这种周期延拓表示方法的前提条件是周期延拓过程不存在混叠失真。

按照第 2 章和第 3 章的相关结论及公式，可知周期序列不满足收敛条件，一般不能进行离散时间傅里叶变换和 z 变换分析。

4.3 离散傅里叶级数

4.3.1 离散傅里叶级数的定义

由数学上的连续周期函数和离散周期函数都可用傅里叶级数表示可知，不管是连续周期信号还是离散周期信号，都可用傅里叶级数表示。经过简单的数学推导，可以得到一个周期为 N 的周期序列 $\tilde{x}(n)$ 的傅里叶级数与周期为 N 的复指数序列 W_N^{kn} 密切相关。根据上节所述，$\tilde{x}(n)$ 只有 N 个独立值，其离散傅里叶级数 (DFS) 也只有 N 个独立分量。一个周期为 N 的周期序列 $\tilde{x}(n)$ 的离散傅里叶级数的分析与综合对 (即正变换和反变换) 可表示为：

$$\tilde{X}(k) = \sum_{n=0}^{N-1} \tilde{x}(n) W_N^{kn} = \mathrm{DFS}[\tilde{x}(n)] \tag{4.3-1}$$

$$\tilde{x}(n) = \frac{1}{N} \sum_{k=0}^{N-1} \tilde{X}(k) W_N^{-kn} = \text{IDFS}[\tilde{X}(k)] \tag{4.3-2}$$

式(4.3-1)和式(4.3-2)是周期序列离散谱分析的数学方法。显然，离散傅里叶级数 $\tilde{X}(k)$ 在频域上是一个周期为 N 的周期序列。由于 $\tilde{X}(k)$、$\tilde{x}(n)$ 及 W_N^{kn} 均是以 N 为周期的，因此式(4.3-1)和式(4.3-2)中的 n、k 的起点可以随意确定（只要取足 N 点求和即可），即有如下公式成立：

$$\tilde{X}(k) = \sum_{n=n_0}^{n_0+N-1} \tilde{x}(n) W_N^{kn} \tag{4.3-3}$$

$$\tilde{x}(n) = \frac{1}{N} \sum_{k=k_0}^{k_0+N-1} \tilde{X}(k) W_N^{-kn} \tag{4.3-4}$$

4.3.2　离散傅里叶级数的主要性质

设 $\tilde{x}(n)$ 和 $\tilde{y}(n)$ 均为周期为 N 的周期序列，它们各自的离散傅里叶级数分别为：

$$\tilde{X}(k) = \text{DFS}[\tilde{x}(n)]$$

$$\tilde{Y}(k) = \text{DFS}[\tilde{y}(n)]$$

则离散傅里叶级数的常用性质如下。

（1）线性性质

$$\text{DFS}[a\tilde{x}(n) + b\tilde{y}(n)] = a\tilde{X}(k) + b\tilde{Y}(k) \tag{4.3-5}$$

其中 a、b 为任意常数。

（2）移位性质

$$\text{DFS}[\tilde{x}(n+m)] = W_N^{-mk} \tilde{X}(k) \tag{4.3-6}$$

$$\text{IDFS}[\tilde{X}(k+l)] = W_N^{nl} \tilde{x}(n) \tag{4.3-7}$$

上述两个性质，根据定义容易证得。

（3）周期卷积性质

若 $\tilde{F}(k) = \tilde{X}(k) \cdot \tilde{Y}(k)$，则有：

$$\tilde{f}(n) = \text{IDFS}[\tilde{F}(k)] = \sum_{m=0}^{N-1} \tilde{x}(m) \cdot \tilde{y}(n-m) \tag{4.3-8}$$

或者
$$\tilde{f}(n) = \text{IDFS}[\tilde{F}(k)] = \sum_{m=0}^{N-1} \tilde{y}(m) \cdot \tilde{x}(n-m) \tag{4.3-9}$$

证明：$\tilde{f}(n) = \text{IDFS}[\tilde{F}(k)] = \dfrac{1}{N} \sum_{k=0}^{N-1} \tilde{F}(k) W_N^{-kn}$

$$= \frac{1}{N} \sum_{k=0}^{N-1} \tilde{X}(k) \cdot \tilde{Y}(k) W_N^{-kn} = \frac{1}{N} \sum_{k=0}^{N-1} \left[\sum_{m=0}^{N-1} \tilde{x}(m) W_N^{km} \right] \tilde{Y}(k) W_N^{-kn}$$

$$= \sum_{m=0}^{N-1} \tilde{x}(m) \left[\frac{1}{N} \sum_{k=0}^{N-1} \tilde{Y}(k) W_N^{-k(n-m)} \right] \quad （求和符号的交换）$$

$$= \sum_{m=0}^{N-1} \tilde{x}(m) \cdot \tilde{y}(n-m)$$

在式(4.3-8)的证明中，还是不加证明地利用了求和符号的可交换性。式(4.3-8)的形式非常像第1章的线性卷积形式，但是有明显差别。首先是两个周期序列的线性卷积一般是不可计算的(可从求和的区间是$-\infty$到∞立即看出)，其次是公式中的其中一个周期序列被限定为只取一个周期的值，而另一个没有限制，因此称为周期卷积。由于周期卷积的求和限制在一个周期内进行，因而对于周期卷积还可用下式表示：

$$\tilde{f}(n) = \sum_{m=m_0}^{m_0+N-1} \tilde{x}(m) \cdot \tilde{y}(n-m) \tag{4.3-10}$$

式(4.3-10)说明对$\tilde{x}(m)$只要取够一个周期即可，周期卷积与m的起点无关。应指出周期卷积的结果仍然是一个周期序列，即式(4.3-8)中，$\tilde{f}(n)$也是以N为周期的周期序列。求周期卷积的计算过程见图4.3-1。

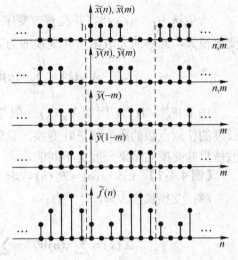

图4.3-1　周期卷积的计算过程图示

由于 DFS 与 IDFS 的对偶性，对于周期序列的乘积存在有频域的周期卷积公式，即：

若$\tilde{f}(n) = \tilde{x}(n) \cdot \tilde{y}(n)$，则有：

$$\tilde{F}(k) = \text{DFS}[\tilde{f}(n)] = \frac{1}{N}\sum_{l=0}^{N-1} \tilde{X}(l) \cdot \tilde{Y}(k-l) = \frac{1}{N}\sum_{l=0}^{N-1} \tilde{Y}(l) \cdot \tilde{X}(k-l) \tag{4.3-11}$$

$\tilde{F}(k)$虽然是周期离散序列，但不是离散的时间序列，而是离散的频域序列。

4.4　离散傅里叶变换

4.4.1　DFT 的基本概念

1. DFT 的定义

一个有限长序列$x(n) = \begin{cases} x(n), & 0 \leqslant n \leqslant N-1 \\ 0, & \text{其他} n \end{cases}$的$N$点离散傅里叶变换(DFT)对定义为：

$$X(k) = \text{DFT}[x(n)] = \begin{cases} \displaystyle\sum_{n=0}^{N-1} x(n)W_N^{kn} & 0 \leqslant k \leqslant N-1 \\ 0 & \text{其他} k \end{cases} \tag{4.4-1}$$

$$x(n) = \text{IDFT}[X(k)] = \begin{cases} \displaystyle\frac{1}{N}\sum_{k=0}^{N-1} X(k)W_N^{-kn} & 0 \leqslant n \leqslant N-1 \\ 0 & \text{其他} n \end{cases} \tag{4.4-2}$$

式(4.4-1)和式(4.4-2)均为正规非病态线性方程组，有唯一解。因此长度为N的有限长序列$x(n)$的离散傅里叶变换$X(k)$仍然是一个长度为N的频域有限长序列，$x(n)$与$X(k)$有唯一确定的对应关系。

2. DFT 的点数

长度为N的有限长序列$x(n)$可通过补零成为长度为M的有限长序列$x_M(n)$，即：

$$x_M(n) = \begin{cases} x(n) & 0 \leqslant n \leqslant N-1 \\ 0 & N \leqslant n \leqslant M-1 \text{补零} \\ 0 & \text{其他} n \end{cases} \qquad (4.4\text{-}3)$$

一般认为，$x(n)$ 补零并没有改变序列的本质，在实际应用中也常如此处理。但是其 DFT 的变化很大，此时的离散傅里叶变换应为 M 点，即：

$$X_M(k) = \sum_{n=0}^{M-1} x(n) W_M^{kn} = \sum_{n=0}^{N-1} x(n) W_M^{kn} \qquad 0 \leqslant k \leqslant M-1 \qquad (4.4\text{-}4)$$

由于 $W_N^{kn} \neq W_M^{kn}$，因而 $X_M(k)$ 一般与 $X(k)$ 不相等。因此一个有限长序列可以进行大于其序列长度的任意点数的离散傅里叶变换，具体的点数可根据实际需要选定，但由于频率点的变化，离散傅里叶变换的结果一般是不同的。

【例 4.4-1】 已知 $x(n) = R_4(n)$，求 $x(n)$ 的 8 点和 16 点 DFT。

解： 变换长度 $N = 8$ 时，有：

$$X(k) = \sum_{n=0}^{7} x(n) W_8^{kn} = \sum_{n=0}^{3} \mathrm{e}^{-\mathrm{j}\frac{2\pi}{8}kn} = \mathrm{e}^{-\mathrm{j}\frac{3\pi}{8}k} \frac{\sin\left(\frac{\pi}{2}k\right)}{\sin\left(\frac{\pi}{8}k\right)} \qquad k = 0, 1, \cdots, 7$$

变换长度 $N = 16$ 时，有：

$$X(k) = \sum_{n=0}^{15} x(n) W_{16}^{kn} = \sum_{n=0}^{3} \mathrm{e}^{-\mathrm{j}\frac{2\pi}{16}kn} = \mathrm{e}^{-\mathrm{j}\frac{3\pi}{16}k} \frac{\sin\left(\frac{\pi}{4}k\right)}{\sin\left(\frac{\pi}{16}k\right)} \qquad k = 0, 1, \cdots, 15$$

由此例也可看出，$x(n)$ 的离散傅里叶变换与变换长度 N 的取值有关。

3. DFT 与 DFS 之间的关系

把一个有限长序列 $x(n)$ 看成是周期序列 $\tilde{x}(n)$ 的主值序列，就能利用周期序列的性质。由于周期序列 $\tilde{x}(n)$ 的离散傅里叶级数为 $\tilde{X}(k)$，因此 $\tilde{X}(k)$ 的主值序列即为有限长序列 $x(n)$ 的离散傅里叶变换 $X(k)$。即存在：

$$x(n) = \tilde{x}(n) R_N(n) = \mathrm{IDFS}[\tilde{X}(k)] \cdot R_N(n) \qquad (4.4\text{-}5)$$

$$X(k) = \tilde{X}(k) R_N(k) = \mathrm{DFS}[\tilde{x}(n)] \cdot R_N(k) \qquad (4.4\text{-}6)$$

或者

$$\tilde{x}(n) = x((n))_N \qquad (4.4\text{-}7)$$

$$\tilde{X}(k) = X((k))_N \qquad (4.4\text{-}8)$$

DFT 与 DFS 有着固有的内在联系。可以这样来理解有限长序列 $x(n)$ 的 N 点离散傅里叶变换：把 $x(n)$ 以 N 为周期进行周期延拓，得到周期序列 $\tilde{x}(n)$，求 $\tilde{x}(n)$ 的 DFS，得到 $\tilde{X}(k)$，对 $\tilde{X}(k)$ 取主值序列，即可得到 $X(k)$。这一关系也可以用图 4.4-1 来说明。

DFT 与 DFS 之间的关系表明，有限长序列 $x(n)$ 的 N 点离散傅里叶变换 $X(k)$ 虽然也是 N 点长的有限长序列，但 DFT 隐含有周期性。

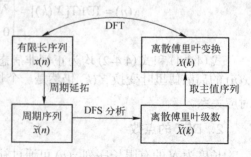

图 4.4-1　DFT 与 DFS 之间的关系

4.4.2 DFT 的 MATLAB 实现

长度为 N 的有限长序列 $x(n)$ 的 N 点离散傅里叶变换 $X(k)$，按其定义公式，即式(4.4-1)，可写成如下的矩阵形式：

$$\begin{bmatrix} X(0) \\ X(1) \\ \vdots \\ X(N-1) \end{bmatrix} = \begin{bmatrix} W_N^{0\times0} & W_N^{0\times1} & \cdots & W_N^{0\times(N-1)} \\ W_N^{1\times0} & W_N^{1\times1} & \cdots & W_N^{1\times(N-1)} \\ \vdots & \vdots & \ddots & \vdots \\ W_N^{(N-1)\times0} & W_N^{(N-1)\times1} & \cdots & W_N^{(N-1)\times(N-1)} \end{bmatrix} \begin{bmatrix} x(0) \\ x(1) \\ \vdots \\ x(N-1) \end{bmatrix} \tag{4.4-9}$$

式中，等号右边的方阵是整个 DFT 的变换核心，可表示为：

$$\begin{bmatrix} W_N^{0\times0} & W_N^{0\times1} & \cdots & W_N^{0\times(N-1)} \\ W_N^{1\times0} & W_N^{1\times1} & \cdots & W_N^{1\times(N-1)} \\ \vdots & \vdots & \ddots & \vdots \\ W_N^{(N-1)\times0} & W_N^{(N-1)\times1} & \cdots & W_N^{(N-1)\times(N-1)} \end{bmatrix} = (W_N)^{n'k} \tag{4.4-10}$$

式中

$$W_N = e^{-j\frac{2\pi}{N}} \tag{4.4-11}$$

$$n'k = \begin{bmatrix} 0 & 1 & \cdots & N-1 \end{bmatrix}^T \begin{bmatrix} 0 & 1 & \cdots & N-1 \end{bmatrix} \tag{4.4-12}$$

根据上述 DFT 的矩阵形式，直接利用 MATLAB 的矩阵运算功能很容易编写程序计算有限长序列任意点数的 DFT。实现 DFT 计算功能的示例程序如下：

```
function[Xk] = dft(xn,N)
% Xk 为 DFT 计算结果，其中 0 <= k <= N−1
% xn 为 N 点有限长序列
% N 为 DFT 的点数
n = [0:1:N−1]; k = [0:1:N−1];          % n 与 k，均为行向量
Wn = exp(−j*2*pi/N);                   % 系数 Wn
nk = n'*k;                             % 生成 N×N 方阵，即式（4.4-12）的 n'k
Wn_nk = Wn.^nk;                        % 产生式（4.4-10）的变换矩阵
Xk = xn*Wn_nk;                         % 按照式（4.4-9）计算 X(k)
```

IDFT，即离散傅里叶反变换在运算结构上和正变换是一致的，可仿照上述过程进行程序的编写，这里不再赘述。

4.4.3 DFT 的主要性质

设 $x(n)$ 与 $y(n)$ 均为 N 点有限长序列，并有 $X(k) = \text{DFT}[x(n)]$，$Y(k) = \text{DFT}[y(n)]$，且 $X(k)$ 与 $Y(k)$ 的点数相同。DFT 主要性质如下。

1. 线性性质

$$\text{DFT}[ax(n) + by(n)] = aX(k) + bY(k) \tag{4.4-13}$$

其中 a、b 为任意常数。由定义可证明。

2. 圆周移位性质

一个有限长序列 $x(n)$ 向左移动 m 位的圆周移位定义为：

$$f(n) = x((n+m))_N R_N(n) \tag{4.4-14}$$

圆周移位可有两种理解方式：

其一，将 $x(n)$ 周期延拓成周期序列 $x((n))_N$ 后，集体向左移 m 位后再取主值序列，如图 4.4-2(a) 所示。有限长序列的圆周移位局限于 $n=0$ 到 $n=N-1$ 的主值区间内的循环移位，当某些样本从一端移出该区间时，需要将这些样本从另一端循环移回来。

其二，既然称为圆周移位，就可以与圆周联系起来，如图 4.4-2(b) 所示，将一个圆周 N 等分的交点按逆时针依次排列 $x(n)$（通常把水平的右端点记为 0 点，对应 $x(0)$ 的序列值），然后 $x(n)$ 集体按顺时针方向旋转 m 位 $(m>0)$，最后由 0 点再反时针读出的序列就是 $f(n)$。

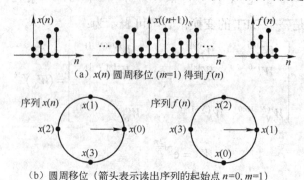

（a）$x(n)$ 圆周移位（$m=1$）得到 $f(n)$

（b）圆周移位（箭头表示读出序列的起始点 $n=0$, $m=1$）

图 4.4-2 有限长序列的圆周移位

序列圆周左移 m 位后的序列 $f(n)$ 的 DFT 为：

$$F(k) = \mathrm{DFT}[f(n)] = W_N^{-km} X(k) \tag{4.4-15}$$

证明：利用周期序列的 DFS 的移位性质，有：

$$F(k) = \mathrm{DFT}[f(n)] = \mathrm{DFS}[x((n+m))_N] R_N(k)$$
$$= W_N^{-km} \mathrm{DFS}[x((n))_N] R_N(k) = W_N^{-km} X(k)$$

对应的离散频域的移位特性为：

$$\mathrm{IDFT}[X((k+l))_N R_N(k)] = W_N^{nl} x(n) \tag{4.4-16}$$

3. 圆周反折与共轭性质

长度为 N 的有限长序列 $x(n)$ 的圆周反折序列用符号 $x(N-n)$ 表示，其定义如下：

$$x(N-n) = x((N-n))_N R_N(n) = \begin{cases} x(0) & n=0 \\ x(N-n) & 1 \leqslant n \leqslant N-1 \\ 0 & \text{其他} n \end{cases} \tag{4.4-17}$$

式 (4.4-17) 定义的 $x(n)$ 的圆周反折序列 $x(N-n)$ 仍然是长度为 N 的有限长序列，而且与 $x(n)$ 样本相同，但序列值出现的次序不一样，除了 $n=0$ 时，序列值与 $x(0)$ 相同外，其他序列值为 $x(n)$ 的头尾颠倒。仿照此定义，则 $X(k)$ 的圆周反折序列用 $X(N-k)$ 表示。

设 $x^*(n)$ 为 $x(n)$ 的共轭序列，圆周反折与共轭性质可表示为：

$$\mathrm{DFT}[x^*(n)] = X^*(N-k) \tag{4.4-18}$$

证明：
$$\mathrm{DFT}[x^*(n)] = \sum_{n=0}^{N-1} x^*(n) W_N^{kn} \qquad 0 \leqslant k \leqslant N-1$$

$$= \left[\sum_{n=0}^{N-1} x(n) W_N^{-kn} \right]^* = \left[\sum_{n=0}^{N-1} x(n) W_N^{(N-k)n} \right]^*$$

$$= X^*((N-k))_N R_N(k) = X^*(N-k) \ (按定义)$$

4. 对称性质

定义有限长序列 $x(n)$ 的圆周共轭对称与反对称序列分别为 $x_{ep}(n)$、$x_{op}(n)$，有：

$$x_{ep}(n) = x_{ep}^*(N-n) = \frac{1}{2}[x(n) + x^*(N-n)] \tag{4.4-19}$$

$$x_{op}(n) = -x_{op}^*(N-n) = \frac{1}{2}[x(n) - x^*(N-n)] \tag{4.4-20}$$

它们均与 $x(n)$ 一样是 $n = 0$ 到 $N-1$ 的有限长序列，是 $x(n)$ 的共轭对称和共轭反对称序列周期延拓再取主值序列的结果。即：

$$x_{ep}(n) = \sum_{r=-\infty}^{\infty} x_e(n+rN) R_N(n) \tag{4.4-21}$$

$$x_{op}(n) = \sum_{r=-\infty}^{\infty} x_o(n+rN) R_N(n) \tag{4.4-22}$$

首先将序列 $x(n)$ 进行虚实分解，即：

$$x(n) = x_r(n) + jx_i(n) \tag{4.4-23}$$

其中 $\qquad x_r(n) = [x(n) + x^*(n)]/2 \qquad x_i(n) = [x(n) - x^*(n)]/2j$

对 $x_r(n)$ 进行 DFT，可得：

$$DFT[x_r(n)] = \frac{1}{2}[X(k) + X^*(N-k)] = X_{ep}(k) \tag{4.4-24}$$

对 $jx_i(n)$ 进行 DFT，可得：

$$DFT[jx_i(n)] = \frac{1}{2}[X(k) - X^*(N-k)] = X_{op}(k) \tag{4.4-25}$$

式(4.4-24)及式(4.4-25)表明：有限长序列分解成实部与虚部，实部对应的离散傅里叶变换具有圆周共轭对称性，虚部和 j 一起对应的离散傅里叶变换具有圆周共轭反对称性。

再将有限长序列 $x(n)$ 进行圆周共轭对称与圆周共轭反对称分解，即：

$$x(n) = x_{ep}(n) + x_{op}(n) \tag{4.4-26}$$

对 $x_{ep}(n)$、$x_{op}(n)$ 分别进行 DFT，可得：

$$DFT[x_{ep}(n)] = \frac{1}{2} DFT[x(n) + x^*(N-n)] = \frac{1}{2}[X(k) + X^*(k)] = X_R(k) \tag{4.4-27}$$

$$DFT[x_{op}(n)] = \frac{1}{2} DFT[x(n) - x^*(N-n)] = \frac{1}{2}[X(k) - X^*(k)] = jX_I(k) \tag{4.4-28}$$

式(4.4-27)及式(4.4-28)表明：序列圆周共轭对称部分的离散傅里叶变换是其离散傅里叶变换的实部，序列圆周共轭反对称部分的离散傅里叶变换是其离散傅里叶变换的虚部。

实际中经常需要对实序列进行 DFT，利用对称性质，可以减少运算量。例如，序列 $x(n)$ 为 N 点有限长实序列，则有 $x_i(n) = 0$。由式(4.4-25)可得：

$$X(k) = X^*(N-k) \tag{4.4-29}$$

计算 $x(n)$ 的 N 点 DFT 时，若 N 为偶数，只需要计算前面 $N/2+1$ 点；若 N 为奇数，只需要计算前面 $(N+1)/2$ 点，后面的值按照式 (4.4-29) 由前面的值经简单的共轭运算即可得到。这样，可减少近一半的运算量。

5. 卷积性质

若 $F(k) = X(k)Y(k)$，则：

$$f(n) = \text{IDFT}[F(k)] = \text{IDFT}[X(k)Y(k)] = \text{IDFS}[\tilde{X}(k)\tilde{Y}(k)] \cdot R_N(n)$$

$$= \sum_{m=0}^{N-1} x((m))_N y((n-m))_N \cdot R_N(n) = \sum_{m=0}^{N-1} x(m)y((n-m))_N \cdot R_N(n) \tag{4.4-30}$$

式 (4.4-30) 的求和形式与 4.3 节的周期卷积过程是相似的，仅最后结果取主值序列。因卷积过程中 $x(m)$ 限定在 $m=0$ 到 $N-1$ 区间，但是 $y(n-m)$ 是要圆周移位的，所以称为圆周卷积。为了强调两个有限长序列的圆周卷积，使用符号 "$\otimes$" 表示，以区别于线性卷积。于是，式 (4.4-30) 可写成：

$$f(n) = x(n) \otimes y(n) \tag{4.4-31}$$

或者

$$f(n) = y(n) \otimes x(n) \tag{4.4-32}$$

圆周卷积的计算过程可用图 4.4-3 表示，也可用图 4.4-4 表示 ($N=8$)。

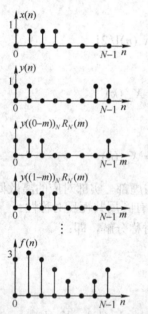

图 4.4-3　有限长序列圆周卷积图解 1

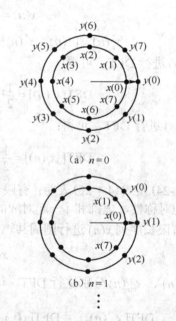

图 4.4-4　有限长序列圆周卷积图解 2

在图 4.4-4 中，箭头所指是开始点。图 (a) 表示要求出 $f(0)$，$x(n)$ 是由开始点逆时针排列，$y(n)$ 是顺时针排列，对应 8 点的乘加运算要全部进行。图 (b) 是求 $f(1)$，$y(n)$ 先要圆周右移 1 位，即逆时针集体移一位，再进行对应 8 个点的乘加运算。按照这样的方法，依次转动求出序列 $f(n)$ 的全部 N 个值，在此过程中，$x(n)$ 一直保持不变。图 4.4-4 中未画出全部过程，详细过程由下面例题给出。

【例 4.4-2】 已知有限长序列 $x(n) = \{1, 2, 1\}$，$0 \leqslant n \leqslant 2$；$y(n) = \{1, 2, 3, 4\}$，$0 \leqslant n \leqslant 3$。求二者的 4 点圆周卷积 $f(n)$。

解： 按照图 4.4-4 所示的求解方法，将圆周卷积的求解和圆结合起来，计算过程可用图 4.4-5 表示，这里 $N = 4$。

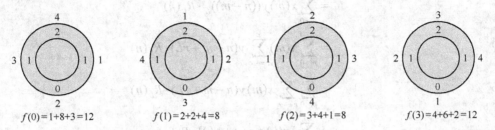

$f(0) = 1 + 8 + 3 = 12$　　$f(1) = 2 + 2 + 4 = 8$　　$f(2) = 3 + 4 + 1 = 8$　　$f(3) = 4 + 6 + 2 = 12$

图 4.4-5　例 4.4-2 的计算过程

由图 4.4-5 的计算过程，最终求得 $f(n) = \{12, 8, 8, 12\}$，$0 \leqslant n \leqslant 3$。

同样，也有频域圆周卷积性质，具体形式为：

$$\text{DFT}[x(n)y(n)] = \frac{1}{N} \sum_{l=0}^{N-1} X(l)Y((k-l))_N \cdot R_N(k) = \frac{1}{N} X(k) \otimes Y(k) \tag{4.4-33}$$

$$\text{DFT}[x(n)y(n)] = \frac{1}{N} \sum_{l=0}^{N-1} Y(l)X((k-l))_N \cdot R_N(k) = \frac{1}{N} Y(k) \otimes X(k) \tag{4.4-34}$$

6. 帕斯瓦尔定律

利用上述性质，可以证明：

$$\sum_{n=0}^{N-1} x(n)y^*(n) = \frac{1}{N} \sum_{k=0}^{N-1} X(k)Y^*(k) \tag{4.4-35}$$

当 $y(n) = x(n)$ 时，则有：

$$\sum_{n=0}^{N-1} |x(n)|^2 = \frac{1}{N} \sum_{k=0}^{N-1} |X(k)|^2 \tag{4.4-36}$$

式 (4.4-36) 的物理意义是，有限长序列的能量等于有限长频谱的能量。

4.4.4　有限长序列的线性卷积和圆周卷积

对于有限长序列，存在两种形式的卷积：线性卷积和圆周卷积。由于圆周卷积与 DFT 相对应，在以后的讨论中可以知道，它可以采用快速傅里叶变换算法 (FFT) 进行运算，求解速度极快。然而实际问题均为解决线性卷积。例如信号通过线性时不变系统，系统的输出信号 $y(n)$ 是输入信号 $x(n)$ 与系统单位取样响应 $h(n)$ 的线性卷积，即 $y(n) = x(n) * h(n)$，若 $x(n)$、$h(n)$ 均为有限长序列，能否用圆周卷积来实现线性卷积是解决线性卷积快速求解问题的核心。

设 $x(n)$ 是长度为 M 的有限长序列，$y(n)$ 是长度为 N 的有限长序列，则二者的线性卷积 $f(n) = x(n) * y(n)$ 是一个长度为 $L_1 = N + M - 1$ 的有限长序列。现将 $x(n)$ 及 $y(n)$ 均补零增长为 L 点的有限长序列，且 $L \geqslant \max\{M, N\}$。然后进行 L 点的圆周卷积：

$$f_c(n) = x(n) \otimes y(n) = \sum_{m=0}^{L-1} x(m)y((n-m))_L \cdot R_L(n) \tag{4.4-37}$$

现在讨论 $f_c(n)$ 与 $f(n)$ 之间的关系，推导如下：

$$f_c(n) = \sum_{m=0}^{L-1} x(m)y((n-m))_L \cdot R_L(n)$$

$$= \sum_{m=0}^{M-1} x(m)y((n-m))_L \cdot R_L(n)$$

$$= \sum_{m=0}^{M-1} x(m) \sum_{r=-\infty}^{\infty} y(n-m+rL) \cdot R_L(n)$$

$$= \sum_{m=0}^{M-1} \sum_{r=-\infty}^{\infty} x(m)y(n-m+rL) \cdot R_L(n)$$

$$= \sum_{r=-\infty}^{\infty} [x(n)*y(n+rL)] \cdot R_L(n)$$

$$= \sum_{r=-\infty}^{\infty} f(n+rL) \cdot R_L(n) \tag{4.4-38}$$

由此可见，$f_c(n)$ 是 $f(n)$ 以 L 为周期进行周期延拓后在 0 到 $L-1$ 的范围内所取的主值序列。根据周期延拓的相关结论，如果 $L \geqslant L_1$，则有 $f_c(n) = f(n)$。

式(4.4-38)表明，使圆周卷积等于线性卷积而不产生混叠失真的充要条件是，圆周卷积的点数大于或等于线性卷积的长度，即：

$$L \geqslant N+M-1 \tag{4.4-39}$$

这一结论在实际中对于用圆周卷积实现线性卷积是十分有用的，在第 5 章我们将看到，线性卷积和圆周卷积之间的关系是利用快速傅里叶变换计算线性卷积的基础。

4.4.5　DFT 与 DTFT、ZT 之间的关系

一个长度为 N 的有限长序列 $x(n)$，满足收敛条件时，其 z 变换、离散时间傅里叶变换及 N 点离散傅里叶变换分别如下：

$$X(z) = \sum_{n=0}^{N-1} x(n)z^{-n} \tag{4.4-40}$$

$$X(e^{j\omega}) = \sum_{n=0}^{N-1} x(n)e^{-j\omega n} \tag{4.4-41}$$

$$X(k) = \sum_{n=0}^{N-1} x(n)W_N^{kn} = \sum_{n=0}^{N-1} x(n)e^{-j\frac{2\pi}{N}kn} \tag{4.4-42}$$

对比式(4.4-40)和式(4.4-42)，则有限长序列 $x(n)$ 的 N 点离散傅里叶变换和 z 变换之间的关系为：

$$X(k) = X(z)\big|_{z=W_N^{-k}} \tag{4.4-43}$$

式(4.4-43)说明 N 点有限长序列 $x(n)$ 的 N 点离散傅里叶变换 $X(k)$ 是它的 z 变换 $X(z)$ 在单位圆上 N 个等分点上（$z_k = W_N^{-k}$，$k = 0,1,2,\cdots,N-1$）的采样值。图 4.4-6 给出了这个关系的示意图（$N=8$）。

对比式(4.4-41)和式(4.4-42)，则有限长序列 $x(n)$ 的 N 点离散傅里叶变换和离散时间傅里叶变

换之间的关系为：

$$X(k) = X(\mathrm{e}^{\mathrm{j}\omega})\big|_{\omega=\frac{2\pi}{N}k} \tag{4.4-44}$$

式 (4.4-44) 说明 N 点有限长序列 $x(n)$ 的 N 点离散傅里叶变换 $X(k)$ 是它的离散时间傅里叶变换 $X(\mathrm{e}^{\mathrm{j}\omega})$ 在 $0 \leqslant \omega \leqslant 2\pi$ 区间的 N 个等分点上（ $\omega_k = k(2\pi/N)$，$k = 0,1,2,\cdots,N-1$ ）的采样。图 4.4-7 给出了这个关系的示意图，其中虚线表示 $X(\mathrm{e}^{\mathrm{j}\omega})$。这个关系意味着对于时间有限信号，可以像带限信号进行时域采样而不丢失任何信息一样，在频域上进行采样而不丢失任何信息。这正是傅里叶变换中时域和频域对偶关系的反映，有十分重要的意义。DFT 实现了频域离散化，开辟了在频域采用数字技术处理的新领域。需要说明的是，这里的采样是"理论采样"，不是利用器件采样。

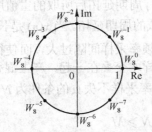
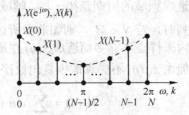

图 4.4-6　DFT 与 z 变换之间的关系（$N=8$）　　图 4.4-7　DFT 与 DTFT 之间的关系（N 为奇数）

4.5　频率采样理论

在上一节中，我们看到 DFT 实现了频域的采样。那么对于任意一个频率特性，是否均能用频域采样的办法来逼近？这是一个很吸引人的问题，因为用频率采样来逼近，可使频域分析实现数字化，利用计算机进行处理。本节主要讨论频率采样的可行性以及所带来的误差。

4.5.1　频域采样定理

由前一节的相关概念，对序列 $x(n)$ 进行 N 点 DFT，所得到的离散谱 $X_N(k)$ 是对连续谱的 N 点采样。那么频谱采样是否会带来信息的损失，或者说，频谱采样需要采样多少个点（即 DFT 的点数）才能无失真地代表连续谱，是我们需要关注的一个问题。

一个任意序列 $x(n)$，满足收敛条件，它的 z 变换为：$X(z) = \sum\limits_{n=-\infty}^{\infty} x(n)z^{-n}$。由式 (4.4-43)，对 $X(z)$ 在单位圆上的 N 个等分点上进行采样，可得到 $x(n)$ 的 N 点离散傅里叶变换 $X_N(k)$，即：

$$X_N(k) = X(z)\big|_{Z=W_N^{-k}} = \sum_{n=-\infty}^{\infty} x(n)W_N^{kn} \tag{4.5-1}$$

对 $X_N(k)$ 进行 IDFT，得到长度为 N 点的有限长序列 $x_N(n)$，即：

$$x_N(n) = \mathrm{IDFT}[X_N(k)] \tag{4.5-2}$$

若 $x_N(n)$ 与原序列 $x(n)$ 相同，则离散谱能无失真地代表连续谱；若 $x_N(n)$ 与原序列 $x(n)$ 不相同，则离散谱就无法不失真地代表连续谱。以下分析 $x_N(n)$ 与 $x(n)$ 之间的关系。

由式 (4.5-2) 和式 (4.5-1) 有：

$$x_N(n) = \mathrm{IDFT}[X_N(k)]$$

$$= \frac{1}{N}\sum_{k=0}^{N-1}X_N(k)W_N^{-kn}R_N(n)$$

$$= \frac{1}{N}\sum_{k=0}^{N-1}\sum_{m=-\infty}^{\infty}x(m)W_N^{km}W_N^{-kn}R_N(n)$$

$$= \sum_{m=-\infty}^{\infty}x(m)\frac{1}{N}\sum_{k=0}^{N-1}W_N^{k(m-n)}R_N(n)$$

$$= \sum_{r=-\infty}^{\infty}x(n+rN)R_N(n) \qquad (\text{利用 } W_N^{kn} \text{ 的正交性}) \tag{4.5-3}$$

式(4.5-3)表明 $x_N(n)$ 是 $x(n)$ 以 DFT 的点数 N 为周期进行周期延拓后所取的主值序列。和时域采样会造成频域的周期延拓一样，频域采样同样造成了时域的周期延拓。当 $x(n)$ 是长度为 M 的有限长序列时，若 $N < M$，则如前面所讨论的一样，会由于频率采样间隔过大，而使得在一定的频率范围内采样点不够多而造成 $x(n)$ 在周期延拓时某些序列样本交叠在一起，产生混叠现象。这样便不可能由 $x_N(n)$ 不失真地恢复出原序列 $x(n)$ 来。因此，频率采样不失真的条件为 $N \geq M$。即：

$$x_N(n) = \sum_{r=-\infty}^{\infty}x(n+rN)R_N(n) = x(n) \qquad N \geq M \tag{4.5-4}$$

这就是**频域采样定理**。当 $x(n)$ 是无限长序列时，则 $x_N(n)$ 必然存在混叠失真，只能随着频率采样点数 N（即 DFT 点数）的增加，而逐渐逼近于 $x(n)$。

【例 4.5-1】 已知 $x(n) = R_8(n)$，$X(e^{j\omega}) = \text{DTFT}[x(n)]$。对 $X(e^{j\omega})$ 采样得：

$$X(k) = X(e^{j\omega})\Big|_{\omega=\frac{2\pi}{6}k} \qquad k = 0,1,\cdots,5$$

求：$x_6(n) = \text{IDFT}[X(k)]$，$n = 0,1,\cdots,5$。

解：直接由频率采样概念得：

$$x_6(n) = \sum_{l=-\infty}^{\infty}x(n+6l)\cdot R_6(n) = R_6(n) + R_2(n)$$

直接计算比较麻烦。这是由于 $X(e^{j\omega}) = \sum_{n=0}^{7}e^{-j\omega n} = e^{-j\frac{7}{2}\omega}\frac{\sin(4\omega)}{\sin(\omega/2)}$，按照 $X(k) = X(e^{j\omega})\Big|_{\omega=\frac{2\pi}{6}k}$，$k = 0,1,\cdots,5$ 计算出 $X(k)$，再进行 IDFT，则计算会很困难。

4.5.2 频域采样恢复的内插公式

对于有限长序列 $x(n)$，在满足频域采样定理的前提下，N 点频域采样 $X(k)$ 就足以不失真地代表序列的特性。因此，由 N 个采样值 $X(k)$ 能够完全地表达整个 $X(z)$ 函数及频率特性 $X(e^{j\omega})$，即由 N 点的 $X(k)$ 可以内插恢复出 $X(z)$ 或 $X(e^{j\omega})$。以下对内插恢复的公式进行推导：

$$X(z) = \sum_{n=0}^{N-1}x(n)z^{-n} = \sum_{n=0}^{N-1}\frac{1}{N}\sum_{k=0}^{N-1}X(k)W_N^{-kn}z^{-n}$$

$$= \frac{1}{N}\sum_{k=0}^{N-1}X(k)\sum_{n=0}^{N-1}W_N^{-kn}z^{-n} = \frac{1}{N}\sum_{k=0}^{N-1}X(k)\frac{1-W_N^{-kN}z^{-N}}{1-W_N^{-k}z^{-1}}$$

$$= \frac{1-z^{-N}}{N}\sum_{k=0}^{N-1}\frac{X(k)}{1-W_N^{-k}z^{-1}} \qquad (\text{注意到 } W_N^{-kN}=1) \tag{4.5-5}$$

式(4.5-5)中，只要 $X(k)$ 一确定，$X(z)$ 就有此确定的表达式，称为用 $X(k)$ 表示 $X(z)$ 的内插公式，可写成：

$$X(z) = \sum_{k=0}^{N-1} X(k) \Phi_k(z) \qquad (4.5\text{-}6)$$

其中

$$\Phi_k(z) = \frac{1}{N} \frac{1 - z^{-N}}{1 - W_N^{-k} z^{-1}} \qquad (4.5\text{-}7)$$

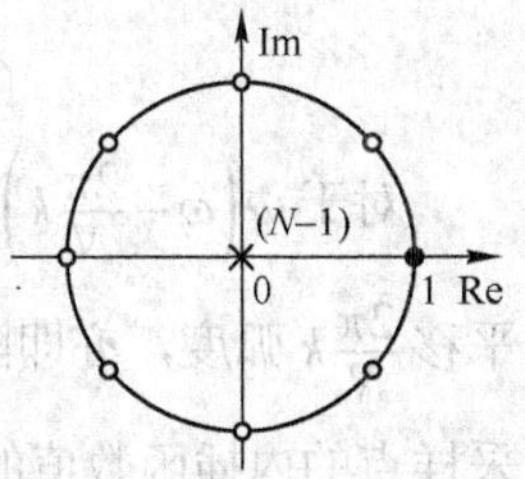

当 $k = 0$ 时，式(4.5-7)为：

$$\Phi_0(z) = \frac{1}{N} \frac{1 - z^{-N}}{1 - z^{-1}} = \Phi(z) \qquad (4.5\text{-}8)$$

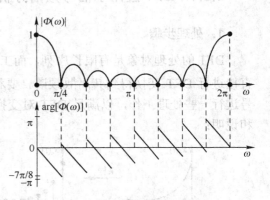

图 4.5-1　内插函数的零极点 $(N = 8)$

式(4.5-8)称为内插函数，它是 $\frac{1}{N} R_N(n)$ 的 z 变换，有 $N-1$ 个零点，为 $z_k = W_N^{-i}$，$i = 1, 2, \cdots, N-1$，而 $z = 0$ 是 $N-1$ 阶极点。$z = 1$ 处，零点与极点重合，所以既非零点，又非极点，如图 4.5-1 所示。

用 $X(k)$ 表示傅里叶变换的内插公式为：

$$X(\mathrm{e}^{\mathrm{j}\omega}) = \sum_{k=0}^{N-1} X(k) \Phi_k(\mathrm{e}^{\mathrm{j}\omega}) \qquad (4.5\text{-}9)$$

其中

$$\Phi_k(\mathrm{e}^{\mathrm{j}\omega}) = \frac{1}{N} \frac{1 - \mathrm{e}^{-\mathrm{j}\omega N}}{1 - W_N^{-k} \mathrm{e}^{-\mathrm{j}\omega}} \qquad (4.5\text{-}10)$$

式(4.5-10)经化简后，可简写为：

$$\Phi_k(\mathrm{e}^{\mathrm{j}\omega}) = \Phi\left(\omega - \frac{2\pi}{N} k\right) \qquad (4.5\text{-}11)$$

其中

$$\Phi(\omega) = \frac{1}{N} \frac{\sin\left(\frac{N}{2}\omega\right)}{\sin\left(\frac{1}{2}\omega\right)} \mathrm{e}^{-\mathrm{j}\frac{N-1}{2}\omega} \qquad (4.5\text{-}12)$$

内插函数 $\Phi(\omega)$ 的幅度与相位特性曲线如图 4.5-2 所示，其实在第 2 章中已画过 $N = 5$ 的矩形窗序列的频率特性曲线，在此以 $N = 8$ 为例。

由式(4.5-12)及图 4.5-2 可见，内插函数在 $\omega = 0$（本采样点）的函数值为 1，在其他等分点上为 0。

图 4.5-2　内插函数的频率特性 $(N = 8)$

内插函数的通式为：

$$
\begin{aligned}
\Phi_k(\mathrm{e}^{\mathrm{j}\omega}) &= \frac{1}{N} \frac{1 - \mathrm{e}^{-\mathrm{j}\omega N}}{1 - W_N^{-k} \mathrm{e}^{-\mathrm{j}\omega}} \\
&= \frac{1}{N} \frac{\mathrm{e}^{-\mathrm{j}\frac{1}{2}\omega N}\left[\mathrm{e}^{\mathrm{j}\frac{1}{2}\omega N} - \mathrm{e}^{-\mathrm{j}\frac{1}{2}\omega N}\right]}{\mathrm{e}^{-\mathrm{j}\frac{1}{2}\left(\omega - \frac{2\pi}{N}k\right)}\left[\mathrm{e}^{\mathrm{j}\frac{1}{2}\left(\omega - \frac{2\pi}{N}k\right)} - \mathrm{e}^{-\mathrm{j}\frac{1}{2}\left(\omega - \frac{2\pi}{N}k\right)}\right]} \\
&= \frac{1}{N} \frac{\sin\left(\frac{1}{2}\omega N\right)}{\sin\left[\frac{1}{2}\left(\omega - \frac{2\pi}{N}k\right)\right]} \mathrm{e}^{-\mathrm{j}\frac{N-1}{2}\omega} \mathrm{e}^{-\mathrm{j}\frac{2\pi}{N}k}
\end{aligned} \qquad (4.5\text{-}13)
$$

因此，在使用式(4.5-11)的简写形式后，有：

$$\Phi\left(\frac{2\pi}{N}k\right)=\begin{cases}1 & k=0 \\ 0 & 1\leqslant k\leqslant N-1\end{cases} \tag{4.5-14}$$

对于 $\Phi\left(\omega-\frac{2\pi}{N}k\right)$ 而言，它的频率响应与 $\Phi(\omega)$ 是相似的，只不过图 4.5-2 的幅频响应曲线要平移 $\frac{2\pi}{N}k$ 弧度，亦即随着频率采样点的不同，只有本采样点的内插函数值为 1，本采样点对其他采样点的内插函数值的影响为 0，同样，其他采样点对本采样点的内插函数值的影响也为 0。即每个采样点上的函数值等于原始采样点的值，而采样点间的函数值，由 N 个 $\Phi\left(\omega-\frac{2\pi}{N}k\right)$ 内插函数按采样点值 $X(k)$ 的线性加权组合确定。

*4.6　DFT 应用于信号频谱分析

信号频谱分析的核心就是计算信号的傅里叶变换，并以此为基础进行信号的分析工作。由于 DFT 是一种时域和频域都离散的傅里叶变换，便于用计算机进行实现，成为信号频谱分析的有力工具。利用 DFT 进行信号的频谱分析也是在信号处理领域经常遇到的问题。本节将详细讨论利用 DFT 对信号进行频谱分析的具体方法、相关参数确定和误差问题。

4.6.1　DFT 应用于信号频谱分析的具体方法

1. 处理步骤

DFT 的处理对象是有限长序列，而工程实际中，大多数信号都是连续时间信号 $x_a(t)$，无法直接进行 DFT 变换得到其离散频谱。要利用 DFT 完成对连续时间信号的频谱分析，需要对信号进行一些处理工作，以满足 DFT 对变换对象的要求，这些处理工作可以用图 4.6-1 进行表示和说明：

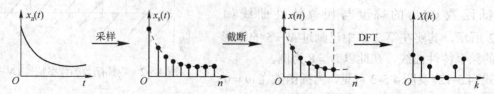

图 4.6-1　DFT 应用于信号频谱分析的处理步骤

（1）为使连续时间信号 $x_a(t)$ 变为序列，需要以一定的采样频率 f_s 对信号进行采样，以使 $x_a(t)$ 离散，变为序列，这里用 $x_s(t)$ 表示。为防止时域采样后产生频谱的混叠失真，可在采样之前用抗混叠干扰滤波器滤除信号中幅度较小的高频成分或带外分量。

（2）对于持续时间很长的信号，会因为采样点数太多以至于无法存储和计算，同时 DFT 也要求序列是有限长的，因此需要对采样以后的信号进行一定点数的截断，形成有限长序列，这里用 $x(n)$ 表示。

（3）经过上述两步处理，连续时间信号 $x_a(t)$ 变为有限长序列 $x(n)$，满足 DFT 对变换对象的要求，就可以对 $x(n)$ 进行一定点数的 DFT，得到信号的离散谱，这里用 $X(k)$ 表示。DFT 的点数决定了离散谱的点数。

2．离散谱到连续谱的转换

由 DFT 计算出的离散谱 $X(k)$，在实际应用中为了使其直观地反映信号的频率组成，在绘制频谱图时经常需要再绘制成连续谱。离散谱到连续谱的转换，最简单、也最常用的方法就是描绘出 $X(k)$ 的包络线。但需要注意的是，连续谱的变量（频谱图的横轴）是实际频率 f；而 $X(k)$ 的变量为 k，其只能取 $[0, N-1]$ 的整数值（N 为 DFT 的点数），也被称为离散频率。因此，需要将离散频率 k 转换为实际频率 f，也就是要计算出离散谱 $X(k)$ 中每条谱线所代表的实际频率成分。为推导出 k 与 f 之间的关系，将上述处理过程中每一步处理后信号频谱的变化用图 4.6-2 表示。为便于分析与表示，假定 $x_a(t)$ 为带限信号。

图 4.6-2（a）为连续时间信号 $x_a(t)$ 及其频谱 $|X_a(\mathrm{j}\Omega)|$，由于信号是带限信号，用 Ω_m 表示其最高角频率。图 4.6-2（b）为采样之后的离散时间信号 $x_s(t)$ 及其频谱 $|X(\mathrm{e}^{\mathrm{j}\omega})|$，按照 2.4 节中所讨论的采样理论，$|X(\mathrm{e}^{\mathrm{j}\omega})|$ 应是 $|X_a(\mathrm{j}\Omega)|$ 以 $\Omega_s = 2\pi/T$（对应数字角频率的 2π）为周期的周期延拓，这里不讨论幅度的变化。在采样的前提下，Ω 与 ω 之间的关系为 $\Omega = \omega/T$。图 4.6-2（c）为截断后有限长序列 $x(n)$ 及其离散频谱 $|X(k)|$，根据 4.4 节的结论，$|X(k)|$ 是 $|X(\mathrm{e}^{\mathrm{j}\omega})|$ 在 $[0, 2\pi]$ 区间内，以 $2\pi/N$ 为间隔的等间隔采样，因此离散频率 k 与数字角频率 ω 之间的关系为 $\omega = \dfrac{2\pi}{N}k$。

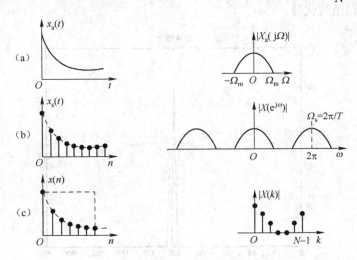

图 4.6-2　离散谱与连续谱之间的关系

注意到角频率 Ω 与频率 f 之间的关系为 $\Omega = 2\pi f$，结合上述分析，可得到以下一组公式：

$$\Omega = \frac{\omega}{T} \qquad \omega = \frac{2\pi}{N}k \qquad \Omega = 2\pi f \tag{4.6-1}$$

利用式（4.6-1），经过简单推导，即可得到离散频率 k 转换为实际频率 f 的转换公式为：

$$f = \frac{f_s}{N}k \tag{4.6-2}$$

再对比图 4.6-2（a）和（b），由于对称性，当 $k = N/2$ 时，$f = f_s/2$，为频谱图的折叠频率，因此在使用式（4.6-2）时，k 的取值范围为 $[0, N/2]$，$N/2$ 以后的 k 所对应的 f 与前一半是关于折叠频率对称的。这里的 N 为 DFT 的变换点数，f_s 为采样频率。

需要说明的是，截断过程所产生的频谱泄漏是会对信号频谱产生影响的，为便于问题的分析，这里忽略这一影响，在后面再对这一问题进行讨论。

3. 基于 MATLAB 的仿真程序

结合上述分析，这里通过实例介绍在 MATLAB 环境下，如何编写仿真程序，完成对信号的频谱分析。

【例 4.6-1】 已知信号 $x_a(t) = 2\sin(2\pi \times 100t) + \sin(2\pi \times 104t)$，取采样频率 $f_s = 400\text{Hz}$，截断点数为 200 点，DFT 点数为 200 点，利用 DFT 计算 $x_a(t)$ 的频谱并绘制其频谱图。

按照前述的处理步骤以及离散谱到连续谱的转换方法，可以编写出该例的仿真程序如下。

```
fs=400;Ts=1/fs;                              %设置采样频率
n = 1:1:200;                                 %设置截断点数
xn = 2*sin(2*pi*100*n*Ts)+sin(2*pi*104*n*Ts);   %采样并截断获取 x(n)
NDFT=200;                                    %设置 DFT 点数
Xk= DFT(xn,NDFT);                            %计算 x(n)的 DFT
mag = abs(Xk);                              %计算幅度谱
k=0:1:NDFT/2−1;                             %设置离散频率 k 的取值范围
f=fs*k/NDFT;                                 %完成离散频率 k 到实际频率 f 的转换
plot(f,mag(1:(NDFT/2)));xlabel('f');title('信号频谱');   %绘制信号的频谱图
```

运行该程序，得到信号 $x_a(t)$ 的频谱图如图 4.6-3 所示。需说明的是，程序中的 DFT( )函数需预先编写好或用 fft( )函数代替。

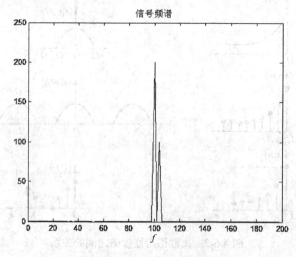

图 4.6-3　例 4.6-1 运行结果

从图 4.6-3 可以看出，在 $f = 100\text{Hz}$ 和 $f = 104\text{Hz}$ 处，各有一个谱峰，且前者的幅度为后者的 2 倍，与实际情况相符。

4. DFT 用于信号频谱分析的频率分辨力

信号频谱分析中，频率分辨力是一个比较重要的概念，它是指频谱分析中分辨两个不同频率分量的最小间隔，用 Δf 表示，在频谱图中，就是两条谱线之间的最小间隔。Δf 反映了将两个相邻的谱峰分开的能力。Δf 值越小，频谱分析的分辨能力就越强。由式(4.6-2)及图 4.6-2 可看出，Δf 的计算公式如下：

$$\Delta f = f_s / N \tag{4.6-3}$$

式中，N 是 DFT 的点数，因此这里的 Δf 仅仅指频谱图中两条谱线之间的间隔，称为"计算分辨

力"。通过对信号补零，可以进行任意长度的 DFT，也就是说，在信号采样点数不变的情况下，可以通过 DFT 点数的增加，减小 Δf 的值，但由于信号采样点数不变，没有更多的信息引入，谱分析的分辨能力实际上并没有提高。因此要确定频谱分析实际能够达到的分辨力，依靠"计算分辨力"是不行的。对式(4.6-3)进行如下处理

$$\Delta f = \frac{f_s}{N} = \frac{1}{NT_s} = \frac{1}{t_p} \tag{4.6-4}$$

式(4.6-4)中，T_s 为采样间隔，N 为信号截断的点数，则 $t_p = NT_s$ 就代表了信号实际采样的时长，此时的 Δf 称为"物理分辨力"。要减小 Δf 的值，则必须使信号采样时间增长，也就是引入更多的信息。因此频谱分析实际能够达到的分辨力是由物理分辨力确定的。

4.6.2　DFT 应用于信号频谱分析相关参数的确定

回顾上述所讨论的 DFT 应用于信号频谱分析的方法，有 3 个参数是在实际应用中需要确定的，分别为：采样频率 f_s、信号的截断点数及 DFT 的点数 N。这 3 个参数的确定原则如下：

（1）由时域采样定理，采样频率 f_s 应大于或等于信号最高频率的 2 倍，否则会引起频谱的混叠失真。但 f_s 越高，频谱分析的范围就越宽，在单位时间内采样的点数就越多，要存储的数据量增大，计算量随之也增加。f_s 的确定，不仅要满足采样定理，还要根据实际频谱分析范围的需求进行合理确定。

（2）由式(4.6-4)可看出，在采样频率一定的情况下，截断的点数决定了 t_p 的长度，也就决定了谱分析的"物理分辨力"。因此，截断点数需要根据频谱分析实际需要的分辨力加以确定。

（3）确定了截断的点数，则序列 $x(n)$ 的长度就确定了，根据 4.5 节所讨论的频率采样理论，DFT 的点数 N 要大于等于序列的长度，这是 DFT 的点数 N 确定的原则之一。在第 5 章中我们会看到，为使用 DFT 的快速算法，对 DFT 的点数 N 还有其他的要求。

4.6.3　DFT 应用于信号频谱分析的误差问题

（1）混叠效应

采用 DFT 对信号进行频谱分析时，要求 $x(n)$ 为有限长序列，也就是说，信号的时宽是有限的。傅里叶变换理论指出，一般时宽有限的信号，其频宽是无限的。由图 4.6-2(b)可看出，如果信号不是频带受限的，则在采样后，会发生频谱的混叠失真，不能反映原信号的全部信息，产生误差，这就是混叠效应。从这一角度看，DFT 应用于信号的频谱分析，只能是近似分析。为减小混叠效应，一方面可以在采样之前采用抗混叠干扰滤波器对信号进行处理，另一方面在条件允许的情况下，尽量选择较高的采样频率 f_s。

（2）栅栏效应

用 DFT 进行频谱分析，计算出的 $X(k)$ 是离散的，是连续谱 $X(e^{j\omega})$ 上的若干点。这就像在频谱上放了一个栅栏，$X(k)$ 的每条谱线相当于栅栏的缝隙，谱分析只能"看到"缝隙处的频谱，而被栅栏挡住的部分是看不到的，所以称为"栅栏效应"。要想改善栅栏效应，就要缩小两条谱线之间的间隔，让频谱的密度加大。根据式(4.6-3)，可以有两种方法改善栅栏效应：一是减小采样频率 f_s，二是通过对信号补零，增加 DFT 变换的点数 N。

（3）频谱泄漏

DFT 应用于信号频谱分析时，需要对采样数据进行加窗截断，把观测到的信号限制在一定长

的时间之内。截断，相当于时域加窗，根据傅里叶变换的频域卷积定理，加窗后信号的频谱应该是原信号频谱和窗函数频谱的卷积，这造成了加窗后，信号频谱的变化，产生了失真。

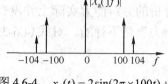

图 4.6-4　$x_a(t) = 2\sin(2\pi \times 100t) +$
$\sin(2\pi \times 104t)$ 的频谱

例如，例 4.6-1 中，信号 $x_a(t)$ 原本的理论频谱应如图 4.6-4 所示，具有"线谱"特性，即在 $f = 100$Hz 和 $f = 104$Hz 处的两条谱线。

加窗截取进行 DFT 后所绘制的频谱已在图 4.6-3 中给出。对比图 4.6-4 和图 4.6-3，原来的"线谱"的谱线向附近展宽，相当于频谱能量向频率轴的两边扩散，这就是所谓的"频谱泄漏"。频谱泄漏使得频谱变得模糊，降低了谱分析的分辨力，同时也会造成谱间干扰。关于频谱泄漏问题，在第 7 章中将会做更详细的讨论，这里只给出减少泄漏的方法：一是截取更多的数据，也就是窗宽加宽，当然数据太长，势必要增加存储量和运算量；二是数据不要突然截断，也就是不要加矩形窗，而是缓慢截断，即加各种缓变的窗（例如第 7 章要介绍的 hanning 窗、hamming 窗等）。

习题四

4-1　图 E4-1 的序列 $\tilde{x}(n)$ 是周期为 4 的周期性序列，确定其傅里叶级数的系数 $\tilde{X}(k)$。

4-2　设 $x(n) = R_4(n)$，且有：$\tilde{x}(n) = \sum\limits_{r=-\infty}^{\infty} x(n+7r)$，求 $\tilde{X}(k)$，并作图表示 $\tilde{x}(n)$ 和 $\tilde{X}(k)$。

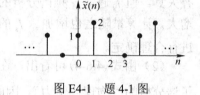

图 E4-1　题 4-1 图

4-3　证明：（1）如果 $\tilde{x}(n)$ 为实周期序列，则其傅里叶级数是共轭对称的，即 $\tilde{X}(k) = \tilde{X}^*(-k)$。

（2）如果 $\tilde{x}(n)$ 为实偶序列，则其傅里叶级数 $\tilde{X}(k)$ 也是实偶序列。

4-4　设有限长序列 $x(n) = R_4(n)$，$y(n) = \begin{cases} 1, & 4 \leqslant n \leqslant 6 \\ 0, & \text{其他} n \end{cases}$。若 $\tilde{x}(n) = \sum\limits_{r=-\infty}^{\infty} x(n+7r)$，$\tilde{y}(n) = \sum\limits_{r=-\infty}^{\infty} y(n+7r)$，求 $\tilde{x}(n)$ 和 $\tilde{y}(n)$ 的周期卷积 $\tilde{f}(n)$ 及其傅里叶级数 $\tilde{F}(k)$。

4-5　如果 $\tilde{x}(n)$ 是最小周期为 N 的周期序列，则它也是周期为 $2N$ 的周期序列，已知周期为 N 时，其傅里叶级数为 $\tilde{X}_1(k)$。试用 $\tilde{X}_1(k)$ 来表示周期为 $2N$ 时的傅里叶级数 $\tilde{X}_2(k)$。

4-6　有限长序列 $x(n)$，其长度为 N，计算下列各式的 N 点 DFT（闭合形式表达式）：

（1）$x(n) = \delta(n)R_N(n)$　　　　（2）$x(n) = \delta(n-n_0)R_N(n)$　　　　（3）$x(n) = a^n R_N(n)$

（4）$x(n) = e^{j\omega_0 n}R_N(n)$　　　　（5）$x(n) = \sin(\omega_0 n)R_N(n)$　　　　（6）$x(n) = nR_N(n)$

4-7　已知 $X(k)$，并假定其点数 N 为偶数，求 $x(n) = \text{IDFT}[X(k)]$。

（1）$X(k) = \begin{cases} \dfrac{N}{2} e^{j\theta} & k = m, 0 < m < N/2 \\ \dfrac{N}{2} e^{-j\theta} & k = N-m \\ 0 & \text{其他} k \end{cases}$　　　　（2）$X(k) = \begin{cases} -\dfrac{N}{2} j e^{j\theta} & k = m, 0 < m < N/2 \\ \dfrac{N}{2} j e^{-j\theta} & k = N-m \\ 0 & \text{其他} k \end{cases}$

4-8　如图 E4-2 所示，$x_1(n)$ 和 $x_2(n)$ 都是 $N = 8$ 的有限长序列，其 DFT 分别为 $X_1(k)$ 和 $X_2(k)$，用 $X_1(k)$ 表示 $X_2(k)$。

4-9　设 $\text{DFT}[x(n)] = X(k)$，证明：$\text{DFT}[X(k)] = Nx(N-n)$。

4-10　已知实序列 $x(n)$ 的 8 点 DFT 为 $X(k)$，$X(k)$ 前 5 个点的值分别为：$X(0) = 0.25$，$X(1) = 0.125 - j0.3018$，$X(2) = 0$，$X(3) = 0.125 - j0.0518$，$X(4) = 0$。求 $X(k)$ 的其余 3 点的值。

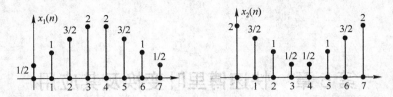

图 E4-2　题 4-8 图

4-11 长度 $N=10$ 的两个有限长序列分别为 $x(n) = \begin{cases} 1, 0 \leqslant n \leqslant 4 \\ 0, 5 \leqslant n \leqslant 9 \end{cases}$，$y(n) = \begin{cases} 1, 0 \leqslant n \leqslant 4 \\ -1, 5 \leqslant n \leqslant 9 \end{cases}$。

（1）作图表示 $x(n)$ 和 $y(n)$；　　　　（2）作图计算 $f_c(n) = x(n) \otimes y(n)$（10 点圆周卷积）；

（3）计算 $f(n) = x(n) * y(n)$；　　　　（4）分析 $f_c(n)$ 与 $f(n)$ 之间的关系。

4-12 两有限长序列分别为 $x(n) = \cos\left(\dfrac{2\pi}{N}n\right)R_N(n)$，$y(n) = \sin\left(\dfrac{2\pi}{N}n\right)R_N(n)$，分别用直接卷积法和 DFT 变换法求 $f(n) = x(n) \otimes y(n)$（N 点）。

4-13 已知 $x(n) = R_N(n)$，求：

（1）$x(n)$ 的 z 变换 $X(z)$，画出其零极点分布图；　　　　（2）$x(n)$ 对应的连续频谱 $X(e^{j\omega})$；

（3）$\text{DFT}[x(n)] = X(k)$，将 $X(k)$ 与 $X(e^{j\omega})$ 对照，有何体会？

4-14 已知有限长序列 $x(n)$ 的长度为 N，其 N 点 DFT 为 $X(k)$。如果在 $x(n)$ 的每两点之间插入 $r-1$ 个零，得到一个长度为 rN 的有限长序列 $y(n)$，即：

$$y(n) = \begin{cases} x(n/r) & n = ir, i = 0, 1, \cdots, N-1 \\ 0 & \text{其他} n \end{cases}$$

求 $y(n)$ 的 rN 点的离散傅里叶变换 $Y(k)$ 与 $X(k)$ 之间的关系。

4-15 已知有限长序列 $x(n)$ 的长度为 N，其 N 点 DFT 为 $X(k)$。如果将 $x(n)$ 补零增长为 rN 的长度，得到一个长度为 rN 的有限长序列 $y(n) = \begin{cases} x(n) & 0 \leqslant n \leqslant N-1 \\ 0 & N \leqslant n \leqslant rN-1 \end{cases}$，求 $y(n)$ 的 rN 点的离散傅里叶变换 $Y(k)$ 与 $X(k)$ 之间的关系。

4-16 已知有限长序列 $x(n) = a^n u(n)$，$0 < a < 1$，其 z 变换为 $X(z)$，现有：

$$X(k) = X(z)\big|_{z=W_N^{-k}}, \quad k = 0, 1, \cdots, N-1$$

求 $x_N(n) = \text{IDFT}[X(k)]$。

4-17 设 $\tilde{x}(n)$ 是周期为 N 的周期序列，通过系统函数为 $H(z)$ 的 LTI 系统以后，证明输出序列为

$$\tilde{y}(n) = \frac{1}{N}\sum_{k=0}^{N-1}\tilde{X}(k)H(W_N^{-k})W_N^{-kn}。$$

4-18 模拟信号 $x_a(t)$ 以采样频率 $f_s = 10.24\text{kHz}$ 进行采样，截断长度为 1024 点，进行 1024 点的 DFT，得到其离散谱。求：

（1）离散谱中两条谱线之间的频率间隔；

（2）信号的 300Hz 频率分量在离散谱中对应的 k 值。

4-19 利用 DFT 对连续时间信号进行谱分析，仅是一个近似的估计，为什么？现用 DFT 来分析一个实信号的频谱，已知信号最高频率 $f_{\max} \leqslant 1.25\text{kHz}$，要求频率分辨率 $\Delta f \leqslant 5\text{Hz}$，当 DFT 的点数 N 为 2 的整幂次方时，求：

（1）信号记录的最小长度；　　（2）取样点间的最大时间间隔 T；　　（3）在一个记录中的最小点数。

第5章 快速傅里叶变换及其应用

5.1 引　言

　　快速傅里叶变换(Fast Fourier Transform，FFT)不是一种新的变换域分析方法，而是快速计算离散傅里叶变换(DFT)的有效算法。离散傅里叶变换实现了频域离散化，在数字信号处理中起着极其重要的作用，分析信号的频谱、计算滤波器频率响应，以及实现信号通过 LTI 系统的卷积运算，都离不开离散傅里叶变换。但是，直接计算 DFT 的计算工作量很大，即使利用计算机进行计算，也很难实现对信号的实时处理，限制了 DFT 的实际应用。1965 年，库利(J.W.Cooly)和图基(J.W.Tukey)在《计算机数学》杂志上发表了著名的"机器计算傅里叶级数的一种算法"，首先提出了 DFT 的快速计算方法(基-2 时间抽取 FFT 算法)。至此，人们开始认识到 DFT 运算的一些内在规律，很快地发展和完善了一套高效的运算方法，使得 DFT 的计算速度大大提高。DFT 的快速实现，即 FFT 的提出及发展不仅对计算机处理信号带来好处，而且对信号的实时处理影响重大，使 DFT 的运算在实际中得到了广泛的应用。

　　本章将对常用的一些 FFT 算法的原理及软件实现方法进行讨论分析，进而介绍 FFT 在信号处理中的一些典型应用。

5.2　基-2FFT 算法原理

5.2.1　DFT 运算量分析

　　一个长度为 N 点的有限长序列 $x(n)$ 的离散傅里叶变换为：

$$X(k) = \sum_{n=0}^{N-1} x(n)W_N^{kn} \qquad 0 \leqslant k \leqslant N-1 \qquad (5.2\text{-}1)$$

一般情况下，$x(n)$ 和 W_N^{kn} 都是复数，按定义直接计算，每计算一点 $X(k)$ 的值需 N 次复数相乘运算，$(N-1)$ 次复数相加运算。计算全部 N 点 $X(k)$ 需要 N^2 次复数乘法运算和 $N(N-1)$ 次复数加法运算。由于 1 次复数乘法包括 4 次实数相乘和 2 次实数加法，1 次复数加法需 2 次实数加法运算，所以计算全部 $X(k)$ 的值需 $4N^2$ 次实数相乘运算和 $2N(2N-1)$ 次实数加法运算。一般说来，乘法运算要比相加运算复杂，在计算机上乘法运算比相加运算一般要多花几十倍的时间。为简单起见，以复数乘法运算次数近似作为运算量的衡量标准。由于运算工作量与 N^2 成正比，N 越大，则运算量增加越显著。例如 $N=1024$ 时，约需 100 万次复数相乘运算，虽然在计算机上运算是没有问题的，但给实时处理带来了困难与障碍。

　　由于 DFT 的运算量与 N^2 成正比，如能将长序列的 DFT 计算分解成短序列的 DFT 计算，可使运算量得到明显减小。快速傅里叶变换正是基于这种思想发展起来的。快速傅里叶变换利用 W_N^{kn} 的特性，逐步将 N 点序列分解为较短的序列，计算短序列的 DFT，然后再组合成原序列的 DFT，使运算量显著减小。FFT 算法有很多种形式，但基本上可分为两类，即：时间抽取(Decimation-In-

Time，DIT）算法和频率抽取（Decimation-In-Frequency，DIF）算法。

5.2.2 基-2 时间抽取 FFT 算法

设序列 $x(n)$ 的长度 N 是 2 的整数幂次方，即：

$$N = 2^M \tag{5.2-2}$$

其中 M 为正整数。首先将序列 $x(n)$ 按 n 的奇偶分解为两组，偶数项为一组，奇数项为一组，得到两个 $N/2$ 点的子序列，即：

$$\begin{cases} x_1(r) = x(2r) \\ x_2(r) = x(2r+1) \end{cases} \quad r = 0,1,\cdots,\frac{N}{2}-1 \tag{5.2-3}$$

相应地将 DFT 运算也分为两组，即：

$$X(k) = \sum_{n=0}^{N-1} x(n)W_N^{kn} = \sum_{r=0}^{\frac{N}{2}-1} x(2r)W_N^{2kr} + \sum_{r=0}^{\frac{N}{2}-1} x(2r+1)W_N^{k(2r+1)}$$

$$= \sum_{r=0}^{\frac{N}{2}-1} x_1(r)W_{N/2}^{kr} + W_N^k \sum_{r=0}^{\frac{N}{2}-1} x_2(r)W_{N/2}^{kr}$$

$$= [X_1((k))_{N/2} + W_N^k X_2((k))_{N/2}]R_N(k) \tag{5.2-4}$$

假定 $X_1(k)$、$X_2(k)$ 分别是 $x_1(r)$、$x_2(r)$ 的 $N/2$ 点 DFT，亦即：

$$X_1(k) = \sum_{r=0}^{\frac{N}{2}-1} x_1(r)W_{N/2}^{kr} \tag{5.2-5}$$

$$X_2(k) = \sum_{r=0}^{\frac{N}{2}-1} x_2(r)W_{N/2}^{kr} \tag{5.2-6}$$

式（5.2-5）与式（5.2-6）中 $k=0,1,\cdots,\frac{N}{2}-1$，而式（5.2-4）中 $k=0,1,\cdots,N-1$，因此两者虽然都用 k，但取值范围不一样。由式（5.2-4）可知，$X_1((k))_{N/2}$、$X_2((k))_{N/2}$ 分别是以 $X_1(k)$、$X_2(k)$ 为主值序列的周期序列，因此 $X_1(k)$、$X_2(k)$ 应周期重复一次，即式（5.2-4）可以写成

$$\begin{cases} X(k) = X_1(k) + W_N^k X_2(k) \\ X\left(k+\frac{N}{2}\right) = X_1(k) - W_N^k X_2(k) \end{cases} \quad k = 0,1,\cdots,\frac{N}{2}-1 \tag{5.2-7}$$

式（5.2-7）的后一式中之所以出现负号，是由于 $W_N^{k+\frac{N}{2}} = -W_N^k$。式（5.2-7）的运算关系可用信号流图表示，见图 5.2-1（a），图 5.2-1（b）是图 5.2-1（a）的简化形式。图（b）中左面两支路为输入，中间以一个小圆圈表示加减运算，右上支路为相加后的输出，右下支路为相减后的输出，箭头旁边的系数表示相乘的数。因流图形如蝴蝶，故称蝶形运算。

每个蝶形运算需一次复数相乘，两次复数加法运算。采用上述的表示方法，8 点 DFT 分解为两个 4 点 DFT 运算过程的流图如图 5.2-2 所示。

通过第一步分解后，估算一下乘法运算量。每一个 $N/2$ 点 DFT 需 $N^2/4$ 次复数相乘，两个 $N/2$ 点 DFT 共需 $N^2/2$ 次复数相乘，组合运算共需 $N/2$ 个蝶形运算，需 $N/2$ 次复数相乘，因而共需 $N(N+1)/2$ 次复数相乘，在 N 较大时，可以认为近似等于 $N^2/2$，与直接计算相比几乎节省一半的运算量。

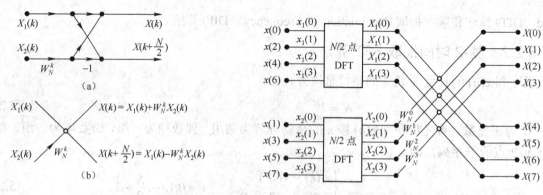

图 5.2-1 蝶形运算流图及其简化图   图 5.2-2 $N/2$ 点 DFT 分解的流图 $(N=8)$

若 $N/2 = 2^{M-1} > 2$，可仿照上述过程继续将 $N/2$ 点序列分解为两个 $N/4$ 点的序列。如 $x_1(r)$ 可分解为

$$\begin{cases} x_{11}(l) = x_1(2l) \\ x_{12}(l) = x_1(2l+1) \end{cases} \qquad l = 0,1\cdots, \frac{N}{4}-1 \tag{5.2-8}$$

则有

$$\begin{cases} X_1(k) = X_{11}(k) + W_{N/2}^k X_{12}(k) \\ X_1\left(k+\frac{N}{4}\right) = X_{11}(k) - W_{N/2}^k X_{12}(k) \end{cases} \qquad k = 0,1\cdots, \frac{N}{4}-1 \tag{5.2-9}$$

式中，$X_{11}(k) = \text{DFT}[x_{11}(l)]$，$X_{12}(k) = \text{DFT}[x_{12}(l)]$，它们均为 $N/4$ 点 DFT。由于序列长度又减为一半，因此在式 (5.2-7) 中所有用到 N 的地方，都用 $N/2$ 来替换，就得到式 (5.2-9)。对应于 8 点的前一个 $N/2$ 点 DFT 再分解为两个 $N/4$ 点 DFT 的流图如图 5.2-3 所示。

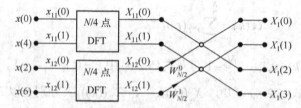

图 5.2-3 $N/4$ 点 DFT 分解的流图 $(N=8)$

当然 $x_2(r)$ 也是如此分解。按这种方法还可继续分解，直到最后是 2 点 DFT 为止。2 点 DFT 同样可用蝶形运算表示。例如，8 点的第一个 2 点 DFT 由 $x(0)$ 和 $x(4)$ 组成，可以表示为：

$$\begin{cases} X_{11}(0) = x(0) + W_2^0 x(4) \\ X_{11}(1) = x(0) + W_2^1 x(4) = x(0) - W_2^0 x(4) \end{cases} \tag{5.2-10}$$

图 5.2-4 所示为一个 8 点的 DFT 分解为 4 个 $N/4$ 点的 DFT。图 5.2-5 所示为 $N=8$ 点的全部分解过程的运算流图。图 5.2-6 所示为 $N=16$ 时的 FFT 运算流图。由于每次分解均是将序列从时域上按奇偶抽取的，所以称为时间抽取，且每次一分为二，所以称为基数为 2 (基-2) 的算法。基-2 时间抽取 FFT 算法也被称为库利-图基算法。

5.2.3 基-2 频率抽取 FFT 算法

对于 $N = 2^M$，另一种普遍采用的 FFT 结构是频率抽取算法 (桑德-图基算法)。频率抽取法不按偶数、奇数分解，而是把 $x(n)$ 按前后对半分解，这样可将 N 点的 DFT 写成前后两部分：

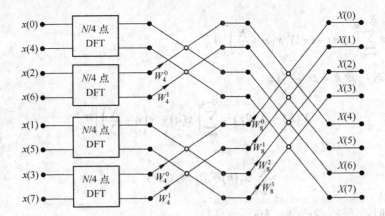

图 5.2-4　按时间抽取将一个 N 点 DFT 分解为 4 个 $N/4$ 点 DFT $(N=8)$

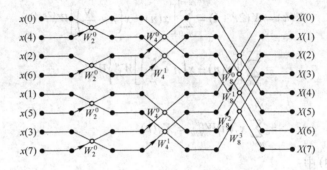

图 5.2-5　$N=8$ 的时间抽取 FFT 流图

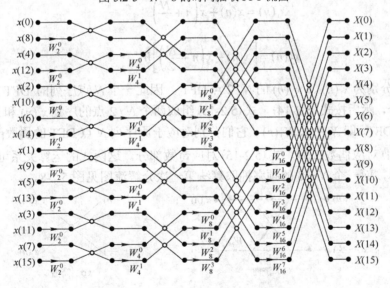

图 5.2-6　$N=16$ 的时间抽取 FFT 流图

$$X(k) = \sum_{n=0}^{N-1} x(n)W_N^{kn} = \sum_{n=0}^{\frac{N}{2}-1} x(n)W_N^{kn} + \sum_{n=\frac{N}{2}}^{N-1} x(n)W_N^{kn}$$

$$= \sum_{n=0}^{\frac{N}{2}-1} x(n)W_N^{kn} + \sum_{n=0}^{\frac{N}{2}-1} x\left(n+\frac{N}{2}\right)W_N^{k\left(n+\frac{N}{2}\right)} = \sum_{n=0}^{\frac{N}{2}-1} \left[x(n) + W_N^{k\frac{N}{2}} x\left(n+\frac{N}{2}\right) \right]W_N^{kn}$$

$$= \sum_{n=0}^{\frac{N}{2}-1}\left[x(n)+(-1)^k x\left(n+\frac{N}{2}\right)\right]W_N^{kn} \tag{5.2-11}$$

当 k 为偶数时，令 $k=2r$，有：

$$X(k) = X(2r) = \sum_{n=0}^{\frac{N}{2}-1}\left[x(n)+x\left(n+\frac{N}{2}\right)\right]W_N^{2rn}$$

$$= \sum_{n=0}^{\frac{N}{2}-1}x_1(n)W_{N/2}^{rn} = X_1(r) \tag{5.2-12}$$

当 k 为奇数时，令 $k=2r+1$，有：

$$X(k) = X(2r+1) = \sum_{n=0}^{\frac{N}{2}-1}\left[x(n)-x\left(n+\frac{N}{2}\right)\right]W_N^{(2r+1)n}$$

$$= \sum_{n=0}^{\frac{N}{2}-1}\left\{\left[x(n)-x\left(n+\frac{N}{2}\right)\right]W_N^{n}\right\}W_{N/2}^{rn}$$

$$= \sum_{n=0}^{\frac{N}{2}-1}x_2(n)W_{N/2}^{rn} = X_2(r) \tag{5.2-13}$$

式 (5.2-12) 和式 (5.2-13) 中：

$$x_1(n) = x(n)+x\left(n+\frac{N}{2}\right) \tag{5.2-14}$$

$$x_2(n) = \left[x(n)-x\left(n+\frac{N}{2}\right)\right]W_N^{n} \tag{5.2-15}$$

$X_1(r)$、$X_2(r)$ 分别为 $x_1(n)$、$x_2(n)$ 的 $N/2$ 点 DFT，因此一个 N 点序列的 DFT 可以将序列按前后分解成两部分，然后按式 (5.2-14)、式 (5.2-15) 组成两个 $N/2$ 点的序列 $x_1(n)$ 和 $x_2(n)$，分别计算 $N/2$ 点序列的 DFT，即 $X_1(r)$、$X_2(r)$，它们分别对应于原序列 N 点 DFT 的偶数部分和奇数部分。显然，式 (5.2-14) 对应偶数部分，式 (5.2-15) 对应奇数部分。这两式的运算关系可用图 5.2-7 所示蝶形运算来表示，而一个 $N=8$ 的频率抽取算法第一次分解流图见图 5.2-8。

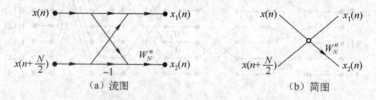

图 5.2-7　频率抽取法的蝶形运算图

与时间抽取算法一样，仍可按上述分解法继续分解，直到最后剩下全部是 2 点的 DFT。2 点的 DFT 仍然可用图 5.2-7 的蝶形表示。进一步的分解如图 5.2-9 所示。图 5.2-10 为一个 $N=8$ 的完整的频率抽取的 FFT 结构。

这种分解方法，由于每次都是按输出 $X(k)$ 在频域上的顺序是属于偶数还是奇数分解为两组，故称基数为 2（基-2）的频率抽取法。对比图 5.2-1 与图 5.2-7 的流图，以及图 5.2-5 与图 5.2-10 的 FFT 流图，可以看出基-2 时间抽取 FFT 算法与基-2 频率抽取 FFT 算法的流图互为转置关系，有对偶性。因此频率抽取的 FFT 结构有与时间抽取的 FFT 结构类似的特点和规律，完成全部 FFT 运算，二者的运算量是相同的，是完全等效的算法。

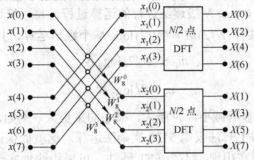

图 5.2-8　按频率抽取将 N 点 DFT 分解为两个 N/2 点的 DFT（N = 8）

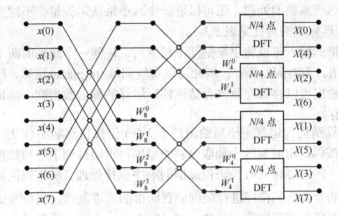

图 5.2-9　按频率抽取将 N 点 DFT 分解为 4 个 N/4 点 DFT（N = 8）

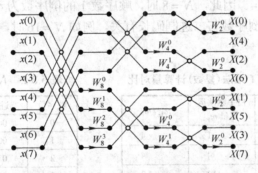

图 5.2-10　N = 8 的频率抽取基-2FFT 流图

5.3　基-2FFT 算法特点及程序实现

由于基-2 时间抽取 FFT 算法与基-2 频率抽取 FFT 算法具有对偶性，本节只以前者为例进行讨论。

5.3.1　基-2FFT 算法特点及规律

由图 5.2-5 和图 5.2-6 可以看出 FFT 运算的一些规律和特点：

（1）整个流图全由蝶形组成，因此蝶形运算是 FFT 运算的核心，是最基本的运算。算法的具体实现就是如何按一定规律顺次计算完全部蝶形。每个蝶形运算需一次复数相乘和两次复数加法运算。对于一个长度 $N = 2^M$ 的序列，可以逐步分解到最后全为 2 点的 DFT 运算。这样的分解就构成了从 $x(n)$ 到 $X(k)$ 的 $M = \log_2 N$ 级逐级进行的运算过程，每一级均由 $N/2$ 个蝶形运算构成。因此全部 N 点的 FFT 运算共有 $(N/2)M = (N/2)\log_2 N$ 个蝶形运算，共需：

复数乘法次数：
$$m_F = (N/2)\log_2 N \tag{5.3-1}$$

复数加法次数：
$$a_F = N\log_2 N \tag{5.3-2}$$

与直接计算法相比，运算量显著减小，N 越大，减小的量更大。例如，$N = 1024$ 时，直接计算需约 100 万次乘法运算，而 FFT 算法仅需 5120 次乘法运算。这就能保证在 N 较大时，可以用 FFT 达到实时运算。事实上，现在出现了不少 FFT 硬件，可以很快地实现 FFT。实际乘法运算量比式(5.3-1)还要小，因为当系数 $W_N^0 = 1$，$W_N^{N/2} = -1$，$W_N^{N/4} = -j$ 时，乘法运算是不需要计算的。在算法实现时，注意对这些系数的处理，还可以进一步减小乘法运算量。不同点数下，FFT 乘法运算量和直接 DFT 乘法运算量的对比见表 5.3-1。

（2）流图中各蝶形的输入量或输出量是互不相重的，任何一个蝶形的两个输入量经蝶形运算后，便失去了利用价值，不再需要保存，因此可以实现同址(In-place)运算，即在某一级蝶形运算时，每个蝶形运算的输出可以存放在原来存储该蝶形运算的输入数据同一地址的单元中。同址运算的结构可以节省内存。

（3）对于同址运算结构，运算完毕后输出结果 $X(k)$ 仍按自然顺序(正序)顺次存放。而输入序列 $x(n)$，由于逐次按偶、奇时间顺序抽取分解的原因，重新排列了序列数据的存放顺序，因此采用时间抽取算法时，首先要对 $x(n)$ 按码位颠倒的顺序重排处理。所谓码位颠倒，就是将二进制数的最高有效位到最低有效位的位序进行颠倒放置而得的二进制数。码位颠倒的二进制数所对应的十进制值通常称为倒序数或逆序数。例如，$N = 8$ 时，$n = 1$ 的二进制码为 001，码位颠倒后为 100，则相应的二进制数为 4。因此，$N = 8$ 时，顺序数 1 的倒序数为 4。$N = 8$ 的码位颠倒顺序见表 5.3-2。值得注意的是，倒序数与二进制码长有关。例如 $N = 16$ 时，顺序数 1 的倒序数为 8，而不是 4。

表 5.3-1　FFT 与直接 DFT 乘法(复数)计算量对比

点数 N	直接 DFT 乘法运算量 m_D	FFT 乘法运算量 m_F	m_D / m_F
2	4	1	4
4	16	4	4
8	64	12	5.3
16	256	32	8
32	1024	80	12.8
64	4096	192	21.3
128	16384	448	36.6
256	65536	1024	64
512	262114	2304	113.8
1024	1048576	5120	204.8
2048	4194304	11264	372.4
4096	16777216	24576	682.7

表 5.3-2　$N = 8$ 的顺序数与倒序数

顺序数	二进制码	码位颠倒	倒序数
0	000	000	0
1	001	100	4
2	010	010	2
3	011	110	6
4	100	001	1
5	101	101	5
6	110	011	3
7	111	111	7

输入数据按码位颠倒的顺序来存放是同址结构时间偶、奇抽取基-2 算法的必然结果。这里再

回顾一下分解过程，首先将序列 $x(n)$ 依照 n 为偶数、奇数分成偶数、奇数取样，偶数取样出现在图 5.3-1 的上半部，而奇数取样出现在图 5.3-1 的下半部，这样的分解可以借助于判断序号 n 的最低位二进制码 n_0 来实现，如果 $n_0 = 0$，则序列值为偶数取样，若 $n_0 = 1$，则序列值为奇数取样，偶数取样排列于上半部，奇数取样排列于下半部。第二次分解时，可以借助于判断序号 n 的次最低位二进制码 n_1 来实现偶数、奇数取样，同样是，$n_1 = 0$ 对应偶数部分，$n_1 = 1$ 对应奇数部分。逐次分解相当于通过逐位判断来排列原序列 $x(n)$，直到 n 的最高二进制位判断完为止。图 5.3-1 的树状图描述了这种分解成偶数和奇数项子序列的过程。

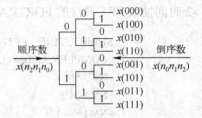

图 5.3-1　码位颠倒示意图 ($N = 8$)

（4）蝶形运算所需系数 W_N^k，各级显然不同，但有规律性。每级自上而下观察，均是以 W_N^0 开始，按等比级数依次递增，周期重复。例如，第 m 级运算系数为：

$$W_{2^m}^l \qquad l = 0,1,\cdots,2^{m-1}-1 \qquad\qquad (5.3\text{-}3)$$

共 2^{m-1} 个系数，指数 l 逐次增 1，周期重复 2^{M-m} 次。计算时所需系数可以事先计算好后存在一个表中，这样运算速度快，但需开销内存。也可在需要时依次递推计算，这样可节省内存，但要增加一定的运算工作量。

5.3.2　基-2FFT 算法的程序实现

FFT 算法可以用计算机程序实现，以时间抽取 FFT 算法为例，其程序实现的原理及过程讨论如下：

（1）整序运算

要实现基-2 时间抽取 FFT 算法，首先要将按自然顺序存放的序列数据变换成按倒序存放，这一过程称为整序。

用 I 表示顺序数，用 J 表示倒序数，整序运算的实现方法为：顺次比较 I 和 J，如果 $J > I$，则将相应存放的数据 $x(I)$ 和 $x(J)$ 交换存放。全部比较完成后即完成了整序过程。

整序运算本身并不麻烦，但是要完成整序运算，必须生成倒序数。倒序数可以事先生成好，用到哪个倒序数可利用查表的方法获取；倒序数也可顺次递推计算产生，其生成方法有很多种，较常用的有分组法和生成法。

分组法生成倒序数的方法为：将本次的倒序数的二进制码由高位向低位逐位检测，如为"1"，则将该"1"变为0，再检测下一位，直到检测到首次为0的位为止，将该位的0变为1，以后各位保持不变，这样便可得到下一次倒序数。由于很多计算机语言不支持按位运算，因此分组法中的按位操作需要借助于十进制逻辑完成二进制的按位操作。

倒序数生成最简单的记忆方法是生成法，因为 $N = 2^1$ 点时，顺序数为[0,1]，倒序数也为[0,1]，$N = 2^2 = 4$ 点的逆序数为[0,2,1,3]，其前一半倒序数由低一阶的倒序数依次乘 2 组成，后一半的倒序数由前一半倒序数依次加 1 组成。可以继续递推。生成法的优点是整序速度快，缺点是整序时要占内存，可以用分组生成法改进之。

以分组法为基础的整序过程的程序流程图如图 5.3-2 所示。

（2）M 级蝶形运算

整序完成后，就可以一级一级地进行 M 级蝶形运算实现整个 FFT 算法了。整个 M 级蝶形运算可由 3 个嵌套循环结构实现。最外层的一个循环用来控制 M 级的顺序运算，中间一层循环用来

控制系数 W_N^k 不同的蝶形运算，内层循环用来控制 W_N^k 相同的蝶形运算。

以上述对算法特点及实现方法的讨论为基础，基
-2 时间抽取 FFT 算法的 FORTRAN 语言程序为

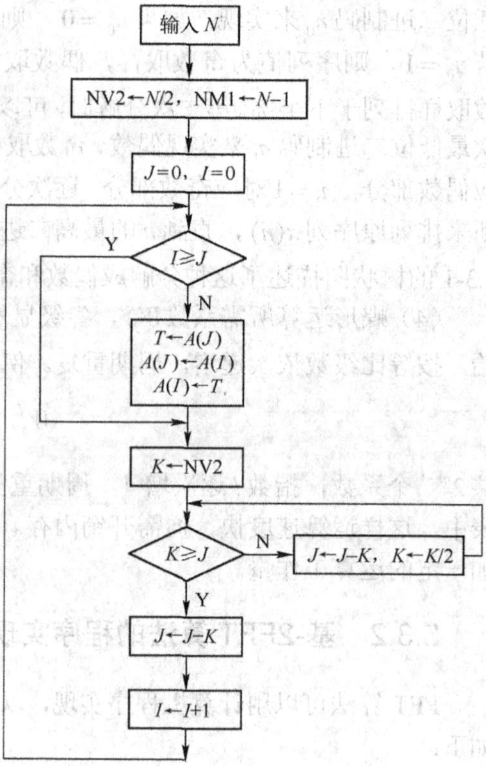

```
        SUBROUTINE   FFT(A,M)
        COMPLEX A(2048),U，W，T
        N=2**M
        NV2=N/2
        NM1=N-1
        J=1
100     DO 7  I=1,NM1
        IF（I.GE.J）GOTO 5
        T=A(J)
        A(J)=A(I)
        A(I)=T
5       K=NV2
6       IF(K.GE.J) GOTO 7
        J=J-K
        K=K/2
        GOTO 6
7       J=J+K
        PI=3.14159265
200     DO 20 L=1,M
        LE=2**L
        LE1=LE/2
        U=(1.0,0.0)
        W= COMPLEX(COS(PI/FLOAT(LE1)), -SIN(PI/FLOAT(LE1)))
300     DO 20 J=1,LE1
400     DO 10 I=1,N,LE
        IP=I+LE1
        T=A(IP)*U
        A(IP)=A(I) -T
10      A(I)=A(I)+T
20      U=U*W
        RETURN
        END
```

图 5.3-2 整序流程图

在 FFT 子程序中，语句标号为 100 的 DO 循环完成整序运算。蝶形运算由 3 个相嵌的循环来完成。语句标号 200 的外层 DO 循环完成 M 级的逐级运算过程，语句标号 300 的中间层 DO 循环完成系数 W_N^k 变化的运算过程。语句标号 400 的内层 DO 循环构成蝶形运算，并依次计算同一系数的各个蝶形的运算。如果使用其他具有位运算功能的高级语言，整序部分的程序是可以改进的。基-2 时间抽取 FFT 算法的 C 语言程序见附录 B。

5.4 离散傅里叶反变换的快速算法

上节所讨论的 FFT 算法同样可以用于 IDFT 运算，简称 IFFT，即离散傅里叶反变换的快速算

法。IDFT 的定义为：

$$x(n) = \text{IDFT}[X(k)] = \frac{1}{N}\sum_{k=0}^{N-1} X(k)W_N^{-kn} \qquad 0 \leqslant n \leqslant N-1$$

而 DFT 的定义为

$$X(k) = \text{DFT}[x(n)] = \sum_{n=0}^{N-1} x(n)W_N^{kn} \qquad 0 \leqslant k \leqslant N-1$$

比较上面两式，只要把 DFT 运算中的每一个系数 W_N^{kn} 改为 W_N^{-kn}，再乘以常数 $1/N$，那么所有上节所讨论的 FFT 算法就可以用来计算 IDFT。不过在命名上要颠倒一下，即时间抽取的 FFT 对应为频率抽取的 IFFT，而频率抽取的 FFT 对应为时间抽取的 IFFT。另外，在 IFFT 运算中，经常将常数 $1/N$ 分解为 $(1/2)^M$，分散于各级运算之中，每级运算均分别乘一个 1/2 的因子，以使得每次运算的精度尽可能准确。

这样所得 IFFT 的两种基本蝶形运算结构如图 5.4-1 所示。$N=8$ 的时间抽取 IFFT 流图见图 5.4-2。

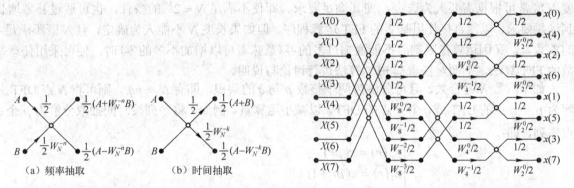

（a）频率抽取　　　　（b）时间抽取

图 5.4-1　IFFT 的基本蝶形运算结构　　　　图 5.4-2　$N=8$ 时间抽取 IFFT 流图

上述 IFFT 算法，虽然编程也很方便，但总要另外编写一个 IFFT 程序才能进行运算。如果利用 DFT 的性质，就可以直接利用 FFT 程序来完成 IFFT 的运算。常用的利用 FFT 程序的 IFFT 算法有两种：

（1）方法一，分析推导如下：

$$x(n) = \text{IDFT}[X(k)] = \frac{1}{N}\sum_{k=0}^{N-1} X(k)W_N^{-kn} = \frac{1}{N}\left[\sum_{k=0}^{N-1} X^*(k)W_N^{kn}\right]^*$$

$$= \frac{1}{N}\left\{\text{DFT}[X^*(k)]\right\}^* \tag{5.4-1}$$

按照式(5.4-1)的推导，先将 $X(k)$ 取共轭，然后可直接使用 FFT 子程序，再对运算结果取一次共轭运算，并乘以常数 $1/N$ 即得序列 $x(n)$，完成 IFFT 运算。取共轭运算仅需将虚部乘以 -1 即可，在 FORTRAN 语言中可引用 CONJG 内部函数，是十分方便的。

（2）方法二，因为：

$$x(n) = \frac{1}{N}\sum_{k=0}^{N-1} X(k)W_N^{-kn} = \frac{1}{N}\sum_{k=0}^{N-1} X(k)W_N^{(N-k)n} \tag{5.4-2}$$

若定义

$$\text{DFT}[X(k)] = \sum_{k=0}^{N-1} X(k)W_N^{kn} = x_1(n) \tag{5.4-3}$$

即有

$$x_1(N-n) = \sum_{k=0}^{N-1} X(k)W_N^{k(N-n)} = \sum_{k=0}^{N-1} X(k)W_N^{(N-k)n} \tag{5.4-4}$$

则有
$$x(n) = \frac{1}{N} x_1(N-n) \qquad (5.4\text{-}5)$$

因此，直接对 $X(k)$ 进行 FFT 运算，然后将结果顺序倒排(第 0 个结果不动)，再乘以常数 $1/N$ 即可完成 IDFT 的计算。从理论上说，这是最方便的方法，但是一般 N 是很大的，最后除以这样大的数，在有些情况下可能产生较大的误差。

5.5 其他常用的 FFT 算法

5.5.1 任意基数的 FFT 算法

以上讨论的 FFT 算法，要求点数 $N = 2^M$，以基数为 2 进行分解，这种情况实际使用最多。以 2 为基数的 FFT 运算，程序简单、效率较高、使用方便。并且在实际应用时，有限长序列的长度 N 经常可根据需要人为选定，使其满足要求。即使不满足 $N = 2^M$ 的条件，也可通过补零增长到满足要求，以便直接使用基 2 的 FFT 运算程序。但如果长度 N 不能人为确定，且 N 既不满足 2 的整数幂，又因运算量限制而不能增加过多的零(意味着可以增加不多的零)时，便可采用任意基数的 FFT 算法。下面对任意基 FFT 算法进行讨论与说明。

如果点数 N 是合数，且可分解为两个整数 p 与 q 的乘积，即有 $N = pq$，则可将 N 点 DFT 分解为 p 个 q 点的 DFT 或 q 个 p 点的 DFT，以减小运算量。例如，将序列按时间抽取分解为 p 个 q 点序列，即：

$$\begin{cases} x_0(r) = x(pr) \\ x_1(r) = x(pr+1) \\ x_2(r) = x(pr+2) \qquad\qquad r = 0,1,\cdots,q-1 \\ \quad\vdots \\ x_{p-1}(r) = x(pr+p-1) \end{cases} \qquad (5.5\text{-}1)$$

则
$$\begin{aligned}
X(k) &= \sum_{n=0}^{N-1} x(n) W_N^{kn} \\
&= \sum_{r=0}^{q-1} x(pr) W_N^{kpr} + \sum_{r=0}^{q-1} x(pr+1) W_N^{k(pr+1)} + \cdots + \sum_{r=0}^{q-1} x(pr+p-1) W_N^{k(pr+p-1)} \\
&= \sum_{r=0}^{q-1} x_0(r) W_N^{kpr} + W_N^{k} \sum_{r=0}^{q-1} x_1(r) W_N^{kpr} + \cdots + W_N^{k(p-1)} \sum_{r=0}^{q-1} x_{p-1}(r) W_N^{kpr} \\
&= \sum_{l=0}^{p-1} W_N^{kl} \sum_{r=0}^{q-1} x_l(r) W_N^{kpr} = \sum_{l=0}^{p-1} W_N^{kl} X_l(k) \qquad\qquad (5.5\text{-}2)
\end{aligned}$$

式中
$$X_l(k) = \mathrm{DFT}[x_l(r)] = \sum_{r=0}^{q-1} x_l(r) W_N^{kpr} = \sum_{r=0}^{q-1} x_l(r) W_q^{kr} \qquad (5.5\text{-}3)$$

式(5.5-2)表明一个 $N = pq$ 点的序列的 DFT 可用 p 组 q 点的 DFT 来组成。对于 $N = 6$、$p = 3$、$q = 2$ 的分解流图如图 5.5-1 所示。为便于看清运算关系，不采用简化蝶形符号，全部用直接的流图形式标出。

如果 p 或 q 仍是合数，则仍可继续分解，一直全部分解为质因数为止，这样可最大限度地减小运算量。在图 5.5-1 中要注意理解第一条线的写法，即：

$W_N^{pkr} = W_q^{kr} = W_2^{0\cdot0}$，$r$ 为组内的输入，k 为组内的输出，因此图中以特殊写法标明。

$W_N^{lk} = W_6^{0\cdot0}$，1 为组号，k 为组外的输出，因此，图中也以特殊写法标明。对本例而言，组内

的 k 为 0 和 1，组外的 k 为 0,1,2,3,4,5。

*5.5.2　基-4 FFT 算法

通过以上的讨论,我们知道 FFT 算法减小运算量的根本思路是对长序列进行分组,减少每组的点数以提高运算效率。基-2FFT 算法每次将长序列分为两组,运算量就有非常显著的减小,那么自然会想到,如果每次将长序列的分组数提高,则每组的点数就更少,运算量相应地也会进一步减小。基-4FFT 算法就是基于这一思路提出的,算法原理与基-2FFT 算法类似,只是每次分组都是一分为四,当然就要求点数 N 是 4 的整数幂次方,即:

$$N = 4^M \qquad (5.5\text{-}4)$$

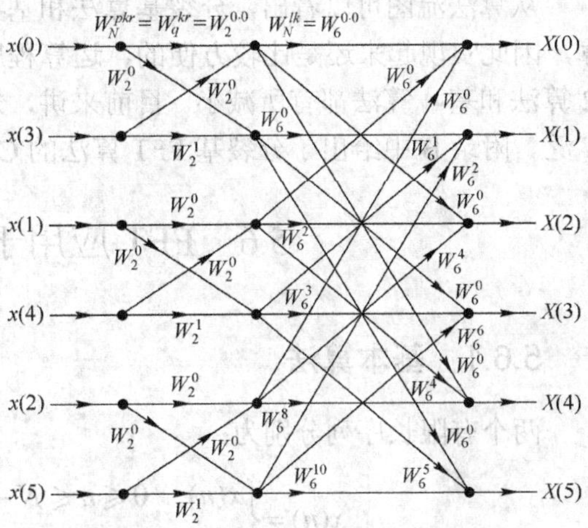

图 5.5-1 $\quad p = 3, q = 2$ 的分解流图

这里对基-4 算法的具体原理不详细介绍,读者可参考相关文献资料。

基-4FFT 算法的复数乘法运算次数为:

$$m_{\mathrm{F}} = \frac{3}{4} N \left(\frac{1}{2} \log_2 N - 1 \right) \approx \frac{3}{8} \log_2 N \qquad (5.5\text{-}5)$$

与基-2FFT 算法的乘法运算量,即式(5.3-1)相比较,基-4 算法节省了大量的乘法运算。基-4FFT 算法的复数加法运算次数和基-2FFT 算法相同。从理论上讲,进一步加大基数,则可以进一步减小复数乘法运算量,但是要以算法结构变得更为复杂为代价,甚至是得不偿失的。

*5.5.3　分裂基 FFT 算法

1984 年,法国的杜梅尔(P.Dohamel)和霍尔曼(H.Hollmann)将基 2 分解和基 4 分解糅合在一起,提出了分裂基 FFT 算法。该算法要求点数 N 是 2 的整数幂次方,即 $N = 2^M$,其基本思想是在分组时对偶序号使用基-2FFT 算法,对奇序号使用基-4FFT 算法。图 5.5-2 所示为 $N = 16$,频率抽取的分裂基 FFT 算法流图。

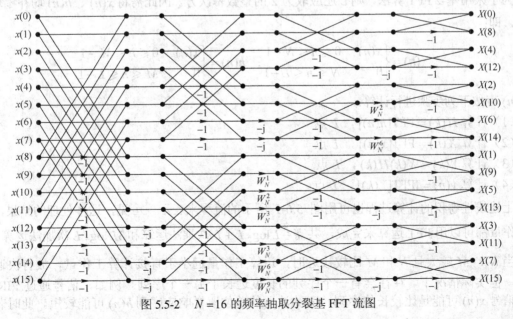

图 5.5-2　$N = 16$ 的频率抽取分裂基 FFT 流图

从算法流图可以看出，分裂基算法和基-2 算法流图很接近，有规则的结构，且也可以同址运算，因此实现起来还是比较方便的，运算程序也很短。从复数乘法运算量上看，分裂基算法比基-2 算法和基-4 算法都有所减小。目前来讲，分裂基 FFT 算法是快速算法中效率较高的，应用比较广泛。附录 B 中给出了分裂基 FFT 算法的 C 语言程序，读者可参考。

5.6　FFT 应用于线性卷积的快速计算

5.6.1　基本算法

两个有限长序列分别为：

$$x(n) = \begin{cases} x(n) & 0 \leqslant n \leqslant N-1 \\ 0 & 其他 n \end{cases} ; \quad h(n) = \begin{cases} h(n) & 0 \leqslant n \leqslant M-1 \\ 0 & 其他 n \end{cases}$$

二者的线性卷积为：

$$y(n) = x(n) * h(n) = \sum_{m=0}^{N-1} x(m)h(n-m) = \sum_{m=0}^{M-1} h(m)x(n-m) \tag{5.6-1}$$

$y(n)$ 仍然是一个有限长序列，长度为 $N+M-1$，即：

$$y(n) = \begin{cases} y(n) & 0 \leqslant n \leqslant N+M-2 \\ 0 & 其他 n \end{cases} \tag{5.6-2}$$

如果直接计算 $y(n)$，则计算全部结果需 NM 次乘法，$(N-1)(M-1)$ 次加法运算，当 N 和 M 较大时，运算量是很大的，实时处理难以实现。

联想到线性卷积和圆周卷积之间的关系，可以通过圆周卷积来实现线性卷积，而圆周卷积可以用 FFT 算法来计算，运算量则会大大减小，问题就得到解决了。为使圆周卷积结果不产生混叠现象，而和线性卷积结果一致，圆周卷积的长度 L 应满足：$L \geqslant N+M-1$。

为了采用基-2 FFT 算法，则 L 还应取为 2 的整数幂次方。因此需将 $x(n)$、$h(n)$ 均补零增长到 L 点，即：

$$x(n) = \begin{cases} x(n) & 0 \leqslant n \leqslant N-1 \\ 0 & N \leqslant n \leqslant L-1 \end{cases}; \quad h(n) = \begin{cases} x(n) & 0 \leqslant n \leqslant M-1 \\ 0 & M \leqslant n \leqslant L-1 \end{cases}$$

则 $y(n)$ 可按下列步骤进行计算：

（1）计算 $H(k) = \text{FFT}[h(n)]$，L 点

（2）计算 $X(k) = \text{FFT}[x(n)]$，L 点

（3）计算 $Y(k) = X(k)H(k)$，L 点

（4）计算 $y(n) = \text{IFFT}[Y(k)]$，L 点

上述线性卷积的计算过程也可用图 5.6-1 所示的流程来表示。可见，这样处理的结果，大部分工作量都可以用 FFT 运算来完成，共需 $\frac{3}{2} L\log_2 L + L$ 次乘法运算和 $3L\log_2 L$ 次加法运算。

当 N、M 较大且 N 和 M 比较接近时，运算工作量远小于直接计算工作量，故有快速卷积之称。但实际情况下，往往会有一个序列的长度远长于另一个序列。例如，信号通过 FIR 滤波器，信号 $x(n)$ 可能是比较长的序列，而滤波器的单位取样响应序列 $h(n)$ 可能较短。此时若仍直

接按上述方法进行运算，会因大量补零而失去有效性，也是不切合实际的，这也是快速卷积的基本算法在实际应用时的一个局限。遇到这种情况时，需对基本算法加以改进，即采用分段快速卷积实现。

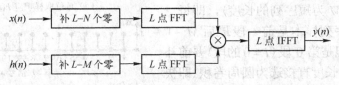

图 5.6-1　用 FFT 计算线性卷积框图

分段快速卷积的基本思路是将 $x(n)$ 分成许多小段，每段长度与 $h(n)$ 的长度相近，然后用 FFT 算法进行分段计算。分段快速卷积的处理办法一般有两种：重叠相加法和重叠保留法，以下将对这两种改进算法进行讨论。

5.6.2　重叠相加法

重叠相加法在对长序列 $x(n)$ 分段时是将 $x(n)$ 分成相互邻接但互不重叠的长度为 N 的小段，见图 5.6-2（c）。若序列 $x(n)$ 第 i 段用 $x_i(n)$ 表示，则有：

$$x_i(n) = \begin{cases} x(n) & iN \leqslant n \leqslant (i+1)N-1 \\ 0 & 其他 n \end{cases} \qquad (5.6-3)$$

上式中 i 一般从 0 开始，则序列 $x(n)$ 可表示为：

$$x(n) = \sum_{i=0}^{\infty} x_i(n) \qquad (5.6-4)$$

输出序列 $y(n)$ 则可以表示为：

$$y(n) = x(n) * h(n) = \left[\sum_{i=0}^{\infty} x_i(n) \right] * h(n) = \sum_{i=0}^{\infty} y_i(n) \qquad (5.6-5)$$

其中

$$y_i(n) = x_i(n) * h(n) \qquad (5.6-6)$$

式（5.6-6）表明，将长序列 $x(n)$ 的每一段分别与短序列 $h(n)$ 进行线性卷积，然后将各段卷积结果相加起来就可得到输出序列 $y(n)$。每一段的线性卷积可按前面所讨论的快速卷积基本算法来计算。但要注意，每段卷积的结果长度大于 $x_i(n)$ 的长度 N 及 $h(n)$ 的长度 M，为 $L = N + M - 1$。因此每相邻两段 $y_i(n)$ 序列，必有 $M-1$ 个点的部分要发生重叠，这些重叠部分应该相加起来才能构成最后的输出序列 $y(n)$，这也是重叠相加法名称的由来。

图 5.6-2（d）为各段卷积的结果，图 5.6-2（e）为最后的输出序列。重叠相加法顾名思义是指输出的相邻小段之间的序号 n 有重叠，这与前面使用的"混叠失真"根本不是一回事。

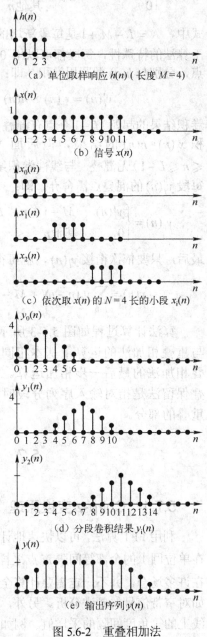

（a）单位取样响应 $h(n)$（长度 $M=4$）

（b）信号 $x(n)$

（c）依次取 $x(n)$ 的 $N=4$ 长的小段 $x_i(n)$

（d）分段卷积结果 $y_i(n)$

（e）输出序列 $y(n)$

图 5.6-2　重叠相加法

5.6.3 重叠保留法

重叠保留法是指 $x(n)$ 分段时，相邻两段有 $M-1$ 个点的重叠（M 为短序列的长度），即每一段开始的 $M-1$ 个序列样本是前一段最后 $M-1$ 个点的序列样本，但是第 0 段（$i=0$ 的段）要前补 $M-1$ 个 0。每段的长度直接选为圆周卷积（即快速卷积 FFT 的点数）的长度 L，即：

$$x_i(n) = \begin{cases} x(n+iN-M+1) & 0 \leqslant n \leqslant L-1 \\ 0 & \text{其他} n \end{cases} \quad (5.6\text{-}7)$$

式中，$N = L-M+1$ 是每段新增的序列点数。由于算法的特殊性，每段都可以用 0 作为序号的起点，分别与 $h(n)$ 做圆周卷积，即：

$$y_i'(n) = x_i(n) \otimes h(n)$$

卷积结果的起始 $M-1$ 个点有混叠，不同于线性卷积 $x_i(n) * h(n)$ 的结果，但后面 N 个点（$M-1 \leqslant n \leqslant L-1$）无混叠，与线性卷积结果相等。因此每段 $y_i'(n)$ 的混叠点需舍弃，即：

$$y_i(n) = \begin{cases} y_i'(n) & M-1 \leqslant n \leqslant L-1 \\ 0 & \text{其他} n \end{cases} \quad (5.6\text{-}8)$$

最后，只要依次衔接 $y_i(n)$，就可得到输出序列

$$y(n) = \sum_{i=0}^{\infty} y_i(n-iN+M-1) \quad (5.6\text{-}9)$$

算法计算过程如图 5.6-3 所示。重叠保留法与重叠相加法的运算量基本相同，但可省去重叠相加法的最后一步相加运算。顾名思义，重叠保留法是指对输入序列分段时，相邻两段有重叠的部分。

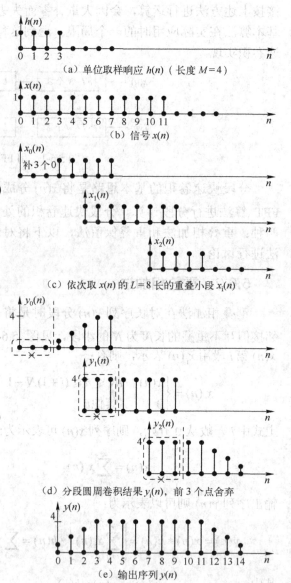

(a) 单位取样响应 $h(n)$（长度 $M=4$）

(b) 信号 $x(n)$

(c) 依次取 $x(n)$ 的 $L=8$ 长的重叠小段 $x_i(n)$

(d) 分段圆周卷积结果 $y_i(n)$，前 3 个点舍弃

(e) 输出序列 $y(n)$

图 5.6-3　重叠保留法

*5.7　Chirp-z 变换及其 FFT 实现

5.7.1　Chirp-z 变换原理

利用 FFT 算法，可以快速地计算出有限长序列 $x(n)$ 的 N 点离散傅里叶变换 $X(k)$，也即 $X(z)$ 在单位圆上的全部等间隔 N 点采样值，或 $X(e^{j\omega})$ 在 $[0, 2\pi]$ 区间的全部等间隔 N 点采样值。然而，在许多场合，并不一定需要计算全部频谱值，而仅需对某一频带内的信号频谱做密集的分析，例如对窄带信号的频谱分析。另外，采样也不一定局限于单位圆上，而往往需要计算出某一已知曲线上的等角度间隔的采样值。例如，在语音信号分析时，在靠近语音信号序列 z 变换的极点的螺旋线上进行采样，可以使语音信号的共振峰变得更尖锐，便于精确确定共振峰频率。Chirp-z 变换

(CZT)就是利用 FFT 快速计算 z 变换在螺旋线上采样值的算法。

设 $x(n)$ 是长度为 N 的有限长序列，其 z 变换为 $X(z)$，现利用 CZT 算法，计算它沿 z 平面上一段螺旋线的等角度间隔的采样，这些采样点为：

$$z_k = AW^{-k} \qquad k = 0, 1, \cdots, M-1 \qquad (5.7\text{-}1)$$

其中

$$A = A_0 e^{j\theta_0} \qquad (5.7\text{-}2)$$

$$W = W_0 e^{-j\varphi_0} \qquad (5.7\text{-}3)$$

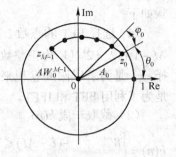

图 5.7-1　螺线采样

M 为频率采样点的总数，A 是起始点位置，由其半径 A_0 和相角 θ_0 确定，W 为螺线参数，W_0 为螺线伸展率，且为大于 0 的实数。当 $W_0 < 1$ 时，螺线随 k 增加而反时针外伸；$W_0 > 1$ 时，螺线内缩；$W_0 = 1$ 时，螺线成为一段圆弧。φ_0 为采样点间的角度间隔，螺线采样点在 z 平面上的分布如图 5.7-1 所示。显然当 $A = 1$，$M = N$，$W = e^{-j\frac{2\pi}{N}}$ 时，式 (5.7-1) 就是 N 点离散傅里叶变换 DFT 的采样点。

如果序列 $x(n)$ 的 z 变换存在，则对螺线采样点 z_k，有：

$$X(z_k) = \sum_{n=0}^{N-1} x(n) z_k^{-n} = \sum_{n=0}^{N-1} x(n) A^{-n} W^{nk} \qquad k = 0, 1, \cdots, M-1 \qquad (5.7\text{-}4)$$

根据布鲁斯坦恒等式

$$nk = \frac{1}{2}[n^2 + k^2 - (k-n)^2] \qquad (5.7\text{-}5)$$

则

$$X(z_k) = W^{k^2/2} \sum_{n=0}^{N-1} x(n) A^{-n} W^{n^2/2} W^{-(k-n)^2/2} \qquad (5.7\text{-}6)$$

设

$$g(n) = x(n) A^{-n} W^{n^2/2} \qquad (5.7\text{-}7)$$

$$h(n) = W^{-n^2/2} \qquad (5.7\text{-}8)$$

有

$$X(z_k) = W^{k^2/2} \sum_{n=0}^{N-1} g(n) h(k-n) = W^{k^2/2}[g(k) * h(k)] \qquad (5.7\text{-}9)$$

式 (5.7-9) 表明，$X(z_k)$ 可以通过 $g(k)$ 和 $h(k)$ 的卷积求出。Chirp-z 变换的线性系统框图如图 5.7-2 所示。

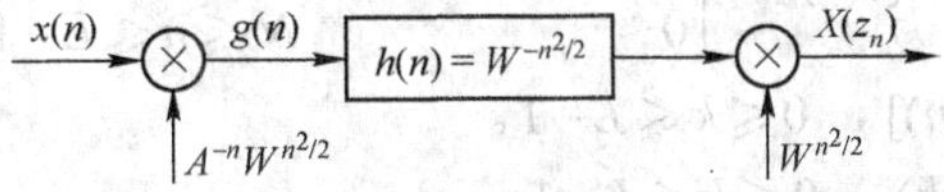

$$x(n) \longrightarrow \otimes \xrightarrow{g(n)} \boxed{h(n) = W^{-n^2/2}} \longrightarrow \otimes \xrightarrow{X(z_n)}$$
$$\uparrow \qquad\qquad\qquad\qquad\qquad\qquad\quad \uparrow$$
$$A^{-n}W^{n^2/2} \qquad\qquad\qquad\qquad\qquad W^{n^2/2}$$

图 5.7-2　Chirp-z 变换的线性系统框图

有限长序列 $x(n)$ 按式 (5.7-7) 加权变换为 $g(n)$，然后通过线性时不变系统，其单位取样响应 $h(n)$ 为式 (5.7-8)。最后，对该系统的前 M 点输出再做一次加权运算，加权系数为 $W^{n^2/2}$，这样就得到了全部 M 点螺线采样值。在雷达系统中，这样的信号称为线性调频信号，故称为线性调频 z 变换或 Chirp-z 变换。Chirp-z 变换不仅限于螺线方式，还有其他形式，它们的推导过程是一致的，结论也是一致的。

5.7.2　Chirp-z 变换的 FFT 实现

由于 $x(n)$ 是有限长序列，因此 $g(n)$ 也是有限长序列，但 $h(n)$ 是一个无限长序列且系统是非因果的，因此计算快速卷积需要分段进行。结合图 5.7-3，Chirp-z 变换基于 FFT 进行计算的步骤如下：

（1）选择 FFT 的点数 L，应满足：$L \geqslant N + M - 1$ 和 $L = 2^V$（V 为正整数）。L 之所以如此选择，一是为了以圆周卷积来代替线性卷积，二是为了利用 FFT 和 IFFT。

（2）截取一段 $h(n)$

$$h(n) = \begin{cases} W^{-n^2/2} & -(L-M) \leqslant n \leqslant M-1 \\ 0 & \text{其他} n \end{cases} \quad (5.7\text{-}10)$$

虽然 $h(n)$ 是无限长序列，但 $g(n)$ 和 $X(z_k)$ 是有限长序列，由式 (5.7-9) 可知只要截取区间 $-(N-1) \leqslant n \leqslant M-1$ 的值去卷积就可以了，但由于现在选择的长度为 L，因此对 $h(n)$ 截取的区间应为 $-(L-M) \leqslant n \leqslant M-1$。图 5.7-3 所示 $h(n)$ 图形，随着 n 的绝对值的增加而幅度减小，对应于采样螺线是内缩的。

（3）由 $h(n)$ 构成主值序列

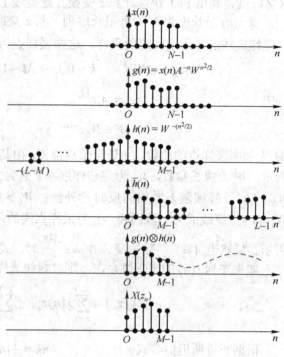

图 5.7-3　CZT 的计算过程

$$\bar{h}(n) = \begin{cases} h(n) = W^{-n^2/2} & 0 \leqslant n \leqslant M-1 \\ h(n-L) = W^{-(n-L)^2/2} & M \leqslant n \leqslant L-1 \end{cases} \quad (5.7\text{-}11)$$

步骤（3）中，$h(n)$ 经过截取后，成为有限长序列，可以与 $g(n)$ 进行卷积，但计算速度太慢，而且 Chirp-z 只要 $k = 0$ 到 $M-1$ 的值，$k < 0$ 的 $L-M$ 个点的值是不需要的。现取主值序列 $\bar{h}(n)$，就必须用圆周卷积来代替去掉了前面 $L-M$ 个点的线性卷积，其效果如同用重叠保留法去掉混叠失真的部分，另外一个重要原因是 LTI 系统为因果系统，物理可实现。

（4）计算 $H(k) = \text{FFT}[\bar{h}(n)]$，$0 \leqslant k \leqslant L-1$。

（5）对 $x(n)$ 加权补零，得到 L 长的 $g(n)$

$$g(n) = \begin{cases} x(n)A^{-n}W^{n^2/2} & 0 \leqslant n \leqslant N-1 \\ 0 & N \leqslant n \leqslant L-1 \end{cases} \quad (5.7\text{-}12)$$

（6）计算 $G(k) = \text{FFT}[g(n)]$，$0 \leqslant k \leqslant L-1$。

（7）计算 $Y(k) = H(k)G(k)$，$0 \leqslant k \leqslant L-1$。

（8）计算 $y(n) = \text{IFFT}[Y(k)]$，$0 \leqslant n \leqslant M-1$。

由于输出只要 M 个点，因此反变换完成后，取出结果的前 M 个点的值即可，其余值可舍弃不用。

（9）计算 $X(z_n) = W^{n^2/2}y(n)$，$0 \leqslant n \leqslant M-1$

*5.8　离散余弦变换及其 FFT 实现

1. 离散余弦变换

离散傅里叶变换的变换公式为 $X(k) = \sum\limits_{n=0}^{N-1} x(n)W_N^{kn}$，由于变换核函数 W_N^{kn} 是复周期序列，因而

即使 $x(n)$ 是实序列，$X(k)$ 也往往是复序列。复数运算比实数运算复杂，这也是导致离散傅里叶变换运算量较大的一个原因。在寻求 DFT 的各种快速算法的同时，发展出一种实数域的正交变换——离散余弦变换（简称 DCT），其变换核为余弦序列，全部为实数运算，计算速度较快，且可利用 FFT 实现。由于 DCT 具有能量集中（压缩）的特点，仅用少数几个变换系数就能表征信号的几乎全部特征，因而在数据压缩、图像压缩、语音压缩及数字通信系统中得到了广泛应用。在图像压缩领域，DCT 变换是 JPEG（Joint Photographic Expert Group）算法、MPEG 等数据压缩标准的重要基础。

长度为 N 的有限长实序列 $x(n)$ 的离散余弦变换用 $X_c(k)$ 表示，定义为：

$$X_c(k) = \text{DCT}[x(n)] = \sqrt{\frac{2}{N}} c(k) \sum_{n=0}^{N-1} x(n) \cos\left[\frac{(2n+1)k\pi}{2N}\right] \tag{5.8-1}$$

其中

$$c(k) = \begin{cases} 1/\sqrt{2} & k = 0 \\ 1 & 1 \leqslant k \leqslant N-1 \end{cases} \tag{5.8-2}$$

其反变换为

$$x(n) = \text{IDCT}[X_c(k)] = \sqrt{\frac{2}{N}} \sum_{k=0}^{N-1} c(k) X_c(k) \cos\left[\frac{(2n+1)k\pi}{2N}\right] \tag{5.8-3}$$

2. 离散余弦变换的 FFT 实现

在实际应用中，离散余弦变换可通过 DFT 实现，即可利用 FFT 算法进行快速计算。将 N 点有限长实序列 $x(n)$ 扩展为 $2N$ 点有限长实序列 $y(n)$

$$y(n) = \begin{cases} x(n) & 0 \leqslant n \leqslant N-1 \\ x(2N-n-1) & N \leqslant n \leqslant 2N-1 \end{cases} \tag{5.8-4}$$

若 $x(n) = \{1, 1/2, 1/4, 1/8\}$，即 $x(n)$ 为长度 $N = 4$ 的有限长序列，则其按上式扩展出的 $2N$ 点有限长序列 $y(n) = \{1, 1/2, 1/4, 1/8, 1/8, 1/4, 1/2, 1\}$。从这一简单例子可直观看出扩展的方法，并知道序列 $y(n)$ 是中心对称的。

序列 $y(n)$ 的 $2N$ 点 DFT 为：

$$Y(k) = \sum_{n=0}^{2N-1} y(n) W_{2N}^{kn} = \sum_{n=0}^{N-1} x(n) W_{2N}^{kn} + \sum_{n=N}^{2N-1} x(2N-n-1) W_{2N}^{kn} \tag{5.8-5}$$

令

$$Y_1(k) = \sum_{n=0}^{N-1} x(n) W_{2N}^{kn}, \quad Y_2(k) = \sum_{n=N}^{2N-1} x(2N-n-1) W_{2N}^{kn}$$

对 $Y_2(k)$，若令 $n' = 2N - n - 1$，则有：

$$Y_2(k) = \sum_{n=N}^{2N-1} x(2N-n-1) W_{2N}^{kn} = \sum_{n'=0}^{N-1} x(n') W_{2N}^{k(2N-n'-1)} = \sum_{n=0}^{N-1} x(n) W_{2N}^{-nk} W_{2N}^{-k} \tag{5.8-6}$$

因而

$$Y(k) = Y_1(k) + Y_2(k) = W_{2N}^{-k/2} \sum_{n=0}^{N-1} x(n) (W_{2N}^{kn} W_{2N}^{k/2} + W_{2N}^{-kn} W_{2N}^{-k/2}) \tag{5.8-7}$$

利用欧拉公式，式（5.8-7）中的 $W_{2N}^{kn} W_{2N}^{k/2} + W_{2N}^{-kn} W_{2N}^{-k/2} = 2\cos\left[\frac{(2n+1)k\pi}{2N}\right]$，则有：

$$Y(k) = 2W_{2N}^{-k/2} \sum_{n=0}^{N-1} x(n) \cos\left[\frac{(2n+1)k\pi}{2N}\right] \quad k = 0,1,\cdots,2N-1 \tag{5.8-8}$$

将式 (5.8-8) 与式 (5.8-1) 进行比较，可得 $x(n)$ 的离散余弦变换 $X_c(k)$

$$X_c(k) = \begin{cases} \dfrac{1}{2\sqrt{N}}Y(k) & k = 0 \\[2mm] \dfrac{1}{\sqrt{2N}}W_{2N}^{k/2}Y(k) & 1 \leqslant k \leqslant N-1 \end{cases} \tag{5.8-9}$$

进一步，可将上式写为：

$$X_c(k) = \begin{cases} \dfrac{1}{\sqrt{N}}\displaystyle\sum_{n=0}^{N-1}x(n) & k = 0 \\[3mm] \sqrt{\dfrac{2}{N}}\,\mathrm{Re}\left[W_{2N}^{k/2}\displaystyle\sum_{n=0}^{N-1}x(n)W_{2N}^{nk}\right] & 1 \leqslant k \leqslant N-1 \end{cases} \tag{5.8-10}$$

根据上述的分析，可总结出利用 DFT 实现 N 点有限长实序列 $x(n)$ 的 DCT 的计算过程如下：

（1）将 $x(n)$ 扩展为 $2N$ 点实序列；

（2）求 $2N$ 点离散傅里叶变换 $\sum_{n=0}^{N-1}x(n)W_{2N}^{nk}$；

（3）将上一步的计算结果乘以 $W_{2N}^{k/2}$ 后取实部，再乘以常数因子 $\sqrt{2/N}$，得 $X_c(k)$。

这一处理过程的核心是第（2）步的 DFT 运算，可以用 FFT 进行快速计算。对于 IDCT，也可以由 $Y(k)$ 求 $2N$ 点的 IDFT，得到 $y(n)$，再由式 (5.8-4)，从 $y(n)$ 中截取前 N 点得到 $x(n)$。

5.9　MATLAB 环境下各种算法的实现

5.9.1　FFT 及 IFFT 算法的 MATLAB 实现

MATLAB 信号处理工具箱提供的 fft 函数用来实现 FFT 算法，以计算序列 $x(n)$ 的离散傅里叶变换 $X(k)$；而 IFFT 算法由 ifft 函数实现。与其他常用函数不同的是，fft 和 ifft 是用机器语言编写的内部函数，而不是用 MATLAB 指令写成的，因此执行速度很快，但是无法通过 type 命令查看函数内容。除输入、输出的含义不同外，这两个函数的调用方法完全相同，因此以 fft 函数为例说明其调用方法，常用调用格式有两种：

（1）Xk = fft(xn)

xn 为输入时域序列 $x(n)$，返回结果 Xk 为 $x(n)$ 的离散傅里叶变换 $X(k)$。当 xn 是矩阵时（对应于多通道信号），计算 xn 中每一列信号的离散傅里叶变换。当 xn 的长度是 2 的整数幂时，采用基-2 快速算法计算，否则采用较慢的混合基算法计算。

（2）Xk = fft(xn, N)

这种调用格式相比较于上一种调用格式，多了一个输入参数 N，用于指定 FFT 的点数。当 N 的值是 2 的整数幂时，采用基-2 快速算法计算，否则采用较慢的混合基算法计算。当 xn 的长度大于 N 时，对 xn 进行自动截断；当 xn 的长度小于 N 时，在 xn 后自动补零。

由于 FFT 只是 DFT 的快速实现，因此，对于 FFT 函数的具体应用方法在这里不再进行说明，其与上一章中介绍的 DFT 的应用方法完全一致。

5.9.2 快速卷积基本算法的 MATLAB 实现

快速卷积是 FFT 算法最重要的应用之一。下面举例说明 MATLAB 环境下快速卷积基本算法程序的编写。

【例 5.9-1】 序列 $x(n) = (\sin 0.4n)R_{15}(n+1)$，$h(n) = (0.9)^n R_{20}(n+1)$，编写程序利用快速卷积算法计算 $y(n) = x(n) * h(n)$，并绘制三个序列的图形。

本例题程序的编写按照 5.6 节快速卷积算法的步骤进行，核心是 fft 和 ifft 函数的使用。

```
nxn=1:15;nhn=1:20;                              %确定 x(n)和 h(n)的自变量取值范围
xn=sin(0.4*nxn);hn=0.9.^nhn;                    %生成 x(n)和 h(n)
L=pow2(nextpow2(length(xn)+length(hn)−1));      %确定 FFT 的点数
Xk=fft(xn,L);                                   %计算 x(n)的 L 点 FFT，结果为 Xk
Hk=fft(hn,L);                                   %计算 h(n)的 L 点 FFT，结果为 Hk
Yk=Xk.*Hk;                                      %计算 Yk
yn=ifft(Yk,L);                                  %对 Yk 调用 ifft，求得 y(n)
nyn=(nxn(1)+nhn(1)):(L+nxn(1)+nhn(1)−1);        %确定 y(n)的自变量取值范围
subplot(311);stem(nxn,xn,'.');title('x(n)');    %绘制序列 x(n)的图形
subplot(312);stem(nhn,hn,'.');title('h(n)');    %绘制序列 h(n)的图形
subplot(313);stem(nyn,yn,'.');title('y(n)');    %绘制序列 y(n)的图形
```

程序运行结果如图 5.9-1 所示。

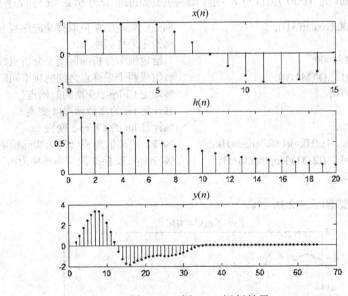

图 5.9-1　例 5.9-1 运行结果

从图 5.9-1 中 $y(n)$ 的图形可看出，快速卷积中，FFT 的点数是 64 点，这与理论分析是一致的。读者也可以在运行程序时，自行指定 FFT 的点数，可验证前一章所讨论的线性卷积和圆周卷积之间的关系。

另外要说明的是，快速卷积的改进算法，在 MATLAB 中也有函数支持。MATLAB 信号处理工具箱提供 fftfilt 函数实现重叠相加法，其调用格式一般为：

　　y = fftfilt（hn,xn）

其中，输入参数 hn 为两个序列中的短序列，xn 为两个序列中的长序列，分段长度和 FFT 的点数由函数自动生成。返回参数 y 为 hn 与 xn 的线性卷积。

5.9.3　Chirp-z 变换的 MATLAB 实现及应用

MATLAB 信号处理工具箱提供的 czt 函数用以实现 Chirp-z 变换算法，其函数调用格式为：

Zk = czt(xn, M, W, A);

此函数计算由 $z_k = AW^{-k}$（$k = 0,1,\cdots,M-1$）定义的 z 平面螺旋线上各点的 z 变换。输入参数 xn 为时域序列 $x(n)$；输入参数 A 规定了螺旋线的起点；输入参数 W 规定了螺旋线两个采样点之间的角度间隔；输入参数 M 规定了变换的点数，其值不必等于 xn 的长度，根据需要确定。返回参数 Zk 即为 xn 的 Chirp-z 变换。M = length(X), W = exp(–j*2*pi/M), A = 1 时，Zk 就等于 $x(n)$ 的离散傅里叶变换 $X(k)$。

Chirp-z 变换常用于对信号或系统的频域表示在一定的频率范围内进行细致的密集分析。

【例 5.9-2】　某离散时间系统的单位取样响应序列 $h(n)$ 由以下代码产生：

hn=fir1(30,125/500,boxcar(31));

系统的采样频率 $f_s = 1000\text{Hz}$。绘制该系统的频率响应，并利用 Chirp-z 变换算法分析系统在 100～200Hz 之间频率响应的细节，这一区间内的细化点数为 1000 点。

本例的核心是 fft 函数和 czt 函数的使用，fft 函数用于计算该系统的频率响应，czt 函数用于计算 100～200Hz 之间 hn 的 1000 点 DFT，用于频率响应的细节分析。编写程序如下：

```
hn=fir1(30,125/500,boxcar(31));                  %生成系统的单位取样响应序列 hn
fs=1000;                                         %给定采样频率
f1=100;f2=200;M=1000;                            %给定细节分析的区间及分析点数
W=exp(–j*2*pi*(f2–1)/(M*fs));                    %生成两个采样点之间的频率间隔
A=exp(j*2*pi*f1/fs);                             %规定 Chirp-z 变换的起始点
Hk=fft(hn,1024);                                 %计算 hn 的离散傅里叶变换
Zk=czt(hn,M,W,A);                                %计算 hn 的 Chirp-z 变换
k1=0:1:(length(Hk)–1);fHk=k1*fs/length(Hk);       %FFT 的离散频率转换为实际频率
k2=0:1:M–1;fZk=k2*(f2–f1)/length(Zk)+f1;          %Chirp-z 变换离散频率转换为实际频率
%以下省略绘图语句
```

该程序的运行结果如图 5.9-2 所示。

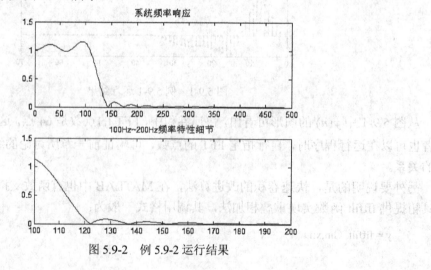

图 5.9-2　例 5.9-2 运行结果

5.9.4 离散余弦变换的 MATLAB 实现

MATLAB 信号处理工具箱提供的 dct 函数和 idct 函数分别用以实现 DCT 变换和 IDCT 变换，以 dct 函数为例，其函数调用格式如下

    Ck=dct(xn);

该函数的使用比较简单，输入参数 xn 为时域序列 $x(n)$，Ck 就等于 $x(n)$ 的离散余弦变换 $X_c(k)$。

离散余弦变换具有数据压缩的作用，下面举例说明。

【例 5.9-3】 已知信号 $x(n) = \left[n + 50\cos\left(\dfrac{\pi n}{20}\right) \right] R_{100}(n)$，计算其离散余弦变换，然后将 $x(n)$ 的离散余弦变换中小于 1 的系数全部置 0，再进行离散余弦反变换，得到 $y(n)$。

本例的程序如下：

```
n=0:1:99;
N=100;
xn=n+50*cos(pi*n/20);              %生成信号 xn
Ck=dct(xn);                        %计算 xn 的离散余弦变换
subplot(311);stem(xn,'.');title('x(n)');
subplot(312);stem(Ck,'.');title('x(n)的离散余弦变换');
Ck(abs(Ck)<1)=0;                   %将离散余弦变换中小于 1 的系数置 0
yn=idct(Ck);                       %将处理后的结果反变换得到 yn
subplot(313);stem(yn,'.');title('y(n)');
```

程序运行结果如图 5.9-3 所示。

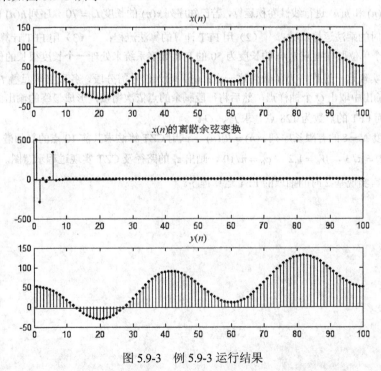

图 5.9-3 例 5.9-3 运行结果

从图 5.9-3 中的第 2 个图形可以看出，在 DCT 的变换域上，信号的能量主要集中在前面几个

系数的变化上，后面的系数值都非常小，这一特点是用 DCT 进行数据压缩的基本依据。将值非常小的系数置零(可以不存储、传输，相当于压缩了数据量)，然后再进行反变换得到的序列 $y(n)$ 和原始序列 $x(n)$ 的波形并没有明显的差别，可见在 DCT 域对数据的压缩并不会对原始信号产生明显的失真，说明利用 DCT 进行数据压缩是比较有效的。

习题五

5-1　如果通用计算机的速度为平均每次复数乘法运算需要 5μs，每次复数加法运算需要 1μs，现用来计算 $N = 2048$ 点的 DFT，求：

（1）直接计算需要的时间；

（2）利用 FFT 计算需要的时间；

（3）若利用 2048 点的快速卷积对信号进行处理时，估算可实现实时处理的信号最高频率；

（4）如果将通用计算机换成 TMS320 系列 DSP 器件，则计算复数乘法仅需要约 400ns，计算复数加法需 100ns，重复（3）的计算。

5-2　画出基-2 时间抽取 8 点（$N = 8$）的 FFT 蝶形运算图。

5-3　画出基-2 时间抽取 16 点（$N = 16$）的 FFT 蝶形运算图。

5-4　画出基-2 频率抽取 8 点（$N = 8$）的 FFT 蝶形运算图。

5-5　画出基-2 频率抽取 16 点（$N = 16$）的 FFT 蝶形运算图。

5-6　总结利用 FFT 实现 IFFT 算法都有哪些方法？

5-7　画出 12 点（$N = 12$）的 FFT 蝶形运算图。请按 $N = 2 \times 2 \times 3$ 分解，并问可能有几种形式？

5-8　设 $x(n)$ 是长度为 $2N$ 的有限长实序列，$X(k)$ 是 $x(n)$ 的 $2N$ 点 DFT。

（1）试设计用一次 N 点 FFT 计算 $X(k)$ 的高效算法；

（2）若已知 $X(k)$，试设计用一次 N 点 IFFT 求 $x(n)$ 的 $2N$ 点 IDFT 运算。

5-9　对序列 $x(n)$ 和 $h(n)$ 进行线性卷积运算，若已知序列 $x(n)$ 的长度 $L_1 = 70$，序列 $h(n)$ 的长度 $L_2 = 44$，求：

（1）直接计算时的乘法运算次数；　　（2）用 FFT 计算的算法流程；　　（3）用 FFT 计算时的乘法运算次数。

5-10　利用一个单位取样响应 $h(n)$ 的长度为 50 的 FIR 数字系统来处理一个长度很长的信号。要求利用重叠保留法通过 FFT 来实现这一过程，为了做到这一点：（1）输入信号需分段，各段必须重叠 P 个抽样点；（2）必须从每一段产生的输出中取出 Q 个抽样点，然后将每段剩余的点依次衔接，形成最终的输出信号。假设对信号每段采样 100 个点，而 FFT 的点数为 128 点。求 P、Q。

5-11　已知长度 $N = 8$ 的有限长序列 $x(n) = R_8(n)$。试用 CZT 算法求其前 10 点的复频谱 $X(z_k)$。已知 z 平面路径为 $A_0 = 0.8$，$\theta_0 = \pi/3$，$W_0 = 1.2$，$\varphi_0 = \pi/10$，画出 z_k 的路径及 CZT 实现过程示意图。

5-12　用 C 语言实现基-2 时间抽取的 FFT 运算程序。

第6章　IIR数字滤波器的设计

6.1　数字滤波器的基本概念

在信息处理过程中，如对信号的过滤、检测、预测等，都要广泛地用到滤波器，数字滤波器是数字信号处理中使用最广泛的一种线性系统环节，是数字信号处理的重要基础。

所谓数字滤波器就是具有某种选择性的器件、网络或计算机的计算程序，其本质是把一个（或一组）输入序列变换为另一个（或一组）输出序列，以满足工程应用的技术要求。一个理想的选频滤波器，应让输入信号中的有用频率分量无任何变化地通过，同时又能完全滤除那些不需要的成分，具有此理想性能的滤波器，可用一理想频率响应 $H_d(e^{j\omega})$ 来描述：

$$H_d(e^{j\omega}) = \begin{cases} 1 & \text{在通频带内（通带）} \\ 0 & \text{在阻频带内（阻带）} \end{cases} \tag{6.1-1}$$

理想滤波器在工程上是无法实现的。当然在工程上也并不需要滤波器有如此理想的频率特性，只要满足一定的技术指标就可以了。在这一原则下的数字滤波器设计，称为"逼近"技术，它一般可分成下述 3 个步骤来进行：

（1）按照工程需要确定滤波器性能要求

一个理想滤波器，要求在所需的通频带内幅频响应为一个常数；相频响应为零或是频率的线性函数。但是一个实际滤波器要同时得到上述那样理想的幅频响应和相频响应是不可能的，理想滤波器是一个无法实现的非因果、非稳定系统，在工程上常采用某种逼近技术进行设计。为了满足合理的滤波特性指标，只可能在一个容差条件下去逼近理想情况。例如对理想低通滤波器的逼近，总是先给出容限图。图 6.1-1 为一维低通滤波器的容限图，粗实线表示满足预定技术指标的系统幅频响应曲线。在通带内，要求在 $\pm\delta_p$ 的误差内，系统幅频响应逼近于 1，即：

$$1-\delta_p \leqslant |H(e^{j\omega})| \leqslant 1+\delta_p \qquad \omega \leqslant \omega_p \tag{6.1-2}$$

阻带内，要求系统幅频响应逼近于零，误差不大于 δ_s，即：

$$|H(e^{j\omega})| \leqslant \delta_s \qquad \omega \geqslant \omega_s \tag{6.1-3}$$

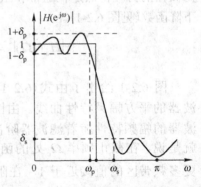

图 6.1-1　低通滤波器的容限图

式（6.1-2）和式（6.1-3）中，通带、阻带截止频率 ω_p、ω_s 是数字角频率。在频率区间 $[\omega_p, \omega_s]$ 的幅频特性单调下降，此频率区间称为过渡带，用 $\Delta\omega$ 表示，即 $\Delta\omega = \omega_s - \omega_p$。

（2）用一个因果稳定的系统函数逼近性能要求

在给定的技术指标约束下，设计一个因果稳定的数字系统，使其逼近所需的技术指标。这一步，通常需要获取该系统的系统函数 $H(z)$。对于一般的数字滤波器，按照单位取样响应可分为无限冲激响应（IIR）数字滤波器和有限冲激响应（FIR）数字滤波器。在无限冲激响应数字滤波器设计中，总希望设计一个可以用有理分式表示的系统函数 $H(z)$ 去逼近要求的频率响应；而在有限冲激响应数字滤波器设计中，则是用一个有理多项式表示的系统函数 $H(z)$ 去逼近要求的频率响应。

（3）实现所设计的系统

在设计出数字滤波器的系统函数 $H(z)$ 之后，就需要用具体的数字网络结构或有限精度的算法程序去实现所设计的系统，完成对信号的处理，包括选择运算结构、选择合适的字长，以及有效数字的处理方法等。

本章只介绍 IIR 数字滤波器的设计方法。由于 IIR 数字滤波器的设计通常是在对模拟滤波器进行离散化的基础上进行的，因而本章首先讨论模拟滤波器的设计，进而引入各种离散化方法。同时，因为高通、带通和带阻滤波器的设计是采用频率转换法将低通转换成所希望的频率特性的，因此本章着重分析低通滤波器设计。

6.2 模拟滤波器的设计

在一维数字滤波器设计中，常用的逼近技术是利用现有的模拟滤波器设计方法和相应的转换方法来得到数字滤波器，最先设计的模拟滤波器称为原型滤波器。原型滤波器的一些基本形式已经由前人们归类列表，大量现成的资料和数据可供设计时选用。常用的原型模拟滤波器中最著名的有巴特沃什、切比雪夫和椭圆滤波器。

6.2.1 巴特沃什模拟滤波器

巴特沃什模拟滤波器是根据幅频特性在通频带内具有最平坦特性而定义的滤波器。对一个 N 阶低通滤波器来说，所谓最平坦特性，是指滤波器的平方幅频特性函数的前 $(2N-1)$ 阶导数在模拟角频率 $\Omega = 0$ 处都为零。巴特沃什模拟滤波器的另一特点是在通带和阻带内的幅频特性始终是频率的单调下降函数（见图 6.2-1）。

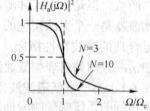

$$|H_a(j\Omega)|^2 = \frac{1}{1+(\Omega/\Omega_c)^{2N}} \qquad (6.2\text{-}1)$$

图 6.2-1 给出了由式（6.2-1）描述的 3 阶和 10 阶巴特沃什滤波器的平方幅频特性曲线。由图 6.2-1 和式（6.2-1）可以看出，滤波器的幅频特性随着滤波器阶次 N 的增加会变得越来越好。也

图 6.2-1 巴特沃什低通滤波器
平方幅频特性曲线

就是说，在截止频率 Ω_c 处的函数值（幅频响应的平方值）始终为 0.5 的情况下，在通带内有更多频带区的值接近于 1，在阻带内更迅速地趋近于零。巴特沃什滤波器的主要特性是：

（1）对于所有 N，$|H_a(j\Omega)|^2_{\Omega=0} = 1$。

（2）对于所有 N，$|H_a(j\Omega)|^2_{\Omega=\Omega_c} = 0.5$，即 $|H_a(j\Omega)|_{\Omega=\Omega_c} = 0.707$，将其转换为衰减的分贝数，有：$20\lg|H_a(j\Omega)|_{\Omega=\Omega_c} = -3.0103\text{dB}$。因此 Ω_c 也被称为 3dB 截止频率。

（3）$|H_a(j\Omega)|^2$ 是 Ω 的单调下降函数。

（4）$|H_a(j\Omega)|^2$ 随着阶次 N 的增大而更接近于理想低通滤波器的幅频特性。

在以后的设计和分析中，经常以归一化巴特沃什低通滤波器为原型滤波器，其截止频率 $\Omega_c = 1\text{rad}/\text{s}$，此时的频率响应用 $H_N(j\Omega)$ 表示。通过后面的例子会发现，归一化低通滤波器的传

递函数确定后，其他巴特沃什低通、高通、带通或带阻滤波器的传递函数都可以通过变换法从归一化低通原型滤波器的传递函数 $H_N(s)$ 得到，而且计算过程相对简单，参数误差相对较小。

模拟系统的传递函数和频率响应之间是以 $s = \mathrm{j}\Omega$ 联系起来的。因此只要将系统频率响应 $H_N(\mathrm{j}\Omega)$ 中的 Ω 用 s/j 替代就可得到归一化低通滤波器的传递函数 $H_N(s)$。将 $\Omega_\mathrm{c} = 1$ 代入式 (6.2-1) 就可得到归一化低通滤波器的平方幅频特性(假定系统为实系统)：

$$\left|H_N(\mathrm{j}\Omega)\right|^2 = H_N(\mathrm{j}\Omega)H_N^*(\mathrm{j}\Omega) = H_N(\mathrm{j}\Omega)H_N(-\mathrm{j}\Omega) = 1/(1+\Omega^{2N}) \tag{6.2-2}$$

然后将式 (6.2-2) 中的 Ω 用 s/j 替代，就可得到：

$$H_N(s)H_N(-s) = 1/[1+(s/\mathrm{j})^{2N}] \tag{6.2-3}$$

式 (6.2-3) 中 $H_N(s)H_N(-s)$ 的极点为 $1+(s/\mathrm{j})^{2N} = 0$ 的根，即：

$$s^{2N} = (-1) \cdot \mathrm{j}^{2N} \tag{6.2-4}$$

则在 s 平面上有

$$s^{2N} = \begin{cases} \mathrm{e}^{\mathrm{j}2k\pi} & \text{当} N \text{为奇数时} \\ \mathrm{e}^{\mathrm{j}(2k\pi+\pi)} & \text{当} N \text{为偶数时} \end{cases} \tag{6.2-5}$$

因此，式 (6.2-5) 的根可以根据滤波器阶次 N 为奇数或偶数来判定和求解：

N 为奇数时，极点 $s_k = \mathrm{e}^{\mathrm{j}\frac{\pi}{N}k}$，$k = 0,1,\cdots,2N-1$。

N 为偶数时，极点 $s_k = \mathrm{e}^{\mathrm{j}\left(\frac{\pi}{N}k+\frac{\pi}{2N}\right)}$，$k = 0,1,\cdots,2N-1$。

$H_N(s)H_N(-s)$ 的极点的位置如图 6.2-2 所示。当 N 为奇数时，$H_N(s)H_N(-s)$ 在 $s=1$ 处有一极点，然后在单位圆上每相隔 π/N 角度就有一个极点；当 N 为偶数时，第一个极点在单位圆上 $\pi/2N$ 处，然后在单位圆上每隔 π/N 角度又有一个极点。

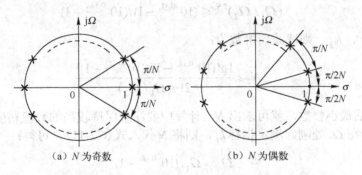

（a）N 为奇数   （b）N 为偶数

图 6.2-2 $H_N(s)H_N(-s)$ 的极点分布

如果希望滤波器是一个稳定的因果系统,应选择左半 s 平面上的 N 个极点作为 $H_N(s)$ 的极点，而让右半 s 平面上的 N 个极点包含到 $H_N(-s)$ 中去。因此滤波器的系统函数为：

$$H_N(s) = \frac{1}{\prod\limits_{k=0}^{N-1}(s-s_k)} = \frac{1}{B_N(s)} \qquad (s_k \text{在} s \text{左半开平面}) \tag{6.2-6}$$

式 (6.2-6) 中分母 $B_N(s)$ 可以展开成一个 N 阶巴特沃什多项式。各阶巴特沃什多项式及其相应的因式分解式见附录 A 的表 A.1。

在得到 $H_N(s)$ 后，要获得实际滤波器的系统函数 $H(s)$，可用 s/Ω_c 对 $H_N(s)$ 中的 s 进行置换(也称为去归一化处理)，即：

$$H(s) = H_N(s)\big|_{s \to s/\Omega_c} \tag{6.2-7}$$

在进行低通滤波器设计时，通常给出的技术指标是：

（1）在通带内 Ω_1 处的增益不能低于 k_1 dB，即：

$$0 \geqslant 20\lg|H(\mathrm{j}\Omega)| \geqslant k_1 \qquad \Omega \leqslant \Omega_1 \tag{6.2-8}$$

（2）在阻带内 Ω_2 处的衰减至少为 k_2 dB，即：

$$20\lg|H(\mathrm{j}\Omega)| \leqslant k_2 \qquad \Omega \geqslant \Omega_2 \tag{6.2-9}$$

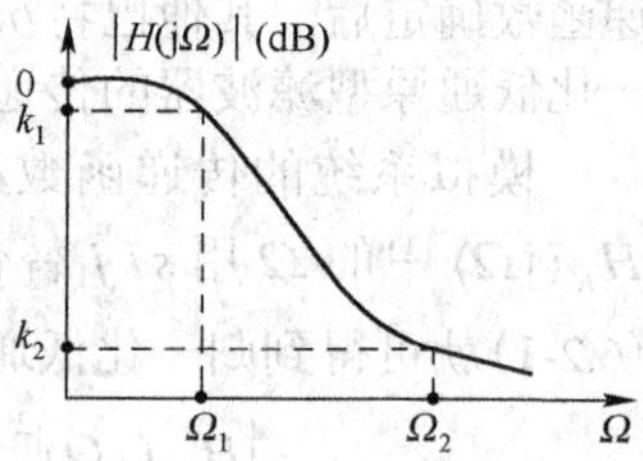

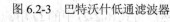

图 6.2-3　巴特沃什低通滤波器
技术指标示意图

显然，k_1 和 k_2 均应为小于 0 的实数。上述技术指标可用图 6.2-3 表示。

由式(6.2-6)和式(6.2-7)可以看出，在附录 A 的表 A.1 的基础上，设计巴特沃什滤波器归结为只需要确定两个参数，即滤波器阶次 N 和截止频率 Ω_c。把式(6.2-8)、式(6.2-9)分别代入式(6.2-1)，有：

$$\begin{cases} 10\lg\left[\dfrac{1}{1+(\Omega_1/\Omega_c)^{2N}}\right] \geqslant k_1 \\[4mm] 10\lg\left[\dfrac{1}{1+(\Omega_2/\Omega_c)^{2N}}\right] \leqslant k_2 \end{cases} \tag{6.2-10}$$

即

$$(\Omega_1/\Omega_c)^{2N} \leqslant 10^{-0.1k_1} - 1 \tag{6.2-11}$$

$$(\Omega_2/\Omega_c)^{2N} \geqslant 10^{-0.1k_2} - 1 \tag{6.2-12}$$

上述两式变符号是由于幅频响应的对数都是负值。用式(6.2-11)除以式(6.2-12)，有：

$$(\Omega_1/\Omega_2)^{2N} \leqslant (10^{-0.1k_1} - 1)/(10^{-0.1k_2} - 1) \tag{6.2-13}$$

已知 Ω_1、Ω_2、k_1、k_2，则滤波器阶数为：

$$N \geqslant \frac{\lg[(10^{-0.1k_1} - 1)/(10^{-0.1k_2} - 1)]}{2\lg(\Omega_1/\Omega_2)} \tag{6.2-14}$$

取满足式(6.2-14)的最小整数，就可求出 N，计算中要注意保持较高的数值精度。

如果要求通带在 Ω_1 处刚好满足指标 k_1，则将 N 代入式(6.2-11)，可得：

$$\Omega_c = \Omega_1 / (10^{-0.1k_1} - 1)^{1/2N} \tag{6.2-15}$$

如果要求阻带在 Ω_2 处刚好满足指标 k_2，则将 N 代入式(6.2-12)，可得：

$$\Omega_c = \Omega_2 / (10^{-0.1k_2} - 1)^{1/2N} \tag{6.2-16}$$

取式(6.2-15)和式(6.2-16)所得值的中间值，将同时兼顾通带和阻带的技术指标要求，也是常用的确定 Ω_c 的一种方法。

按上述方法根据技术指标求得滤波器阶次 N 和截止频率 Ω_c，就可根据 N 的值从附录 A 的表 A.2 中找到归一化巴特沃什低通原型滤波器的系统函数 $H_N(s)$，然后用 s/Ω_c 对 $H_N(s)$ 中的 s 进行置换，即可得到所要求的巴特沃什低通滤波器的系统函数 $H(s)$。

【例 6.2-1】 设计一个巴特沃什低通模拟滤波器，要求在 20rad/s 处的幅频响应衰减不大于 2dB，在 30rad/s 处的衰减不小于 10dB。

解： 根据题意，可写出技术指标为 $\Omega_1 = 20$，$\Omega_2 = 30$，$k_1 = -2$，$k_2 = -10$，由式(6.2-14)有：

$$N \geqslant \frac{\lg[(10^{0.2}-1)/(10^1-1)]}{2\lg(20/30)} \approx 3.371，\text{取 } N=4$$

以 $N=4$，$\Omega_1=20$，$k_1=-2$ 代入式(6.2-15)，得：$\Omega_c=20/(10^{0.2}-1)^{1/8} \approx 21.387$。

以 $N=4$，$\Omega_2=30$，$k_2=-10$ 代入式(6.2-16)，得：$\Omega_c=30/(10^1-1)^{1/8} \approx 22.795$。

取 $\Omega_c=21.387$。

查附录 A 的表 A.2 得 4 阶归一化巴特沃什低通滤波器的传递函数为：

$$H_4(s)=\frac{1}{(1+0.765s+s^2)(1+1.848s+s^2)}$$

最后做去归一化处理，则要设计的滤波器的传递函数为：

$$H(s)=H_4(s)\big|_{s \to s/21.387}=\frac{0.209\times10^6}{(457.4+16.37s+s^2)(457.4+39.52s+s^2)}$$

6.2.2 切比雪夫模拟滤波器

切比雪夫模拟滤波器有两类，其中第一类是在通带内有起伏波纹；第二类则是在阻带内有起伏波纹。这里只讨论第一类切比雪夫滤波器。第一类切比雪夫低通滤波器归一化后的原型平方幅频响应为：

$$|H_N(\mathrm{j}\Omega)|^2=\frac{1}{1+\varepsilon^2 T_N^2(\Omega)} \tag{6.2-17}$$

式中，$T_N(\Omega)$ 为 N 阶切比雪夫多项式，ε 为限定的波纹系数。切比雪夫多项式有多种表示形式，最简单的是用下面的递推公式产生的：

$$T_N(x)=2xT_{N-1}(x)-T_{N-2}(x) \quad N\geqslant2 \quad \text{且} \quad T_0(x)=1，T_1(x)=x \tag{6.2-18}$$

在附录 A 的表 A.3 中，列出了前 8 阶切比雪夫多项式以供查阅，只不过在此用 Ω 作为自变量。以下给出切比雪夫多项式的另外两个定义，在一些证明中是有用的。

● 二项式定义： $\quad T_N(\Omega)=\frac{1}{2}\left[(\Omega+\sqrt{\Omega^2-1})^N+(\Omega-\sqrt{\Omega^2-1})^N\right] \tag{6.2-19}$

● 实三角函数定义：

$$T_N(\Omega)=\begin{cases}\cos(N\arccos\Omega) & |\Omega|\leqslant1 \\ \mathrm{ch}(N\,\mathrm{ar}\cosh\Omega) & \Omega>1 \\ (-1)^N\,\mathrm{ch}[N\,\mathrm{ar}\cosh(-\Omega)] & \Omega<-1\end{cases} \tag{6.2-20}$$

图 6.2-4(a) 和(b) 所示为 5 阶切比雪夫多项式 $T_5(\Omega)$ 曲线和对应的第一类切比雪夫原型低通滤波器的平方幅频特性曲线 $|H_5(\mathrm{j}\Omega)|^2$。5 阶切比雪夫多项式在 $\Omega=1$ 和 -1 之间时，函数值在 $+1$ 和 -1 之间振荡。当 $\Omega>1$ 时，单调上升到 ∞，当 $\Omega<1$ 时，单调下降到 $-\infty$。该振荡导致切比雪夫滤波器的平方幅频特性曲线 $|H_5(\mathrm{j}\Omega)|^2$ 在通带内做同样的起伏。当 Ω 从 -1 变到 $+1$ 时，$|H_5(\mathrm{j}\Omega)|^2$ 在 1 和 $1/(1+\varepsilon^2)$ 之间做等波纹起伏，但是振荡周期并不相等。

由切比雪夫多项式 $T_N(\Omega)$ 可以看出，当 N 为偶数时，$\Omega=0$ 处的 $T_N^2(\Omega)=1$；当 N 为奇数时，$\Omega=0$ 处的 $T_N^2(\Omega)=0$。导致 $|H_N(\mathrm{j}\Omega)|^2$ 当 N 为偶数时，在 $\Omega=0$ 处的值为 $1/(1+\varepsilon^2)$；当 N 为奇数时，在 $\Omega=0$ 处的值为 1。图 6.2-4(c) 和(d) 所示为第一类切比雪夫低通滤波器的平方幅频特性曲线，其中图(c) 的 N 为偶数，图(d) 的 N 为奇数。

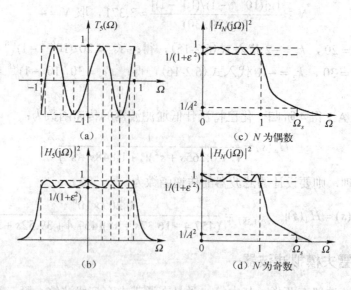

图 6.2-4 切比雪夫低通滤波器幅频特性

由图 6.2-4 可以归纳出第一类切比雪夫低通滤波器的主要特性：

（1）平方幅频特性在通带内，在 1 和 $1/(1+\varepsilon^2)$ 之间做等波纹振荡，在截止频率 $\Omega_c = 1$ 处的值为 $1/(1+\varepsilon^2)$。

（2）平方幅频特性在过渡带和阻带内单调下降，把其幅度减小到 $1/A^2$ 处时的频率称为阻带截止频率 Ω_s。

为了从式 (6.2-17) 求得滤波器的传递函数 $H_N(s)$，需要找到 $H_N(s)$ 和 $H_N(-s)$ 的极点。仿照上节做法，极点就是下式的根：

$$1 + \varepsilon^2 T_N^2(s/j) = 0 \tag{6.2-21}$$

如果极点表示为 $s_k = \sigma_k + j\Omega_k$，经过比较烦琐的推导，有：

$$\frac{\sigma_k^2}{a^2} + \frac{\Omega_k^2}{b^2} = 1 \tag{6.2-22}$$

上式为一个椭圆方程，说明所有极点在一个椭圆上，其中：

$$\begin{cases} a = \dfrac{1}{2}\left[\left(\dfrac{1+\sqrt{1+\varepsilon^2}}{\varepsilon}\right)^{\frac{1}{N}} - \left(\dfrac{1+\sqrt{1+\varepsilon^2}}{\varepsilon}\right)^{-\frac{1}{N}}\right] \\[4mm] b = \dfrac{1}{2}\left[\left(\dfrac{1+\sqrt{1+\varepsilon^2}}{\varepsilon}\right)^{\frac{1}{N}} + \left(\dfrac{1+\sqrt{1+\varepsilon^2}}{\varepsilon}\right)^{-\frac{1}{N}}\right] \end{cases} \tag{6.2-23}$$

$$\begin{cases} \sigma_k = -a\sin\left[\dfrac{(2k-1)\pi}{2N}\right] \\[4mm] \Omega_k = b\cos\left[\dfrac{(2k-1)\pi}{2N}\right] \end{cases} \quad k = 0,1,2,\cdots,2N-1 \tag{6.2-24}$$

当 $\varepsilon = 0.765$、$N = 6$ 时，按式 (6.2-23) 和式 (6.2-24) 求得归一化切比雪夫滤波器的参数如下：

$$a = 0.182 \qquad b = 1.016 \qquad \sigma_k = -a\sin[(2k-1)\pi/2N] \qquad \Omega_k = b\cos[(2k-1)\pi/2N]$$

共得到 12 个极点，分布在 s 平面的一个椭圆上，如图 6.2-5 所示。左半 s 平面的 6 个极点为：

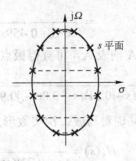

k	σ_k	Ω_k
1	−0.047	0.982
2	−0.128	0.719
3	−0.175	0.263
4	−0.175	−0.263
5	−0.128	−0.719
6	−0.047	−0.982

图 6.2-5　12 个极点的分布

利用左半 s 平面的极点可求得系统传递函数为：

$$H_N(s) = \frac{k}{\prod_{k}^{N}(s-s_k)} = \frac{k}{V_N(s)} \tag{6.2-25}$$

其中 k 为归一化因子(使用统一的多项式，并使 s 的最高次方项的系数保持为 1)。当 N 为奇数时 $k = V_N(0)$，当 N 为偶数时 $k = V_N(0)/(1+\varepsilon^2)^{1/2}$。而

$$V_N(s) = b_0 + b_1 s + b_2 s^2 + \cdots + s^N \tag{6.2-26}$$

附录 A 的表 A.4 中给出了 $\varepsilon = 2$dB 时，多项式 $V_N(s)$ 和滤波器传递函数 $H_N(s)$ 的极点位置，供设计时参考。

切比雪夫低通滤波器的阶次 N 可根据技术指标求得，在技术指标中一般将给出：①通带起伏衰减 k_1；②阻带 Ω_s 处的衰减 k_2。同样要经过烦琐的运算，有：

$$N \geqslant \frac{\lg(g+\sqrt{g^2-1})}{\lg(\Omega_s+\sqrt{\Omega_s^2-1})} \tag{6.2-27}$$

其中
$$g = \sqrt{(A^2-1)/\varepsilon^2} \qquad \varepsilon^2 = 10^{-0.1k_1}-1 \qquad A^2 = 1/10^{0.1k_2} \tag{6.2-28}$$

【例 6.2-2】　设计一个切比雪夫低通滤波器，使其满足下述技术指标：

（1）通带内的波纹不大于 2dB，截止频率为 40rad/s。

（2）阻带 52rad/s 处的衰减大于 20dB。

解：（1）归一化处理。归一化截止频率为 1rad/s。因为截止频率为 40rad/s，所需修正系数为 1/40。从而使 $\Omega_c = 1$rad/s$=(40$rad/s$)\times 1/40$，而阻带截止频率也需修正为 $\Omega_s = (52$rad/s$)\times 1/40$，因此 $\Omega_s = 1.3$rad/s。注意，通带截止频率就作为截止频率 Ω_c。

（2）求中间参数：
$$\varepsilon^2 = 10^{-0.1k_1}-1 = 10^{0.2}-1 = 0.58 \qquad A^2 = 1/10^{0.1k_2} = 1/10^{-2} = 100$$

将 $\varepsilon^2 = 0.58$、$A^2 = 100$ 代入式(6.2-28)，得 $g = \sqrt{(100-1)/0.58} = 13.01$。

（3）求滤波器阶次 N。将上述已求得的中间参数代入式（6.2-27），得 $N \geqslant$
$\dfrac{\lg(13.01+\sqrt{13.01^2-1})}{\lg(1.3+\sqrt{1.3^2-1})} = 4.3$，取 $N=5$。

（4）查附录 A 的表 A.4 求得归一化滤波器系统函数：

$$H_5(s) = \frac{k}{b_0 + b_1 s + b_2 s^2 + b_3 s^3 + b_4 s^4 + s^5}$$

$$= \frac{0.081}{0.081 + 0.459s + 0.693s^2 + 1.499s^3 + 0.706s^4 + s^5}$$

（5）由附录 A 的表 A.4 可查得极点位置和二次因式展开式：

$$H_5(s) = \frac{0.081}{(s+0.21)(s+0.06-j0.97)(s+0.06+j0.97)(s+0.17-j0.6)(s+0.17+j0.6)}$$

（6）将上式共轭对写成二次实数形式，有：

$$H_5(s) = \frac{0.081}{(s+0.21)(s^2+0.12s+0.9445)(s^2+0.34s+0.3889)}$$

（7）将上式的归一化原型滤波器传递函数进行 $s \to s/40$ 的替换，得到所要设计的滤波器传递函数：

$$H_a(s) = H_5(s)|_{s \to s/40} = \frac{8.3 \times 10^6}{(s+8.4)(s^2+4.8s+1411.2)(s^2+13.6s+622.24)}$$

6.2.3 椭圆滤波器

前面介绍了巴特沃什滤波器和切比雪夫滤波器，由图 6.2-2、图 6.2-5 以及例 6.2-1、例 6.2-2 可以看出，它们都是全极点型滤波器。其中巴特沃什滤波器的误差在通带内是单调增加的，而切比雪夫滤波器的误差在通常内是均匀起伏地分布在整个通带中的。因而在阶数相同时，切比雪夫滤波器的通带特性将优于巴特沃什滤波器。但两者的阻带误差都是频率的单调减函数。由此可以想到，如果在设计滤波器时，也使误差在阻带中呈均匀起伏分布，就有可能进一步改善滤波器性能。这就要求滤波器应同时具有极点和零点。

另一方面，在描述滤波器的性能或频率响应时，我们曾选用了四个参数，即：① 通带波纹最大起伏 δ_p；② 阻带波纹最大起伏 δ_s；③ 过渡带宽度 $\Delta\omega$（$\Delta\Omega$）；④ 滤波器阶次 N。滤波器设计时，就是在已知上述部分指标时，让另一参数最小。利用椭圆函数设计的椭圆滤波器，将能最好地实现这一要求，这是由于椭圆滤波器在通带和阻带内的误差都是按等波纹形式分布的，遗憾的是，它的数学分析和设计过程都比较复杂，这里只介绍一种最简单的方法，有关它的更详细的讨论，读者可参阅其他有关书籍。

（1）椭圆滤波器幅频特性

椭圆滤波器归一化后的原型平方幅频响应为：

$$|H_N(j\Omega)|^2 = \frac{1}{1+\mu^2 E_N^2(\Omega)} \tag{6.2-29}$$

其中 $E_N(\Omega)$ 一般为椭圆函数。为方便起见，这里认为：

当 N 为偶数（$N=2m$）时：
$$E_N(\Omega) = \prod_{k=1}^{m} \frac{\Omega_k^2 - \Omega^2}{1 - \Omega^2 \Omega_k^2} \tag{6.2-30}$$

当 N 为奇数（$N=2m+1$）时：
$$E_N(\Omega) = \Omega \prod_{k=1}^{m} \frac{\Omega_k^2 - \Omega^2}{1 - \Omega^2 \Omega_k^2} \tag{6.2-31}$$

其中 $\Omega_k < 1$。

值得注意的是，$E_N(\Omega)$ 具有反对称性，即：

$$E_N(\Omega^{-1}) = 1/E_N(\Omega) \tag{6.2-32}$$

或写为
$$E_N(1/\Omega) = 1/E_N(\Omega) \tag{6.2-33}$$

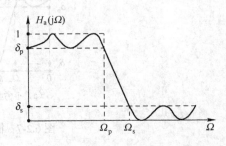

图 6.2-6 椭圆函数滤波器的容限图

且 $E_N(\Omega)$ 的所有零点（即通带波纹峰值）分布在 $-1 < \Omega < 1$ 区间内；$E_N(\Omega)$ 的所有极点（即阻带谷点）则分布在其零点的反对称位置上。滤波器波纹的所有峰谷值都相同（即等波纹特性），如图 6.2-6 所示。其中峰谷位置位于

$$\frac{\mathrm{d}}{\mathrm{d}\Omega}[E_N(\Omega)] = E_N'(\Omega) = 0 \ 处。$$

由式 (6.2-29)、式 (6.2-31) 和图 6.2-6 可以看出：

● 在通带内，$\Omega^2 < 1$：

$E_N(\Omega_k) = 0$ 时，$|H(\mathrm{j}\Omega_k)|^2 = 1$，也就是说，在通带内 $E_N(\Omega)$ 的零点，使得平方幅频响应取极大值 1。

$E_N'(\Omega) = 0$ 时，$E_N(\Omega) = E_0$，$|H(\mathrm{j}\Omega)|^2 = 1/(1 + \mu^2 E_0^2) = 1 - \delta_\mathrm{p}$，也就是说，在通带内 $E_N(\Omega)$ 的极值，使得平方幅频响应取极小值 $1 - \delta_\mathrm{p}$。

● 在阻带内，$\Omega^2 > 1$：

$E_N(\Omega_k^{-1}) = \infty$ 时，$|H(\mathrm{j}\Omega_k^{-1})|^2 = 0$，也就是说，在阻带内 $E_N(\Omega)$ 的极点，使得平方幅频响应取极小值 0。

$E_N'(\Omega) = 0$ 时，$E_N(\Omega) = E_0^{-1}$，$|H(\mathrm{j}\Omega)|^2 = 1/(1 + \mu^2 E_0^{-2}) = \delta_\mathrm{s}$，也就是说，在阻带内 $E_N(\Omega)$ 的极值，使得平方幅频响应取极大值 δ_s。

（2）椭圆滤波器的参数计算

根据图 6.2-6 和以上的分析，有

$$\delta_\mathrm{p} = \frac{1}{\sqrt{1 + \mu^2 E_0^2}} \tag{6.2-34}$$

$$\delta_\mathrm{s} = \frac{1}{\sqrt{1 + \mu^2 E_0^{-2}}} \tag{6.2-35}$$

以上两式联合求解，有：
$$\mu^2 = \sqrt{\frac{(1 - \delta_\mathrm{p}^2)(1 - \delta_\mathrm{s}^2)}{\delta_\mathrm{p}\delta_\mathrm{s}}}, \quad E_0^2 = \frac{\delta_\mathrm{s}}{\delta_\mathrm{p}}\sqrt{\frac{1 - \delta_\mathrm{p}^2}{1 - \delta_\mathrm{s}^2}}$$

然后算出归一化基准频率
$$\Omega_\mathrm{B} = \sqrt{\Omega_\mathrm{p}\Omega_\mathrm{s}} \tag{6.2-36}$$

由 E_0^2 和 Ω_B 可以确定滤波器的最小阶数 N，有专门的曲线和表可供查阅，由于这一过程比较复杂，而且计算模拟椭圆滤波器的传递函数和对传递函数的分母进行因式分解都是相当麻烦的，限于篇幅，本书不再进一步讨论。

图 6.2-7（a）是三阶低通椭圆滤波器的平方幅频响应。其通带波纹 $\delta_\mathrm{p} = 0.1$，阻带波纹 $\delta_\mathrm{s} = 0.1$，或 $20\lg(\delta_\mathrm{s}) = -20\mathrm{dB}$，$\Omega_\mathrm{s} = 1.3\mathrm{rad/s}$。根据上述指标设计的椭圆滤波器的零点位于 s 平面的 $\mathrm{j}\Omega$ 轴上，即 $\mathrm{j}1.43$ 和 $-\mathrm{j}1.43$ 处。极点分别位于 -0.67、$-0.16+\mathrm{j}1.01$、$-0.16-\mathrm{j}1.01$ 处，如图 6.2-7（b）所示。

该滤波器的传递函数为：
$$H(s) = \frac{s^2 + 2.05}{(s + 0.67)(s^2 + 0.32s + 1.05)}$$

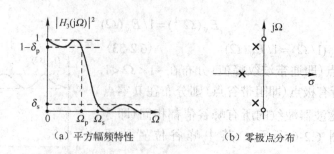

图 6.2-7　椭圆滤波器平方幅频特性和零极点分布

顺带指出：① 在满足同样技术指标时椭圆滤波器的阶数最低。② 对椭圆函数作图是比较麻烦的。③ 所举例子的计算过程很费时间，这里仅引用了最后结果。

*6.2.4　模拟滤波器的频率变换

本节前面的内容只讨论了模拟低通滤波器的设计，然而在工程应用中，高通、带通及带阻模拟滤波器也是经常要用到的。高通、带通及带阻模拟滤波器设计的常用方法是借助对应的低通原型滤波器设计，经频率变换（Frequency Transform）得到。这样，高通、带通及带阻模拟滤波器的设计问题就转化为低通模拟滤波器的设计了，框图如图 6.2-8 所示。

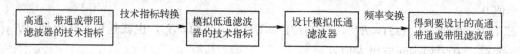

图 6.2-8　频率变换法设计模拟滤波器的框图

1. 技术指标的转换

频率变换设计模拟滤波器的首要步骤是，把滤波器设计所给定的技术指标转换为模拟低通滤波器设计所需要的技术指标。通过前面的分析，我们看到，低通滤波器设计所需要的技术指标主要有 4 个，分别是：通带截止频率 Ω_1，阻带截止频率 Ω_2，通带衰减（起伏误差）k_1 和阻带衰减（起伏误差）k_2。在给定高通、带通及带阻模拟滤波器技术指标的前提下，需要把给定的技术指标转换为低通滤波器设计所需的 4 个技术参数。

（1）高通技术指标到低通技术指标的转换

高通滤波器设计所给定的技术指标通常为：通带下限频率 Ω'_p，阻带上限频率 Ω'_s，通带最大衰减 α_p，阻带最小衰减 α_s。技术指标的转换通常按下式进行

$$\Omega_1 = 1/\Omega'_p \qquad \Omega_2 = 1/\Omega'_s \qquad k_1 = \alpha_p \qquad k_2 = \alpha_s \tag{6.2-37}$$

（2）带通技术指标到低通技术指标的转换

模拟带通滤波器设计所给定的技术指标通常为：通带上限频率 Ω_u，通带下限频率 Ω_l，通带最大衰减 α_p，阻带最小衰减 α_s。通常将技术指标转换为归一化技术指标，过程如下。

先计算出通带中心频率 Ω_0 和通带宽度 B：

$$\Omega_0 = \sqrt{\Omega_1 \Omega_u} \qquad B = \Omega_u - \Omega_1 \tag{6.2-38}$$

然后对技术指标进行归一化处理：

$$\eta_l = \Omega_1/B \qquad \eta_u = \Omega_u/B \qquad \eta_0 = \sqrt{\eta_l \eta_u} \tag{6.2-39}$$

最后将归一化技术指标转换为归一化的低通技术指标：

$$\Omega_1 = 1 \qquad \Omega_2 = (\eta_u^2 - \eta_0^2)/\eta_u \qquad k_1 = \alpha_p \qquad k_2 = \alpha_s \tag{6.2-40}$$

（3）带阻指标到低通指标的转换

模拟带阻滤波器设计所给定的技术指标通常为：上通带截止频率 Ω_u，下通带截止频率 Ω_l，通带最大衰减 α_p，阻带最小衰减 α_s。通常将技术指标转换为归一化技术指标，过程如下。

先计算出阻带中心频率 Ω_0 和阻带宽度 B：

$$\Omega_0 = \sqrt{\Omega_l \Omega_u} \qquad B = \Omega_u - \Omega_l \tag{6.2-41}$$

然后对技术指标进行归一化处理：

$$\eta_l = \Omega_l / B \qquad \eta_u = \Omega_u / B \qquad \eta_0 = \sqrt{\eta_l \eta_u} \tag{6.2-42}$$

最后将归一化技术指标转换为归一化低通技术指标：

$$\Omega_1 = 1 \qquad \Omega_2 = \eta_l /(\eta_l^2 - \eta_0^2) \qquad k_1 = \alpha_p \qquad k_2 = \alpha_s \tag{6.2-43}$$

2. 频率变换公式

将给定高通、带通及带阻模拟滤波器技术指标转换为低通滤波器技术指标后，就可以按照本节前面部分所讨论的各种方法进行模拟低通滤波器的设计，从而获得归一化系统函数 $H_N(s)$。最后需要将 $H_N(s)$ 通过频率变换公式变换为所要设计的高通、带通及带阻模拟滤波器的系统函数 $H(s)$。频率变换公式其实就是将 $H_N(s)$ 中的变量 s 按所设计的滤波器类型做变量代换，即可得到 $H(s)$。变量代换方式分别如下：

（1）归一化低通变换为低通： $s \rightarrow s/\Omega_c$。 $\tag{6.2-44}$

（2）归一化低通变换为高通： $s \rightarrow \Omega_c/s$。 $\tag{6.2-45}$

（3）归一化低通变换为带通： $s \rightarrow \dfrac{s^2 + \Omega_0^2}{s(\Omega_u - \Omega_l)}$。 $\tag{6.2-46}$

（4）归一化低通变换为带阻： $s \rightarrow \dfrac{s(\Omega_u - \Omega_l)}{s^2 + \Omega_0^2}$。 $\tag{6.2-47}$

由上述公式，一旦给定归一化低通滤波器的系统函数 $H_N(s)$，就能很快地求得其他类型滤波器的系统函数。

6.2.5 模拟滤波器的 MATLAB 设计

本节所讨论的 3 种常用的模拟滤波器均可以通过 MATLAB 信号处理工具箱中的滤波器设计函数进行设计。以下对这些函数进行简要说明。

1. 巴特沃什滤波器设计

MATLAB 信号处理工具箱提供的用于巴特沃什模拟滤波器设计的函数主要是 buttord 和 butter。这两个函数的调用格式如下：

（1）[N, wc]=buttord(wp, ws, Rp, Rs, 's')

buttord 函数用于计算巴特沃什模拟滤波器的阶次 N 和 3dB 截止频率 Ω_c。输入参数为 4 个，含义分别为：

wp：通带截止频率；

ws：阻带截止频率；

Rp：通带最大衰减，单位为 dB；

Rs：阻带最小衰减，单位为 dB。

函数调用后，可返回两个参数，分别是：

N：模拟滤波器的阶次；

wc：模拟滤波器的 3dB 截止频率。

在函数的使用中，当 wp< ws 时，设计低通滤波器；当 wp> ws 时，设计高通滤波器；当 wp 和 ws 为二元矢量时，设计带通或带阻滤波器，这时 wc 也是二元矢量。

（2）[B, A]=butter（N, wc,'ftype', 's'）

butter 函数用于计算巴特沃什模拟滤波器系统函数中分子和分母多项式的系数向量 B 和 A。输入参数为 4 个，含义分别为：

N：模拟滤波器的阶次；

wc：模拟滤波器的 3dB 截止频率；当设计的是低通或高通滤波器时，为一元向量；设计的是带通或带阻滤波器时，是二元向量，向量的两个元素分别为 3dB 上限截止频率和下限截止频率。

ftype：滤波器类型，缺省时默认设计低通（wc 为一元向量）或带通（wc 为二元向量）滤波器；ftype=high，设计高通滤波器；ftype=stop，设计带阻滤波器（wc 为二元向量）。

s：固定，代表是模拟滤波器的设计。

函数调用后，可返回两个参数，分别是：

B：系统函数分子多项式系数向量；

A：系统函数分母多项式系数向量。

由系数向量 B 和 A 可以写出模拟滤波器的系统函数为：

$$H(s) = \frac{B(s)}{A(s)} = \frac{B(1)s^N + B(2)s^{N-1} + \cdots + B(N)s + B(N+1)}{A(1)s^N + A(2)s^{N-1} + \cdots + A(N)s + A(N+1)}$$

2. 切比雪夫滤波器设计

MATLAB 信号处理工具箱提供的用于第一类切比雪夫模拟滤波器设计的函数主要是 cheb1ord 和 cheby1。这两个函数的调用格式如下：

（1）[N, wc]=cheb1ord（wp, ws, Rp, Rs, 's'）

（2）[B, A]=cheby1（N, wc,'ftype', 's'）

这两个函数中的所有参数基本与前述的巴特沃什模拟滤波器设计函数调用中的参数含义一致，唯一的区别在于 wc 指的是第一类切比雪夫模拟滤波器的通带截止频率，而不是 3dB 截止频率。

3. 椭圆滤波器设计

MATLAB 信号处理工具箱提供的用于椭圆模拟滤波器设计的函数主要是 ellipord 和 ellip。这两个函数的调用格式和参数含义与前述几个函数基本类似，此处不再赘述。

例 6.2-1 用上述的 MATLAB 函数进行设计，程序如下：

```
wp=20;ws=30;
Rp=-2;Rs=-10;
[N,wc]=buttord(wp,ws,Rp,Rs,'s');
[B,A]=butter（N, wc,'s'）;
```

运行程序，结果如下：

```
N=4
B=[0, 0, 0, 0, 2.7e+005]
A=[1, 59.566, 1774.1, 30952, 2.7e+005]
wc=[22.795]
```

于是可写出滤波器的系统函数为：

$$H(s) = \frac{B(s)}{A(s)} = \frac{270\,000}{s^4 + 59.566s^3 + 1774.1s^2 + 30952s + 270\,000}$$

由 wc 的值可看出，buttord 函数是使用式 (6.2-16)，即阻带截止频率来计算 3dB 截止频率的。

6.3 通过模拟滤波器设计 IIR 数字滤波器

所谓无限冲激响应数字系统，就是其单位取样响应 $h(n)$ 在 $n = 0, 1, \cdots, \infty$ 均有值，其系统函数一般可表示为：

$$H(z) = \sum_{n=0}^{\infty} h(n)z^{-n} = \frac{\displaystyle\sum_{r=0}^{M} b_r z^{-r}}{1 - \displaystyle\sum_{k=1}^{N} a_k z^{-k}} \tag{6.3-1}$$

无限冲激响应数字滤波器的经典的设计方法是：先根据技术指标设计出相应的模拟滤波器，然后再将其变换成满足预定指标的数字滤波器。其原因是：

（1）从前一节的模拟滤波器设计过程可以看出，模拟滤波器的设计方法已非常成熟，有用的图表参数等成果很丰富，所以利用模拟滤波器设计 IIR 数字滤波器的方法很多。

（2）许多模拟滤波器设计方法有现成的简单设计公式，所以根据这些模拟滤波器设计公式建立起来的数字滤波器设计方法，很容易实现。

用这种方式设计数字滤波器时，第一步要将数字滤波器指标变换成模拟滤波器指标，然后按前节所述各种方法设计模拟滤波器，最后将模拟滤波器转换为数字滤波器。因此设计方法的关键就是如何将模拟滤波器的系统函数 $H(s)$ 映射成数字滤波器的系统函数 $H(z)$ 。映射过程必须能保证实现：一个稳定的模拟系统能映射成一个具有相同幅频特性的稳定的数字系统。具有这一性质的映射，就是要使 s 平面上的虚轴 $\mathrm{j}\Omega$ 映射成 z 平面上的单位圆 $|z| = 1$ ；并使 s 平面的左半平面上的点 $(\mathrm{Re}[s] < 0)$ 映射到 z 平面的单位圆内（$|z| < 1$）。如图 6.3-1 所示。

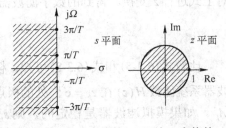

图 6.3-1 拉氏变换的 s 平面与 z 变换的 z 平面的映射关系

用于 IIR 数字滤波器设计的映射方法有两种：冲激响应不变法和双线性映射法。

6.3.1 冲激响应不变法

冲激响应不变法的核心思路就是使数字滤波器的单位取样响应序列 $h(n)$ 等于模拟滤波器的单位冲激响应 $h_a(t)$ 的采样值，即：

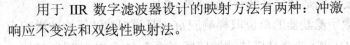

$$h(n) = h_a(t)|_{t=nT} = h_a(nT) \tag{6.3-2}$$

其中 T 为采样周期。因此描述数字滤波器特性的系统函数为：

$$H(z) = ZT[h(n)] = ZT[h_a(t)|_{t=nT}] \tag{6.3-3}$$

如果已知模拟滤波器系统函数 $H(s)$，则 $h_a(t) = LT^{-1}[H(s)]$，因此数字滤波器系统函数 $H(z)$ 和模拟滤波器系统函数 $H(s)$ 之间的关系为：

$$H(z) = ZT[LT^{-1}[H(s)]|_{t=nT}] \tag{6.3-4}$$

下面举例说明冲激响应不变法的上述思路。

【例 6.3-1】 已知模拟滤波器的系统函数 $H(s) = A/(s-a)$，试用冲激响应不变法求相应的数字滤波器的系统函数 $H(z)$。

解： 对 $H(s)$ 进行拉氏反变换，求得模拟滤波器的单位冲激响应为：

$$h_a(t) = LT^{-1}\left[\frac{A}{s-a}\right] = Ae^{at}u(t)$$

因此离散系统的单位取样响应为：

$$h(n) = h_a(t)|_{t=nT} = Ae^{anT}u(nT) = A(e^{aT})^n u(n)$$

对上式进行 z 变换，得到数字滤波器的系统函数为：

$$H(z) = ZT[h(n)] = ZT[A(e^{aT})^n u(n)] = \frac{A}{1-(e^{aT})z^{-1}}$$

冲激响应不变法适用于模拟系统函数可以用部分分式展开成为上述那样单阶极点部分分式和的形式。如模拟滤波器系统函数为：

$$H(s) = \sum_{k=1}^{N} \frac{A_k}{s-s_k} \tag{6.3-5}$$

则其单位冲激响应是：

$$h(t) = \sum_{k=1}^{N} A_k e^{s_k t}u(t) \tag{6.3-6}$$

由冲激响应不变法，可得相应的数字系统单位取样响应是：

$$h(n) = \sum_{k=1}^{N} A_k e^{(s_k T)n}u(n) \tag{6.3-7}$$

对上式进行 z 变换，得到的数字滤波器的系统函数为：

$$H(z) = \sum_{k=1}^{N} \frac{A_k}{1-e^{s_k T}z^{-1}} \tag{6.3-8}$$

比较式 (6.3-5) 和式 (6.3-8) 可知：模拟滤波器系统函数 $H(s)$ 在 s_k 处的极点将被变换成数字滤波器系统函数 $H(z)$ 在 $z_k = e^{s_k T}$ 处的极点，而 $H(s)$ 的部分分式的系数和 $H(z)$ 的部分分式系数同为 A_k。如果模拟滤波器是稳定的，则 s_k 的实部必定小于零，则数字滤波器系统函数相应的极点 $z_k = e^{s_k T}$ 必定在单位圆内，因此数字滤波器也是稳定系统（注意到 $T>0$）。

为了说明更一般的情况，可以认为数字滤波器的单位取样响应 $h(n)$ 是模拟滤波器的冲激响应 $h(t)$ 的取样，则数字滤波器的频率响应 $H(e^{j\omega})$ 就会是模拟滤波器频率响应 $H_a(j\Omega)$ 的周期延拓。参考 2.4 节的分析，有：

$$H(e^{j\omega}) = \frac{1}{T} \sum_{k=-\infty}^{\infty} H_a\left(j\frac{\omega}{T} + j\frac{2\pi}{T}k\right)$$

即

$$H(e^{j\Omega T}) = \frac{1}{T} \sum_{k=-\infty}^{\infty} H_a\left(j\Omega + j\frac{2\pi}{T}k\right)$$

把上述关系不加证明地由 $j\Omega$ 轴扩展到全 s 平面，有：

$$H(e^{sT}) = \frac{1}{T} \sum_{k=-\infty}^{\infty} H_a\left(s + j\frac{2\pi}{T}k\right) \tag{6.3-9}$$

若令

$$z = e^{sT} \tag{6.3-10}$$

则式 (6.3-9) 就转变成数字滤波器的系统函数 $H(z)$ 和模拟滤波器的系统函数 $H(s)$ 之间的关系式，即：

$$H(z) = \frac{1}{T} \sum_{k=-\infty}^{\infty} H_a\left(s + j\frac{2\pi}{T}k\right) \tag{6.3-11}$$

根据取样定理，当模拟滤滤器是带限时，即当 $|\Omega| \geqslant \pi/T$ 时，$H_a(j\Omega) = 0$ 成立，有：

$$H(e^{j\omega}) = \frac{1}{T} H_a(j\Omega) \qquad |\omega| \leqslant \pi \tag{6.3-12}$$

现在再来判断一下式 (6.3-10) 的变换关系是否符合图 6.3-1 所要求的映射关系。由式 (6.3-10) 有：

$$z = e^{sT} = e^{(\sigma + j\Omega)T} = e^{\sigma T} e^{j\Omega T} \tag{6.3-13}$$

则

$$|z| = |e^{\sigma T} e^{j\Omega T}| = e^{\sigma T} |e^{j\omega}| = e^{\sigma T} \tag{6.3-14}$$

由上式可知，当 $\sigma < 0$ 的 s 平面左半平面上的点映射到 z 平面中时，有 $|z| < 1$，则这些点一定映射到 z 平面的单位圆内。

由式 (6.3-13) 还可看出，当 $\sigma = 0$ 时，即相当于 s 平面上的虚轴，将对应于 z 平面上的 $e^{j\omega}$，即对应于 z 平面上的单位圆。

由于 $e^{j\omega} = e^{j(\omega + 2k\pi)}$，利用 $\omega = \Omega T$ 有 $e^{j\Omega T} = e^{j(\Omega + 2k\pi/T)T}$，说明 $j\Omega$ 轴上每一段长为 $2\pi/T$ 的线段都反复地映射为单位圆的一周。由式 (6.3-11) 和图 6.3-1 还可看出，当模拟系统函数 $H_a(s)$ 经 $z = e^{sT}$ 关系映射成数字系统函数 $H(z)$ 时，s 平面中的每一条 $2k\pi/T$ 的水平带状区域，都重叠地映射到同一个 z 平面上。因此冲激响应不变法所得到的数字滤波器的频率响应，不是简单地重现模拟滤波器的频率响应，而是模拟滤波器频率响应的周期延拓，如图 6.3-2 所示。

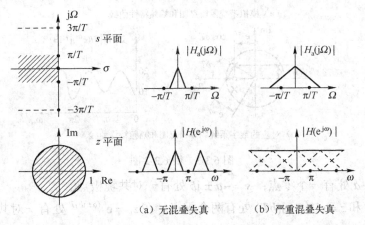

(a) 无混叠失真　　　　(b) 严重混叠失真

图 6.3-2　冲激响应不变法幅频特性的周期延拓

上述冲激响应不变法对 $H_a(s)$ 能用部分分式分解为单极点的情况进行了讨论，对于重极点部分分式也是可以的，其表示形式要烦琐一些，在此不再讨论。冲激响应不变法适用的情况可以总结为：

（1）系统函数可以用部分分式分解；

（2）模拟滤波器是一带限系统。由于高通、带阻滤波器不是带限系统，因此不能利用冲激响应不变法进行离散。

下面举例说明冲激响应不变法要求模拟滤波器是一带限系统的重要性。

【例6.3-2】 一模拟滤波器系统的系统函数为 $H_a(s) = \dfrac{s+a}{s^2 + 2as + a^2 + b^2}$，试用冲激响应不变法求出相应的数字滤波器的系统函数。

解： 由部分分式展开可以得到：

$$H_a(s) = \frac{s+a}{s^2 + 2as + a^2 + b^2} = \frac{0.5}{s + (a+jb)} + \frac{0.5}{s + (a-jb)}$$

此模拟系统在 $s_k = -(a \pm jb)$ 处有一对共轭单极点。按照冲激响应不变法，数字滤波器在 $z_k = e^{-(a \pm jb)T}$ 处有一对极点，其系统函数为：

$$
\begin{aligned}
H(z) &= \frac{0.5}{1 - e^{-(a+jb)T}z^{-1}} + \frac{0.5}{1 - e^{-(a-jb)T}z^{-1}} \\
&= \frac{1 - [e^{-aT}\cos(bT)]z^{-1}}{1 - [2e^{-aT}\cos(bT)]z^{-1} + e^{-2aT}z^{-2}} \\
&= \frac{1 - [e^{-aT}\cos(bT)]z^{-1}}{(1 - e^{-(a+jb)T}z^{-1})(1 - e^{-(a-jb)T}z^{-1})}
\end{aligned}
$$

图 6.3-3 所示为 $H_a(s)$ 在 s 平面、$H(z)$ 在 z 平面上的零极点图。

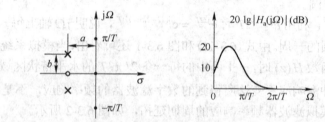

（a）模拟系统零极点图和幅频特性曲线

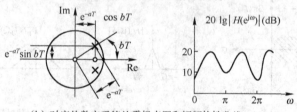

（b）对应的数字系统的零极点图和幅频特性曲线

图 6.3-3 例 6.3-2 图

$H_a(s)$ 在 $s = -a$ 处有一个零点；$s = -a \pm jb$ 处有一对共轭极点。

$H(z)$ 在 $z = 0$ 和 $z = e^{-aT}\cos(bT)$ 处有两个零点。在 $z_k = e^{-(a \pm jb)T}$ 处有一对共轭极点。

图 6.3-3 中还分别画出了相应的模拟和数字滤波器的幅频特性曲线。由图可以看出，由于模拟滤波器不是一个带限系统，阻带衰减不是很大，所以通过冲激响应不变法所设计的数字滤彼器的幅频特性存在严重的混叠失真。

为了减小冲激响应不变法的混叠效应，一般应选择较高的取样频率，即取样周期 T 取得较小，但是从式（6.3-11）可看出，这将使数字滤波器的增益过高。

由于这一原因，可将式(6.3-8)修改为：

$$H(z) = \sum_{k=1}^{N} \frac{TA_k}{1 - e^{s_k T} z^{-1}} \qquad (6.3\text{-}15)$$

这就相当于将冲激响应不变法公式修改为：

$$h(n) = T h_a(nT) \qquad (6.3\text{-}16)$$

用冲激响应不变法设计数字滤波器虽然会引起混叠失真，但却能保持模拟和数字角频率之间的线性关系，除了混叠区外，幅频特性的形状能保持不变。但必须明确，冲激响应不变法仅适用于带限滤波器，对高通或带阻滤波器必须附加适当的带限条件，才不致出现混叠失真。

6.3.2 双线性映射法

由于冲激响应不变法在从 s 平面到 z 平面的变换中出现多值对应，这会导致数字滤波器频率响应出现混叠现象，为了克服多值对应，本节提出双线性映射法，它是通过两次映射来实现的。下面对照图 6.3-4，说明此方法。第一次映射，先将整个 s 平面压缩到 s_1 平面中的一条横带 $(-\pi/T \leqslant \Omega_1 \leqslant \pi/T)$ 内。然后再通过第二次映射，将此横带映射到 z 平面上去，这种映射法能保证使 s 平面与 z 平面之间建立单值对应而不会有混叠现象。

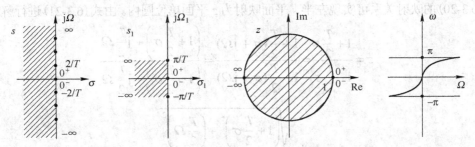

图 6.3-4　双线性映射法的映射关系

为了将 s 平面中的虚轴 $j\Omega$ 压缩为 s_1 平面中的虚轴 $j\Omega_1$ 的一段上，可以通过以下的正切映射来实现

$$j\frac{T}{2}\Omega = j\tan\left(\frac{T}{2}\Omega_1\right) = \frac{j\sin\left(\frac{T}{2}\Omega_1\right)}{\cos\left(\frac{T}{2}\Omega_1\right)} = \frac{1 - e^{-jT\Omega_1}}{1 + e^{-jT\Omega_1}} \qquad (6.3\text{-}17)$$

式(6.3-17)当 Ω 从 $-\infty$ 增加到 $+\infty$ 时，Ω_1 只从 $-\pi/T$ 增加到 π/T，因此 s 平面中的整条 $j\Omega$ 轴被压缩到 s_1 平面中 $j\Omega_1$ 轴由 $-\pi/T$ 到 π/T 的这一段上。该关系进一步扩展到整个 s 平面，即令 $s = j\Omega$，$s_1 = j\Omega_1$，则可将整个 s 平面压缩为 s_1 平面的一条横带内。因此，双线性映射法的第一次映射的变换式为：

$$\frac{T}{2}s = \frac{1 - e^{-s_1 T}}{1 + e^{-s_1 T}} \qquad (6.3\text{-}18)$$

即

$$s = \frac{2}{T}\frac{1 - e^{-s_1 T}}{1 + e^{-s_1 T}} \qquad (6.3\text{-}19)$$

然后像前面的冲激响应不变法那样进行第二次映射，将 s_1 平面映射成 z 平面。令 $z = e^{s_1 T}$，就可得到 s 平面和 z 平面的单值映射关系为：

$$s = \frac{2}{T} \frac{1 - z^{-1}}{1 + z^{-1}} \qquad (6.3\text{-}20)$$

上式也可写成

$$z = \frac{1 + \dfrac{T}{2}s}{1 - \dfrac{T}{2}s} \qquad (6.3\text{-}21)$$

按式 (6.3-21) 将 s 平面中的虚轴 $j\Omega$ 映射成 z 平面单位圆时，实际上会使频率发生畸变 (不是线性变化，但 $\omega = T\Omega_1$ 是线性的)。

现分析 Ω 与 ω 之间的关系。式 (6.3-20) 可改为：

$$j\Omega = \frac{2}{T} \frac{1 - e^{-j\omega}}{1 + e^{-j\omega}} = j\frac{2}{T} \tan\left(\frac{\omega}{2}\right)$$

即

$$\Omega = \frac{2}{T} \tan\left(\frac{\omega}{2}\right) \qquad (6.3\text{-}22)$$

或

$$\omega = 2\arctan\left(\frac{\Omega T}{2}\right) \qquad (6.3\text{-}23)$$

式 (6.3-20) 的映射关系可实现左半 s 平面映射为 z 平面单位圆内。由式 (6.3-21) 进行解释，因为：

$$z = \frac{1 + \dfrac{T}{2}s}{1 - \dfrac{T}{2}s} = \frac{1 + \dfrac{T}{2}(\sigma + j\Omega)}{1 - \dfrac{T}{2}(\sigma + j\Omega)} = \frac{\left(1 + \dfrac{T}{2}\sigma\right) + j\dfrac{T}{2}\Omega}{\left(1 - \dfrac{T}{2}\sigma\right) - j\dfrac{T}{2}\Omega}$$

有

$$|z| = \frac{\sqrt{\left(1 + \dfrac{T}{2}\sigma\right)^2 + \left(\dfrac{T}{2}\Omega\right)^2}}{\sqrt{\left(1 - \dfrac{T}{2}\sigma\right)^2 + \left(\dfrac{T}{2}\Omega\right)^2}} \qquad (6.3\text{-}24)$$

显然，当 $\sigma = 0$ 时，$|z| = 1$ (即虚轴映射成单位圆)；$\sigma < 0$ 时，$|z| < 1$ (即左半 s 平面映射到 z 平面单位圆内)；而当 $\sigma > 0$ 时，$|z| > 1$ (右半 s 平面映射到 z 平面单位圆外)。这就保证了双线性映射法可以实现稳定的模拟滤波器变换为稳定的数字滤波器。重要的是双线性映射法克服了冲激响应不变法的多值对应而产生的混叠现象。然而为此付出的代价是频率 ω、Ω 会按式 (6.3-23) 发生畸变。所以只有当滤波器可以容忍这种畸变失真时，或者能够在频率上得到补偿，或者滤波器的幅频特性是分段恒定时，方可利用双线性映射法进行滤波器设计。图 6.3-5 示出了模拟低通滤波器通过双线性映射法变换成数字低通滤波器时所发生的频率畸变。为得到所要求的数字截止频率，Ω、ω 之间必须按式 (6.3-23) 先进行反畸变。这样就可实现模拟滤波器能通过双线性变换得到所要求的数字滤波器频率特性。

一般而言，模拟频率和数字频率本身的关系式是：

$$\omega = \Omega T \qquad \omega_p = \Omega_p T \qquad \omega_s = \Omega_s T \qquad (6.3\text{-}25)$$

而反畸变后的关系式应为：

$$\omega = 2\arctan(\Omega T / 2) \qquad \omega_p = 2\arctan(\Omega_p T / 2) \qquad \omega_s = 2\arctan(\Omega_s T / 2) \qquad (6.3\text{-}26)$$

双线性映射法比冲激响应不变法直接并简单，因为 s 和 z 之间存在式 (6.3-20) 那样的简单代数关系，所以在设计好模拟滤波器的系统函数 $H_a(s)$ 后，可以直接用变量代换来得到数字滤波器的

系统函数 $H(z)$，即：

$$H(z) = H_a(s)\Big|_{s=\frac{2}{T}\frac{1-z^{-1}}{1+z^{-1}}} \tag{6.3-27}$$

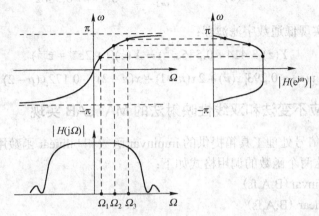

图 6.3-5　双线性变换法引起频率的畸变

举例说明用双线性映射法设计数字滤波器的过程。

【例 6.3-3】 试用双线性映射法设计一个低通数字滤波器，采样周期 $T=1$s，满足下述技术指标要求：

（1）通带和阻带都是频率的单调下降函数，无起伏。

（2）频率在 0.5π 处的幅度衰减为 -3.01dB，在 0.75π 处的幅度衰减为 -15dB，如图 6.3-6 所示。

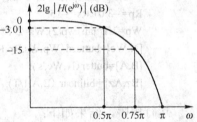

图 6.3-6　低通滤波器幅频要求

解： 根据技术指标要求，显然要先确定一个巴特沃什原型低通模拟滤波器。

（1）用 $T=1$ 对指标要求的频率进行反畸变。

因为 $\omega_p = 0.5\pi$，有 $\Omega_p = \dfrac{2}{T}\tan\left(\dfrac{\omega_p}{2}\right) = 2\tan(0.5\pi/2) = 2$

因为 $\omega_s = 0.75\pi$，有 $\Omega_s = \dfrac{2}{T}\tan\left(\dfrac{\omega_s}{2}\right) = 2\tan(0.75\pi/2) = 4.828$

（2）设计模拟滤波器。数字滤波器的技术指标要求在反畸变后，就成为对原型低通滤波器 Ω_p、Ω_s 处的技术指标要求，由前面的知识，设计已无难度。由式（6.2-8）和式（6.2-9），有：

$$0 \geqslant 20\lg|H_a(\mathrm{j}2)| \geqslant k_1 = -3.01\text{dB}$$

$$20\lg|H_a(\mathrm{j}4.828)| \leqslant k_2 = -15\text{dB}$$

由式（6.2-14）和 k_1、k_2 求巴特沃什滤波器阶次：

$$N \geqslant \frac{\lg[(10^{0.301}-1)/(10^{1.5}-1)]}{2\lg(2/4.828)} = 1.941 \quad \text{选 } N=2$$

由式（6.2-15），求此二阶原型低通滤波器的截止频率：$\Omega_c = \dfrac{2}{(10^{0.301}-1)^{1/4}} \approx 2$。

查附录 A 的表 A.2 求得原型滤波器的系统函数，再转换为所设计的模拟滤波器的系统函数，即：

$$H_a(s) = \frac{1}{1+\sqrt{2}s+s^2}\Big|_{s \to s/2} = \frac{4}{4+2\sqrt{2}s+s^2}$$

（3）用双线性变换公式（6.3-27）将 $H_a(s)$ 变换成 $H(z)$

$$H(z) = \frac{Y(z)}{X(z)} = H_a(s)\bigg|_{s=2\frac{1-z^{-1}}{1+z^{-1}}} = \frac{1+2z^{-1}+z^{-2}}{3.414+0.586z^{-2}}$$

（4）用差分方程实现低通数字滤波器：

$$Y(z)(3.414+0.586z^{-2}) = X(z)(1+2z^{-1}+z^{-2})$$

则
$$y(n) = 0.293[x(n)+2x(n-1)+x(n-2)] - 0.172y(n-2)$$

6.3.3 冲激响应不变法和双线性映射法的 MATLAB 实现

MATLAB 的数字信号处理工具箱提供的 impinvar 函数和 bilinear 函数用以实现冲激响应不变法和双线性映射法。这两个函数的调用格式如下：

（1）[Bz,Az]= impinvar（B,A,fs）

（2）[Bz,Az]= bilinear（B,A,fs）

其中，B、A 分别是 $H_a(s)$ 的分子、分母多项式的系数向量，Bz、Az 分别是 $H(z)$ 的分子、分母多项式的系数向量，fs 为采样频率。

例 6.3-3 的 MATLAB 程序如下：

```
T=1;wp=0.5*pi;ws=0.75*pi;
Rp=-3.01;Rs=-15;                         %技术指标赋值
Wp=2/T*tan(wp/2);Ws=2/T*tan(ws/2);       %技术指标的反畸变
[N,Wc]=buttord(Wp,Ws,Rp,Rs,'s');
[B,A]=butter(N,Wc,'s');                  %设计模拟滤波器
[Bz,Az]= bilinear（B,A,1/T);             %双线性映射法变换为数字滤波器
```

运行程序，结果如下：

```
N=2
Bz=[ 0.3005    0.6011    0.3005]
Az=[ 1.0000    0.0304    0.1717]
```

于是可写出数字滤波器的系统函数为：

$$H(z) = \frac{B(z)}{A(z)} = \frac{0.3005+0.6011z^{-1}+0.3005z^{-2}}{1+0.0304z^{-1}+0.1717z^{-2}}$$

6.3.4 频率变换法设计 IIR 数字滤波器

前面介绍了无限冲激响应低通数字滤波器设计方法，但是在工程上经常要设计各种截止频率的低通、高通、带通和带阻滤波器，设计这些选频滤波器的传统方法是，首先设计一个归一化截止频率的原型低通滤波器，然后利用代数变换，从原型低通滤波器推导出所要求的各种技术指标的低通、高通、带通和带阻滤波器。频率变换设计法的具体步骤如下：

（1）首先应用前面的方法设计一个归一化频率的原型低通滤波器 $H_a(s)$。

（2）应用前面的所述映射法之一，将 $H_a(s)$ 映射成低通数字滤波器 $H_1(z)$。

（3）用频率变换法，将 $H_1(z)$ 变换成所需技术指标的其他数字滤波器 $H_d(z)$。

频率变换的结果，必须能把一个稳定的因果的有理系统函数 $H_1(z)$，变换成相应的稳定因果有理系统函数 $H_d(z)$。也就是能把 z_1 平面中的单位圆及单位圆内部映射成 z_d 平面中的单位圆及其

内部。满足这种条件的变换形式一般可写成一个全通网络的形式：

$$z_1^{-1} = \pm \prod_{k=1}^{N} \frac{z_d^{-1} - a_k}{1 - a_k z_d^{-1}} \tag{6.3-28}$$

为使系统稳定，式 (6.3-28) 中 $|a_k| < 1$，$k = 1, 2, \cdots, N$，保证新极点在单位圆之内。且当 $a_k = 0$ 时 ($k = 1, 2, \cdots, N$)，认为存在 $z_1^{-1} = z_d^{-1}$，则 $e^{j\omega} = e^{j\theta}$ (即单位圆映射成单位圆)。在表 6.3-1 中列出了满足式 (6.3-28) 的各类变换法。

表 6.3-1 频率变换法映射公式(原型低通滤波器的截止频率为 ω_c)

滤波器类型	变换公式	相关设计公式
低通→低通	$z_1^{-1} \Rightarrow \dfrac{z_d^{-1} - a}{1 - a z_d^{-1}}$	$a = \dfrac{\sin[(\omega_c - \theta_c)/2]}{\sin[(\omega_c + \theta_c)/2]}$ θ_c 为要求的低通截止频率
低通→高通	$z_1^{-1} \Rightarrow -\dfrac{z_d^{-1} + a}{1 + a z_d^{-1}}$	$a = -\dfrac{\cos[(\theta_c + \omega_c)/2]}{\cos[(\theta_c - \omega_c)/2]}$ θ_c 为要求的高通截止频率
低通→带通	$z_1^{-1} \Rightarrow \dfrac{z_d^{-2} - \dfrac{2ak}{k+1} z_d^{-1} + \dfrac{k-1}{k+1}}{\dfrac{k-1}{k+1} z_d^{-2} - \dfrac{2ak}{k+1} z_d^{-1} + 1}$	$a = \dfrac{\cos[(\theta_2 + \theta_1)/2]}{\cos[(\theta_2 - \theta_1)/2]}$, $k = \cot\left[\dfrac{\theta_2 - \theta_1}{2}\right] \tan \dfrac{\omega_c}{2}$ θ_1 为要求的下限截止频率，θ_2 为要求的上限截止频率
低通→带阻	$z_1^{-1} \Rightarrow \dfrac{z_d^{-2} - \dfrac{2ak}{k+1} z_d^{-1} + \dfrac{1-k}{k+1}}{\dfrac{1-k}{k+1} z_d^{-2} - \dfrac{2ak}{k+1} z_d^{-1} + 1}$	$a = \dfrac{\cos[(\theta_2 + \theta_1)/2]}{\cos[(\theta_2 - \theta_1)/2]}$, $k = \tan\left[\dfrac{\theta_2 - \theta_1}{2}\right] \tan \dfrac{\omega_c}{2}$ θ_1 为要求的下限截止频率，θ_2 为要求的上限截止频率

表 6.3-1 的相关设计公式是由变换公式推导得到的。如低通→低通，变换公式为：
$z_1^{-1} \Rightarrow \dfrac{z_d^{-1} - a}{1 - a z_d^{-1}}$，则有 $e^{-j\omega} = \dfrac{e^{-j\theta} - a}{1 - a e^{-j\theta}}$，$a = \dfrac{e^{-j\theta} - e^{-j\omega}}{1 - e^{-j(\theta + \omega)}}$。

当 $\omega = \omega_c$，$\theta = \theta_c$ 时得到(幅频响应的分段恒定，相频响应的非线性) $a = \dfrac{\sin[(\omega_c - \theta_c)/2]}{\sin[(\omega_c + \theta_c)/2]}$。

表中设计公式的其他参数也可仿照上面的过程求得。

现在以一阶原型巴特沃什低通滤波器为例，来说明如何用频率变换法设计各类滤波器。

由附录 A 的表 A.2 可知，一阶原型巴特沃什低通滤波器的系统函数为：

$$H_a(s) = \frac{1}{s + 1}$$

则其 $\Omega_c = 1$ 的平方幅频特性为：

$$|H(j\Omega)|^2 = \frac{1}{1 + \Omega^2}$$

采用双线性变换 $[T = 1, \; s = 2(1 - z^{-1})/(1 + z^{-1})]$ 的数字滤波器系统函数为：

$$H_1(z) = \frac{1 + z^{-1}}{3 - z^{-1}}$$

其幅频响应为

$$|H_1(e^{j\omega})| = \left| \frac{1 + e^{-j\omega}}{3 - e^{-j\omega}} \right| = \sqrt{\frac{(1 + \cos\omega)^2 + \sin^2\omega}{(3 - \cos\omega)^2 + \sin^2\omega}}$$

一般定义 $|H_1(e^{j\omega_c})| = 0.707$，则 $\omega_c = 0.295\pi$，为简化计算近似取 $\omega_c = 0.3\pi$，该滤波器在 $z = 1/3$ 处有一阶极点，在 $z = -1$ 处有一阶零点。

1. 由低通到低通变换

设计一阶巴特沃什低通滤波器，其截止频率 $\theta_c = 0.1\pi$。利用表 6.3-1 中的低通→低通变换公式：

$$a = \frac{\sin\left(\dfrac{\omega_c - \theta_c}{2}\right)}{\sin\left(\dfrac{\omega_c + \theta_c}{2}\right)} = \frac{\sin[(0.3\pi - 0.1\pi)/2]}{\sin[(0.3\pi + 0.1\pi)/2]} = \frac{0.308}{0.589} = 0.525$$

$$H_d(z) = \frac{1 + \dfrac{z^{-1} - 0.525}{1 - 0.525z^{-1}}}{3 - \dfrac{z^{-1} - 0.525}{1 - 0.525z^{-1}}} = \frac{0.475 + 0.475z^{-1}}{3.525 - 2.575z^{-1}}$$

$H_d(z)$ 在 $z = 0.73$ 处有一阶极点，在 $z = -1$ 处有一阶零点。

简单验证映射得到的滤波器为低通滤波器：

直流增益为 $|H_d(\mathrm{e}^{\mathrm{j}0})| = \left|\dfrac{0.475 + 0.475}{3.525 - 2.575}\right| = 1$　高频增益为 $|H_d(\mathrm{e}^{\mathrm{j}\pi})| = \left|\dfrac{0.475 - 0.475}{3.525 + 2.575}\right| = 0$

该滤波器的幅频特性曲线如图 6.3-7(c) 所示。

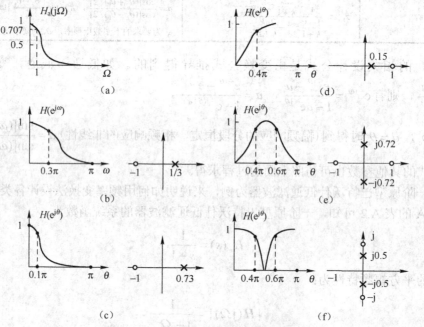

图 6.3-7　数字频率变换示意图

2. 低通到高通变换

设计一阶巴特沃什高通滤波器，其截止频率 $\theta_c = 0.4\pi$。利用表 6.3-1 中的低通→高通变换公式：

$$a = -\frac{\cos\left(\dfrac{\theta_c + \omega_c}{2}\right)}{\cos\left(\dfrac{\theta_c - \omega_c}{2}\right)} = -\frac{\cos\left(\dfrac{0.4\pi + 0.3\pi}{2}\right)}{\cos\left(\dfrac{0.4\pi - 0.3\pi}{2}\right)} = -\frac{0.454}{0.988} = -0.46$$

$$H_d(z) = \frac{1 - \dfrac{z^{-1} - 0.46}{1 - 0.46z^{-1}}}{3 + \dfrac{z^{-1} - 0.46}{1 - 0.46z^{-1}}} = \frac{1.46 - 1.46z^{-1}}{2.54 - 0.38z^{-1}}$$

$H_d(z)$ 在 $z = 0.15$ 处有一阶极点，在 $z = 1$ 处有一阶零点。该滤波器的幅频特性如图 6.3-7(d)所示。

简单验证映射得到的滤波器为高通滤波器：

直流增益为 $|H_d(e^{j0})| = \left| \dfrac{1.46 - 1.46}{2.54 - 0.38} \right| = 0$ 高频增益为 $|H_d(e^{j\pi})| = \left| \dfrac{1.46 + 1.46}{2.54 + 0.38} \right| = 1$

3. 低通到带通变换

设计一阶巴特沃什带通滤波器，其上截止频率 $\theta_2 = 0.6\pi$，下截止频率 $\theta_1 = 0.4\pi$。利用表 6.3-1 中的低通→带通变换公式：

$$a = \frac{\cos\left(\dfrac{\theta_2 + \theta_1}{2}\right)}{\cos\left(\dfrac{\theta_2 - \theta_1}{2}\right)} = \frac{\cos\left(\dfrac{0.6\pi + 0.4\pi}{2}\right)}{\cos\left(\dfrac{0.6\pi - 0.4\pi}{2}\right)} = 0$$

$$k = \cot\left(\frac{\theta_2 - \theta_1}{2}\right)\tan\left(\frac{\omega_c}{2}\right) = \cot\left(\frac{0.6\pi - 0.4\pi}{2}\right)\tan\left(\frac{0.3\pi}{2}\right) = 3.079 \times 0.51 = 1.567$$

$$\frac{k-1}{k+1} = \frac{1.569 - 1}{1.569 + 1} = 0.221 \qquad \frac{2ak}{k+1} = 0$$

有

$$H_d(z) = \frac{1 - \dfrac{z^{-2} + 0.221}{0.221z^{-2} + 1}}{3 + \dfrac{z^{-2} + 0.221}{0.221z^{-2} + 1}} = \frac{-0.779z^{-2} + 0.779}{1.663z^{-2} + 3.221}$$

$H_d(z)$ 在 $z = \pm j0.719$ 处有一对共轭极点，在 $z = \pm 1$ 处有两个零点。

简单验证映射得到的滤波器为带通滤波器：

直流增益为 $|H_d(e^{j0})| = \left| \dfrac{-0.779 + 0.779}{1.663 + 3.221} \right| = 0$ 高频增益为 $|H_d(e^{j\pi})| = \left| \dfrac{-0.779 + 0.779}{1.663 + 3.221} \right| = 0$

带通中心频率处增益为 $|H_d(e^{j0.5\pi})| = \left| \dfrac{0.779 + 0.779}{-1.663 + 3.221} \right| = 1$

滤波器的幅频特性如图 6.3-7(e)所示。

4. 低通到带阻变换

设计一阶巴特沃什带阻滤波器，带阻中心频率 $\theta_0 = 0.5\pi$，上、下截止频率分别为 $\theta_2 = 0.6\pi$ 和 $\theta_1 = 0.4\pi$。利用表 6.3-1 中的低通→带阻变换公式：

因为

$$a = \frac{\cos\left(\dfrac{\theta_2 + \theta_1}{2}\right)}{\cos\left(\dfrac{\theta_2 - \theta_1}{2}\right)} = \frac{\cos\left(\dfrac{0.6\pi + 0.4\pi}{2}\right)}{\cos\left(\dfrac{0.6\pi - 0.4\pi}{2}\right)} = 0$$

$$k = \tan\left(\frac{\theta_2 - \theta_1}{2}\right)\tan\left(\frac{\omega_c}{2}\right) = \tan\left(\frac{0.6\pi - 0.4\pi}{2}\right)\tan\left(\frac{0.3\pi}{2}\right) = \frac{1}{3.079} \times 0.51 = 0.166$$

$$\frac{1-k}{1+k} = \frac{1-0.166}{1+0.166} = 0.715 \;, \qquad \frac{2ak}{k+1} = 0$$

有

$$H_d(z) = \frac{1 + \dfrac{z^{-2}+0.715}{0.715z^{-2}+1}}{3 - \dfrac{z^{-2}+0.715}{0.715z^{-2}+1}} = \frac{1.715z^{-2}+1.715}{1.145z^{-2}+2.285}$$

$H_d(z)$ 在 $z = \pm j0.501$ 处有一对共轭极点，在 $z = \pm j$ 处有两个零点。

简单验证映射得到的滤波器为带阻滤波器：

直流增益为 $|H_d(e^{j0})| = \left|\dfrac{1.715+1.715}{1.145+2.285}\right| = 1$ 高频增益为 $|H_d(e^{j0})| = \left|\dfrac{1.715+1.715}{1.145+2.285}\right| = 1$

带阻中心频率处增益为 $|H_d(e^{j0.5\pi})| = \left|\dfrac{-1.715+1.715}{-1.145+2.285}\right| = 0$

滤波器的幅频特性如图 6.3-7(f) 所示。

*6.4   IIR 数字滤波器的计算机辅助设计方法

前面所讨论的 IIR 数字滤波器设计方法采用了频域逼近法。在设计 IIR 数字滤波器时，总是根据技术指标利用现成公式和表格，先设计一个模拟原型低通滤波器(巴特沃什、切比雪夫或椭圆滤波器)，然后再选用合适的变换公式来完成各种数字滤波器的设计。显然这样设计出来的滤波器难以达到是最佳的，而且很难设计出满足任意频率响应指标的滤波器。当难以用解析方法或表达式来描述滤波器特性时，就不得不采用直接逼近的方法。在采用直接逼近技术时，需要解线性或非线性方程组。在求解这些方程组的参数时，往往要用计算机来完成大量的计算工作，这样就形成了一套数字滤波器的计算机辅助设计方法，而且这是发展方向。

目前已发展了很多种用计算机辅助设计技术逼近任意频率特性的方法，本节主要讨论 IIR 数字滤波器设计的最小均方误差法、最小平方逆设计，以及 IIR 数字滤波器的时域设计等计算机辅助设计方法。

6.4.1   IIR 数字滤波器的频域最小均方误差设计

如果要设计的 IIR 数字滤波器的频率特性 $H_d(e^{j\omega})$ 非常复杂，就很难用经典的模拟滤波器设计法，而常常使用数值分析中的逼近方法来设计。

逼近方法主要是对误差提出一个准则，在此准则下逼近效果最好。最有名的莫过于最小均方误差逼近法(最小平方逼近)。该方法是由 K.Steiglitz 于 1970 年根据频域均方误差最小准则提出的。IIR 数字滤波器的设计可用最小均方误差法，使设计的幅频特性 $H(e^{j\omega})$ 逼近所希望的幅频特性 $H_d(e^{j\omega})$。由于使用准则和设计场合的双重原因，而称之为频域最小均方误差设计。

若存在一组频率点 $\omega_1, \omega_2, \omega_3, \cdots, \omega_M$，均方误差定义为：

$$E = \sum_{i=1}^{M} [H(e^{j\omega_i}) - H_d(e^{j\omega_i})]^2 \tag{6.4-1}$$

其中 $H_d(e^{j\omega_i})$ 为 ω_i 处所希望的幅值，$H(e^{j\omega_i})$ 为 ω_i 处设计后将得到的幅值。

该方法进行滤波器设计的思路是，调整 $H(e^{j\omega})$ 的取值，使得均方误差 E 最小。假定：

$$H(e^{j\omega}) = A \prod_{k=1}^{K} \frac{1 + a_k e^{-j\omega} + b_k e^{-j2\omega}}{1 + c_k e^{-j\omega} + d_k e^{-j2\omega}} = AG(e^{j\omega}) \tag{6.4-2}$$

上式就是假定要设计的系统为通用二阶环节级联的系统的频率响应。其中每个二阶环节都有 4 个待定参数 a_k, b_k, c_k, d_k，因此式(6.4-1)所表示的误差是 A 和 a_k, b_k, c_k, d_k 的函数。为使误差 E 最小，可求 E 对每一参数的偏导数，并使这些导数为零。

求 A 的方程为：
$$\frac{\partial E}{\partial |A|} = \sum_{i=1}^{M} \{2[|A||G(e^{j\omega_i})| - |H_d(e^{j\omega_i})|]|G(e^{j\omega_i})|\} = 0 \tag{6.4-3}$$

则有
$$|A| = \frac{\sum_{i=1}^{M}[|G(e^{j\omega_i})||H_d(e^{j\omega_i})|]}{\sum_{i=1}^{M}[|G(e^{j\omega_i})|]^2} \tag{6.4-4}$$

其他则令
$$\frac{\partial E}{\partial a_k} = 0 \quad \frac{\partial E}{\partial b_k} = 0 \quad \frac{\partial E}{\partial c_k} = 0 \quad \frac{\partial E}{\partial d_k} = 0 \tag{6.4-5}$$

$k = 1, 2, \cdots, M$，得到 $4M$ 个方程，其组成的方程组称为正规方程。解此正规方程可得到 a_k, b_k, c_k, d_k。

这种设计方法有两个问题要引起注意。

（1）设计的系统函数 $H(z)$ 的某些极点 z_r（成对出现）可能会处于单位圆外，从而使滤波器不稳定。在这种情况下，用 $1/z_r^*$ 来代替 z_r，这样代替不会影响滤波器的幅频特性。可以简单证明如下：

令 $z_r = \rho e^{j\theta}$，则有
$$1/z_r^* = 1/(\rho e^{j\theta})^* = \frac{1}{\rho}e^{j\theta}$$

那么
$$\left|\frac{1}{1-z_r z^{-1}}\right|_{z=e^{j\omega}} = \left|\frac{1}{1-\rho e^{-j(\omega-\theta)}}\right| = \frac{1}{\sqrt{1+\rho^2 - 2\rho\cos(\omega-\theta)}}$$

而
$$\left|\frac{1}{1-\frac{1}{z_r^*}z^{-1}}\right|_{z=e^{j\omega}} = \left|\frac{1}{1-\frac{1}{\rho}e^{-j(\omega-\theta)}}\right| = \frac{\rho}{\sqrt{1+\rho^2 - 2\rho\cos(\omega-\theta)}}$$

显然，二者的幅频响应只相差一个常数 ρ，对系统函数而言是容易调整的。

（2）离散频率点 ω_i 之间可以是不相等的频率间隔（称为不等距）。这样就可以在幅频特性变化剧烈的区间内将频率间隔取得小一些以保证精度；而在幅频特性变化平缓的区间内选取较大的频率间隔以节省计算工作量。

6.4.2　IIR 数字滤波器的最小平方逆设计

前面讨论的滤波器设计方法是从设计的频率响应 $H(e^{j\omega})$ 去逼近所希望的滤波器频率特性 $H_d(e^{j\omega})$ 的。这种方法最大的缺点是所得到的滤波器的参数方程组通常为非线性方程组，求解非线性方程组比较困难，而且计算量较大。本节讨论的最小平方逆设计方法却可以得到求滤波器参数的线性方程组。

假定所希望的滤波器的系统函数为 $H_d(z)$，其单位取样响应 $h_d(n)$ 的前 L 个值假定为 $h_d(0), h_d(1), \cdots, h_d(L-1)$。再假定所设计的 IIR 滤波器的系统函数为全极点型，即
$$H(z) = \frac{b_0}{1 - \sum_{k=1}^{N} a_k z^{-k}} \tag{6.4-6}$$

其中 a_k 为系统待求的 N 个未知参数。显然 a_k 一旦确定了，上式的 $H(z)$ 就随之确定了。b_0 为增益

调整系数。

有了上述假定后，为使 $H(z)$ 能逼近 $H_d(z)$ 的一种想法就是用 $h_d(n)$ 作为系统 $H(z)$ 的逆系统 $V(z)$ 的输入序列时，其输出序列 $v(n)$ 将会逼近单位取样序列 $\delta(n)$。此想法以数学方式可表示为：

$$V(z) = H_d(z)\frac{1}{H(z)} = H_d(z)\frac{1 - \sum_{k=1}^{N} a_k z^{-k}}{b_0} \tag{6.4-7}$$

式 (6.4-7) 改写为

$$b_0 V(z) = H_d(z) - \sum_{k=1}^{N} a_k z^{-k} H_d(z) \tag{6.4-8}$$

上式等号两边分别进行 z 反变换，有：

$$b_0 v(n) = h_d(n) - \sum_{k=1}^{N} a_k h_d(n-k) \tag{6.4-9}$$

当系统 $H(z)$ 逼近 $H_d(z)$ 时，式 (6.4-7) 的 $V(z)$ 逼近于 1，而式 (6.4-9) 的 $v(n)$ 将逼近于单位取样序列 $\delta(n)$。由式 (6.4-9) 可得：

当 $n = 0$ 时，$b_0 = h_d(0)$；

当 $n > 0$ 时，$v(n)$ 逼近于零，或均方误差 $E = \sum_{n=1}^{\infty} [v(n)]^2$ 最小。

利用式 (6.4-9)，均方误差的展开式为

$$E = \frac{1}{b_0^2} \sum_{n=1}^{\infty} \left\{ [h_d(n)]^2 - 2h_d(n)\sum_{k=1}^{N} a_k h_d(n-k) + \left[\sum_{k=1}^{N} a_k h_d(n-k)\right]^2 \right\} \tag{6.4-10}$$

由式 (6.4-10)，使均方误差 E 最小的正规方程是：

$$\frac{\partial E}{\partial a_i} = 0 \qquad i = 1, 2, \cdots, N \tag{6.4-11}$$

上式的下标变量换成 i 是为了求偏导数时避免理解错误。于是可得：

$$\sum_{n=1}^{\infty} h_d(n)h_d(n-i) = \sum_{n=1}^{\infty}\sum_{k=1}^{N} a_k h_d(n-k)h_d(n-i) \tag{6.4-12}$$

亦即

$$\sum_{n=1}^{\infty} h_d(n)h_d(n-i) = \sum_{k=1}^{N} a_k \sum_{n=1}^{\infty} h_d(n-k)h_d(n-i) \qquad i = 1, 2, \cdots, N \tag{6.4-13}$$

如果令

$$\Phi(k,i) = \sum_{n=1}^{\infty} h_d(n-k)h_d(n-i) \qquad i = 1, 2, \cdots, N \tag{6.4-14}$$

由式 (6.4-13) 有

$$\sum_{k=1}^{N} a_k \Phi(k,i) = \Phi(0,i) \qquad i = 1, 2, \cdots, N \tag{6.4-15}$$

显然式 (6.4-15) 为 N 元一次方程组，容易求解。当然要先对 $\Phi(k,i)$ 进行处理，当 $h_d(n)$ 长度为 L 时，式 (6.4-14) 的求和上限变为 $L+N-1$ 就足以保证求出所有的 $\Phi(k,i)$。a_k 求出后，代入式 (6.4-6) 就得到了滤波器的系统函数 $H(z)$。因为在设计滤波器时，利用了 $H(z)$ 的倒数，所以称这种设计方法为滤波器的逆设计。有一个问题值得思考，既然已经知道希望的滤波器单位取样响应的 L 个值，为什么不直接进行 z 变换而得到系统函数呢？那样做一是难于得到 IIR 滤波器系统函数的闭合形式，更重要的是系统函数的阶数过高，其相应的差分方程规模太大，实用时必然代价太大。

6.4.3 IIR 数字滤波器的时域设计

以上所论述的数字滤波器的设计思想都是建立在满足频域 $H(\mathrm{e}^{j\omega})$ 要求的基础上的，但是在实际工程应用中，有时所关心的是时域上的波形。例如，已知输入序列 $x(n)$ ，要设计一个系统，使它的输出序列 $y(n)$ 具有规定的形状，这时对系统单位取样响应 $h(n)$ 的要求就是能最佳地逼近期望的单位取样响应。显然，设计的系统在频域中的性能也必定是最佳的。

滤波器的时域设计可分两个步骤，即先求出时域中的单位取样响应 $h(n)$ ，然后再由 $h(n)$ 设计 IIR 系统的系统函数 $H(z)$ 。滤波器的时域设计的基本方法依然是采用数值分析中的逼近技术。

1. 单位取样响应 $h(n)$ 的求法

滤波器设计中有一类工程问题是：已知输入序列为 $x(n)$ ， $n = 0,1,2,\cdots,M$ ，期望的输出序列为 $y(n)$ ， $n = 0,1,2,\cdots,N$ ，要求设计一个滤波器，使得当输入序列为 $x(n)$ 时，其输出序列在某个误差准则下能够最佳地逼近 $y(n)$ 。显然，如果此滤波器的冲激响应为 $h(n)$ ，则要求 $h(n)*x(n)$ 逼近 $y(n)$ 。

如果用最小平方误差准则，则其表达式为：

$$E = \sum_{n=0}^{N}\left[\sum_{m=0}^{n}h(m)x(n-m)-y(n)\right]^2 \tag{6.4-16}$$

式 (6.4-16) 的第二个求和符号的上限是 n 而不是 N ，也就是说当第一个求和变量 n 取定一个值 I 时，方括号中的值就是卷积在 I 点的值减去 $y(I)$ 。为求出使均方误差 E 最小的 $h(n)$ ，则要建立正规方程，其形式为：

$$\frac{\partial E}{\partial h(i)} = 0 \qquad i = 0,1,2,\cdots,N \tag{6.4-17}$$

式 (6.4-16) 的正规方程为：

$$\sum_{n=0}^{N}\left[\sum_{m=0}^{n}h(m)x(n-m)-y(n)\right]x(n-i) = 0 \qquad i = 0,1,2,\cdots,N \tag{6.4-18}$$

上式整理成 $\quad \sum_{n=0}^{N}\sum_{m=0}^{n}h(m)x(n-m)x(n-i) = \sum_{n=0}^{N}y(n)x(n-i) \qquad i = 0,1,2,\cdots,N \tag{6.4-19}$

上式等号左边的两个求和符号不能交换，但可按 n 逐一取值展开后再重新整理，有：

$$h(0)\sum_{n=0}^{N}x(n)x(n-i)+h(1)\sum_{n=0}^{N}x(n-1)x(n-i)+\cdots+h(N)\sum_{n=0}^{N}x(n-N)x(n-i)$$

$$= \sum_{n=0}^{N}y(n)x(n-i) \qquad i = 0,1,2,\cdots,N \tag{6.4-20}$$

即

$$\begin{bmatrix} \sum_{n=0}^{N}x^2(n) & \sum_{n=0}^{N}x(n-1)x(n) & \cdots & \sum_{n=0}^{N}x(n-N)x(n) \\ \sum_{n=0}^{N}x(n)x(n-1) & \sum_{n=0}^{N}x^2(n-1) & \cdots & \sum_{n=0}^{N}x(n-N)x(n-1) \\ \vdots & \vdots & \ddots & \vdots \\ \sum_{n=0}^{N}x(n)x(n-N) & \sum_{n=0}^{N}x(n-1)x(n-N) & \cdots & \sum_{n=0}^{N}x^2(n-N) \end{bmatrix} \begin{bmatrix} h(0) \\ h(1) \\ \vdots \\ h(N) \end{bmatrix} = \begin{bmatrix} \sum_{n=0}^{N}y(n)x(n) \\ \sum_{n=0}^{N}y(n)x(n-1) \\ \vdots \\ \sum_{n=0}^{N}y(n)x(n-N) \end{bmatrix} \tag{6.4-21}$$

解式(6.4-21)表示的线性方程组，不难得到滤波器的单位取样响应序列 $h(n)$ 。

2. 在已求得 $h(n)$ 的情况下，设计系统函数 $H(z)$

一个零极点模型的 IIR 系统，其系统函数为：

$$H(z) = \frac{\sum_{r=0}^{M} b_r z^{-r}}{1 + \sum_{k=1}^{N} a_k z^{-k}} \tag{6.4-22}$$

本节前面求出了 $h(n)$ 的有限个值（$n = 0, 1, 2, \cdots, N$），在此基础上要得到所设计系统的系统函数 $H(z)$，一般假定系统函数为零极点型或全极点型，在这里采用零极点型，即式(6.4-22)。式(6.4-22)中的参数必须能通过 $h(n)$ 的有限个值（$n = 0, 1, 2, \cdots, N$）而得到确定。由已知 $h(n)$ 可以进行 z 变换，变换后的结果令其等于式(6.4-22)，则式(6.4-22)对应的单位取样响应必定等于或逼近于已知的 $h(n)$ 。故令：

$$\frac{\sum_{r=0}^{M} b_r z^{-r}}{1 + \sum_{k=1}^{N} a_k z^{-k}} = \sum_{n=0}^{N} h(n) z^{-n} \tag{6.4-23}$$

即

$$\sum_{r=0}^{M} b_r z^{-r} = \sum_{n=0}^{N} h(n) z^{-n} + \sum_{n=0}^{N} h(n) z^{-n} \sum_{k=1}^{N} a_k z^{-k} \tag{6.4-24}$$

把式(6.4-24)两边都看成以 z^{-1} 为变量的高次多项式，则两边同次项的系数应相等，因此有：

$$\begin{cases} b_0 = h(0) \\ b_m = h(m) + \sum_{j=1}^{m} a_j h(m-j) & 1 \leqslant m \leqslant M \\ 0 = h(m) + \sum_{j=1}^{m} a_j h(m-j) & M+1 \leqslant m \leqslant N \end{cases} \tag{6.4-25}$$

由式(6.4-25)的最后一个子式只能求出式(6.4-22)中 a_k（$k = 1, 2, \cdots, N$）的前 $N-M$ 个值，a_k 的其他值必须为 0。由式(6.4-25)的中间一个子式能够求出式(6.4-22)中的 b_r（$r = 1, 2, \cdots, M$）。将求出的 a_k 和 b_r 代入式(6.4-22)得到的系统函数为：

$$H(z) = \frac{\sum_{r=0}^{M} b_r z^{-r}}{1 + \sum_{k=1}^{N-M} a_k z^{-k}} \tag{6.4-26}$$

也就是说，在利用最小平方准则得到 $h(n)$ 之后，通过式(6.4-25)来确定系统函数中的参数，系统函数的最终形式为式(6.4-26)。

3. 系统函数 $H(z)$ 符合工程要求的进一步处理

按说第 2 步结束后，设计就完成了。但是工程上有时要求式(6.4-22)中分母多项式的最高次数等于分子多项式的最高次数 M，亦即设计出的系统，其单位取样响应能逼近第 1 步求出的 $h(n)$ 的前 $2M$ 个值就可以了，这并不意味着前两步中的 N 必须等于 $2M$，但要保证 $N \geqslant 2M$ 。

这一步的方法基本与第 2 步相同，系统函数为：

$$H(z) = \frac{\sum\limits_{r=0}^{M} b_r z^{-r}}{1 + \sum\limits_{k=1}^{M} a_k z^{-k}} \tag{6.4-27}$$

仿照第 2 步的方法，则式 (6.4-25) 改写为

$$\begin{cases} b_0 = h(0) \\ b_m = h(m) + \sum\limits_{j=1}^{m} a_j h(m-j) & 1 \leqslant m \leqslant M \\ 0 = h(m) + \sum\limits_{j=1}^{m} a_j h(m-j) & M+1 \leqslant m \leqslant 2M \end{cases} \tag{6.4-28}$$

式 (6.4-28) 的矩阵形式为

$$\begin{bmatrix} h(0) & 0 & 0 & \cdots & 0 & 0 \\ h(1) & h(0) & & \cdots & 0 & 0 \\ \vdots & \vdots & \vdots & \ddots & & \\ h(M) & h(M-1) & h(M-2) & \cdots & h(1) & h(0) \\ h(M+1) & h(M) & h(M-1) & \cdots & h(2) & h(1) \\ \vdots & \vdots & \vdots & \ddots & & \\ h(2M) & h(2M-1) & h(2M-2) & \cdots & h(M+1) & h(M) \end{bmatrix} \begin{bmatrix} 1 \\ a_1 \\ \vdots \\ a_{M-1} \\ a_M \end{bmatrix} = \begin{bmatrix} b_0 \\ b_1 \\ \vdots \\ b_M \\ 0 \\ \vdots \\ 0 \end{bmatrix} \tag{6.4-29}$$

把式 (6.4-29) 拆解为两个矩阵方程，即

$$\begin{bmatrix} h(M+1) & h(M) & h(M-1) & \cdots & h(2) & h(1) \\ \vdots & & \vdots & \ddots & & \\ h(2M-1) & h(2M-2) & h(2M-3) & \cdots & h(M) & h(M-1) \\ h(2M) & h(2M-1) & h(2M-2) & \cdots & h(M+1) & h(M) \end{bmatrix} \begin{bmatrix} 1 \\ a_1 \\ \vdots \\ a_{M-1} \\ a_M \end{bmatrix} = \begin{bmatrix} 0 \\ 0 \\ \vdots \\ 0 \end{bmatrix} \tag{6.4-30}$$

和

$$\begin{bmatrix} h(0) & 0 & 0 & \cdots & 0 & 0 \\ h(1) & h(0) & 0 & \cdots & 0 & 0 \\ \vdots & \vdots & \vdots & \ddots & & \vdots \\ h(M) & h(M-1) & h(M-2) & \cdots & h(1) & h(0) \end{bmatrix} \begin{bmatrix} 1 \\ a_1 \\ \vdots \\ a_{M-1} \\ a_M \end{bmatrix} = \begin{bmatrix} b_0 \\ b_1 \\ \vdots \\ b_M \end{bmatrix} \tag{6.4-31}$$

因此，由式 (6.4-30) 先求出 a_k ($k=1,2,\cdots,M$) 共 M 个值，然后代入式 (6.4-31)，b_r ($r=0,1,2,\cdots,M$) 的值便可解出 (共 $M+1$ 个)。

6.5 IIR 数字滤波器的特点

本章讨论了很多种 IIR 数字滤波器的设计方法。现对 IIR 数字滤波器的主要特点进行归纳。

在实际应用中，IIR 数字滤波器的主要优点体现在以下几个方面：

（1）可以利用一些现成的公式和系数表设计各类选频滤波器。通常只要将技术指标代入设计

方程组就可以设计出原型滤波器，然后再利用相应的变换公式求得所要求的滤波器系统函数的系数，因此设计方法简单。

（2）在满足一定技术要求和幅频响应的情况下，将 IIR 滤波器设计成具有递归运算的环节，所以它的阶次一般比 FIR 滤波器低，所用存储单元少，运算量小，滤波器体积也小，经济高效。

在实际应用中，IIR 数字滤波器的缺陷主要有：

（1）只能设计出有限频段的低通、高通、带通和带阻等选频滤波器。除幅频特性能够满足技术要求外，它们的相频特性往往是非线性的，这就会使信号产生失真。

（2）由于 IIR 数字滤波器采用了递归型结构，系统存在极点，因此在设计系统函数时，必须把所有的极点置于单位圆内，否则系统会不稳定。而且有限字长效应带来的运算误差，有时会使系统产生寄生振荡。

从以上分析可以看出，IIR 数字滤波器主要适用于对相位要求不高的场合。例如对一些检测信号、语音通信信号等，它们对信号的相位不十分敏感，这时选用 IIR 较合适，可充分发挥其经济高效的特点。

习题六

6-1　设计一个巴特沃什模拟低通滤波器，要求通带截止频率为 6kHz，通带内最大衰减不超过 3dB；阻带截止频率为 12kHz，阻带最小衰减不小于 25dB。

6-2　设计一个切比雪夫模拟低通滤波器，要求通带截止频率为 3kHz，通带内起伏误差不超过 2dB；阻带截止频率为 6kHz，阻带最小衰减不小于 50dB。

6-3　调用 MATLAB 工具箱函数，设计一个椭圆模拟低通滤波器，技术指标与题 6-1 相同。

6-4　设计一个巴特沃什模拟高通滤波器，要求通带截止频率为 20kHz，通带最大衰减不大于 3dB；阻带截止频率为 10kHz，阻带衰减不小于 15dB。

6-5　已知一个模拟滤波器的传递函数为 $H(s)=\dfrac{3s+1}{2s^2+3s+1}$，采样周期 $T=0.5\mathrm{s}$，分别采用冲激响应不变法和双线性映射法将其转换成数字滤波器的系统函数 $H(z)$。

6-6　已知一个模拟滤波器的传递函数为 $H(s)=\dfrac{1}{s^2+s+1}$，采样周期 $T=2\mathrm{s}$，分别采用冲激响应不变法和双线性变换法将其转换成数字滤波器的系统函数 $H(z)$。

6-7　设一个模拟滤波器的单位冲激响应为 $h(t)=\begin{cases}\mathrm{e}^{-0.9t}, & t\geqslant 0 \\ 0, & t<0\end{cases}$。

（1）用冲激响应不变法将其转换成数字滤波器；

（2）证明转换得到的数字滤波器是稳定的；

（3）说明此滤波器近似为低通滤波器还是高通滤波器。

6-8　用双线性映射法设计一个二阶巴特沃什数字滤波器，其截止频率为 $\omega_c=\pi/3\mathrm{rad}$，求出该模拟滤波器的系统函数 $H(z)$。

6-9　设计一个数字低通滤波器，在通带截止频率 $\omega_p=0.2613\pi$ 处，幅度衰减不超过 0.75dB，在阻带截止频率 $\omega_s=0.4\pi$ 处，幅度衰减至少为 20dB。求出满足上述指标的最低阶巴特沃什滤波器系统函数 $H(z)$，并画出其级联形式网络结构图。

6-10　假设一阶切比雪夫原型滤波器的通带波纹系数为 2dB，试通过双线性映射法和频率变换法设计相应的高通数字滤波器（高通截止频率 $\theta_c=0.4\pi$），并画出其网络结构图和 z 平面上的零极点分布图。

6-11　设计一个 IIR 数字滤波器，满足下述技术指标：在通带截止频率 $\Omega_1=30\pi\mathrm{rad/s}$ 处幅度衰减不大于 −3dB，在阻带截止频率 $\Omega_2=40\pi\mathrm{rad/s}$ 处幅度衰减不小于 −10dB，对模拟信号的采样频率为 100Hz。

6-12 某系统的系统函数为 $H(z) = \prod\limits_{i=1}^{M} \dfrac{z^{-1} - a_i^*}{1 - a_i z^{-1}}$ ，证明此系统的 $|H(\mathrm{e}^{\mathrm{j}\omega})|^2 = 1$，它是一个全通系统。

6-13 在 IIR 滤波器的计算机辅助设计中，采用频域最小均方误差方法时，设计的系数可能使得某些极点在单位圆外。为此也可用全通系统的特点，将那些极点移到单位圆内，试分析使用全通系统前后系统频率响应的变化。

6-14 一个理想的有限带宽模拟微分器的频率响应 $H(\mathrm{j}\Omega) = \begin{cases} (\mathrm{j}\Omega)\mathrm{e}^{-\mathrm{j}\Omega\tau}, & |\Omega| < \Omega_{\mathrm{c}} \\ 0, & \text{其他}\,\Omega \end{cases}$ ，其中 τ 为延迟。

（1）采用冲激响应不变法，求出带延迟的理想数字微分器的单位取样响应。

（2）求出相应的频率响应 $H(\mathrm{e}^{\mathrm{j}\omega})$ ，画出示意图。

（3）这个数字系统的延迟是多少个样本？

6-15 在不查表的前提下完成下述练习：

（1）推导 3 阶巴特沃什模拟低通原型（$\Omega_{\mathrm{c}} = 1\mathrm{rad}/\mathrm{s}$）滤波器的系统函数。

（2）用双线性变换法求出相应于（1）的数字滤波器的系统函数（采样周期分别为 0.1s 和 0.01s 两种情况），并画出系统的零极点分布图。

6-16 在不查表的前提下完成下述练习：

（1）推导 3 阶切比雪夫模拟低通原型（$\Omega_{\mathrm{c}} = 1\mathrm{rad}/\mathrm{s}$）滤波器的系统函数，要求通带波纹不超过 2dB。

（2）用双线性变换法求出相应于（1）的数字滤波器的系统函数（采样周期分别为 0.1s 和 0.01s 两种情况），并画出系统零极点分布图。

6-17 通过查表确定 4 阶切比雪夫低通滤波器，要求截止频率为 2kHz，通带波纹为 2dB。

6-18 通过查表确定 4 阶巴特沃什低通滤波器，要求在截止频率为 2kHz 处衰减 3dB。

6-19 假设一个 IIR 数字滤波系统的单位取样响应如下：

$$\{\,h(n)\,\} = \{1, 18, 9, 2, 1, 2/9, 1/9\} \quad n = 0, 1, 2, 3, 4, 5, 6$$

求满足它的系数函数。

第7章 FIR 数字滤波器的设计

7.1 引　言

第 6 章所讨论的 IIR 数字滤波器设计，可以利用模拟滤波器成熟的理论及图表进行数字滤波器的设计，因而可以保留一些典型模拟滤波器优良的幅度特性。但在滤波器的设计过程中，偏重于保证滤波器的幅频响应，没有考虑相频特性，所设计的滤波器一般是非线性相位的。为了得到线性相位特性，对于 IIR 数字滤波器而言，必须附加相位校正网络，使得滤波器的设计变得复杂，成本增大。而 FIR 数字滤波器在保证幅频特性满足技术指标要求的同时，很容易做到严格的线性相位特性。本章将对 FIR 数字滤波器的各种设计方法进行详细的讨论与分析。需要注意的是，FIR 数字滤波器的设计方法和 IIR 数字滤波器的设计方法有很大的不同，IIR 数字滤波器的设计通常需要先设计模拟滤波器，再进行离散化处理，而 FIR 数字滤波器的设计，则是直接进行数字滤波器的设计。

7.2　FIR 数字滤波器的线性相位特性

所谓有限冲激响应数字滤波器，是指数字滤波器的单位取样响应序列 $h(n)$ 仅在 $n = 0, 1, \cdots, N-1$ 的有限个点（N 个点）上有非零值，其系统函数一般表示为：

$$H(z) = \sum_{n=0}^{N-1} h(n) z^{-n} \tag{7.2-1}$$

第 6 章讨论了 IIR 数字滤波器的设计方法，这类滤波器一般都可得到较理想的幅频特性，但是它们的相频特性总是非线性的，因此会使通带内的信号形状产生畸变。与此相反，FIR 数字滤波器却可以得到线性相位频率特性，从而可以保证通带内的信号不发生畸变。此外，FIR 数字滤波器对参数量化效应不敏感，因此探讨其设计方法是相当重要的。

7.2.1　线性相位系统对信号进行处理的优点

为了保证数字滤波器通带内的输出信号 $y(n)$ 相对于输入信号 $x(n)$ 的形状保持不变，常常要求滤波器的频率响应 $H(\mathrm{e}^{\mathrm{j}\omega})$ 在通带内的幅频响应接近为 1，而相频响应是数字角频率 ω 的线性函数（也被称为线性相位特性），即：

$$H(\mathrm{e}^{\mathrm{j}\omega}) = 1 \cdot \mathrm{e}^{-\mathrm{j}\omega k} \qquad |\omega| \leqslant \omega_{\mathrm{c}} \tag{7.2-2}$$

如果输入信号序列 $x(n)$ 的频谱用 $X(\mathrm{e}^{\mathrm{j}\omega})$ 表示，则输出信号序列 $y(n)$ 的频谱为：

$$Y(\mathrm{e}^{\mathrm{j}\omega}) = X(\mathrm{e}^{\mathrm{j}\omega}) H(\mathrm{e}^{\mathrm{j}\omega})$$

如果输入信号频谱 $X(\mathrm{e}^{\mathrm{j}\omega})$ 的能量全部在 $H(\mathrm{e}^{\mathrm{j}\omega})$ 的通带内，则：

$$Y(\mathrm{e}^{\mathrm{j}\omega}) = X(\mathrm{e}^{\mathrm{j}\omega}) \cdot 1 \cdot \mathrm{e}^{-\mathrm{j}\omega k} \tag{7.2-3}$$

如果将式(7.2-3)进行傅里叶反变换，并考虑傅里叶变换的移位性质，可得到输出信号为：

$$y(n) = x(n-k) \tag{7.2-4}$$

式 (7.2-4) 表明，线性相位数字滤波器不会改变输入信号的形状，而只是将信号在时域上延迟了 k 个采样点。如果滤波器的相频特性不是线性相位的，则输出信号就不会同输入信号一样，甚至会产生严重畸变。

图 7.2-1 示出了由两个正弦信号合成的信号通过两个不同相频特性滤波器的情况(两滤波器的幅频特性一样，均为常数 1)。图 7.2-1 的第一个滤波器具有线性相频特性，即 $\varphi_1(\omega) = -5\omega$；而第二个滤波器为二次方相频特性，即：$\varphi_2(\omega) = -150\omega^2/\pi$。如果给定的输入信号 $x(n) = \sin(\pi n/30) - \sin(\pi n/10)$，通过线性相频特性滤波器后，其输出信号 $y_1(n) = x(n-5)$，只是原信号的位移，并没有改变信号形状。但当同一信号 $x(n)$ 通过平方相频特性滤波器后，其输出信号 $y_2(n)$ 就产主了畸变。

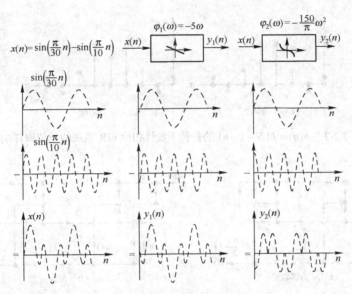

图 7.2-1　线性相位 FIR 系统与非线性相位 FIR 系统对同一信号的处理

前一章中所讨论的稳定因果 IIR 系统不可能在全部通频带内获得线性相位，因此输出信号相位失真在所难免。以下讨论 FIR 数字滤波器获取线性相位特性需要满足的条件。

7.2.2　FIR 系统为线性相位系统需满足的条件

上述讨论说明了一个无失真的理想滤波器的幅频特性应为常数，而相频特性应是线性函数。一个线性相位特性的因果有限冲激响应系统的单位取样响应 $h(n)$ 应具有中心对称特性，即：

$$h(n) = \pm h(N-1-n) \tag{7.2-5}$$

在 $h(n) = h(N-1-n)$ 的条件下，滤波器的单位取样响应如图 7.2-2 所示，滤波器实现的网络结构如图 7.2-3 所示。现验证其一定是线性相位。

（1）当 N 为偶数时，数字滤波器的系统函数

$$H(z) = \sum_{n=0}^{N-1} h(n)z^{-n}$$

可写为：

$$H(z) = \sum_{n=0}^{\frac{N}{2}-1} h(n)[z^{-n} + z^{-(N-n-1)}] \tag{7.2-6}$$

则系统的频率响为：
$$H(e^{j\omega}) = \sum_{n=0}^{\frac{N}{2}-1} h(n)[e^{-j\omega n} + e^{-j\omega(N-n-1)}]$$

$$= \sum_{n=0}^{\frac{N}{2}-1} h(n)e^{-j\left(\frac{N-1}{2}\right)\omega}\left[e^{j\left(\frac{N-1}{2}-n\right)\omega} + e^{-j\left(\frac{N-1}{2}-n\right)\omega}\right]$$

$$= e^{-j\left(\frac{N-1}{2}\right)\omega}\left\{\sum_{n=0}^{\frac{N}{2}-1} h(n)2\cos\left[\left(\frac{N-1}{2}-n\right)\omega\right]\right\} \tag{7.2-7}$$

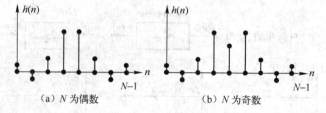

图 7.2-2　$h(n) = h(N-1-n)$ 的条件下线性相位 FIR 系统的单位取样响应

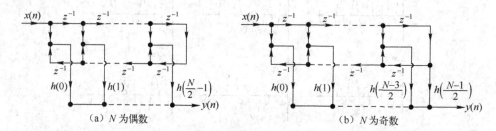

图 7.2-3　$h(n) = h(N-1-n)$ 的条件下线性相位 FIR 系统的网络结构

（2）当 N 为奇数时，式(7.2-1)可改写为下式：

$$H(z) = \sum_{n=0}^{\frac{N-3}{2}} h(n)[z^{-n} + z^{-(N-n-1)}] + h\left(\frac{N-1}{2}\right)z^{-\frac{N-1}{2}} \tag{7.2-8}$$

其对应的频率响应为：
$$H(e^{j\omega}) = e^{-j\frac{N-1}{2}\omega}\left\{\sum_{n=0}^{\frac{N-3}{2}} h(n)2\cos\left[\left(\frac{N-1}{2}-n\right)\omega\right] + h\left(\frac{N-1}{2}\right)\right\} \tag{7.2-9}$$

在式(7.2-7)和式(7.2-9)的大括号中，只要 $h(n)$ 是实函数，则整个大括号中的和式就是实数，它决定了滤波器的幅频响应，而对相频特性起决定性作用是大括号外的那一项。显然，两式的相频特性都是数字角频率 ω 的线性函数，为 $\varphi(\omega) = -(N-1)\omega/2$。

如果 $h(n)$ 的对称特性是 $h(n) = -h(N-1-n)$，仿照式(7.2-7)、式(7.2-9)的验证方法可以求得系统的频率响应，它的相频响应在 $h(n)$ 为实序列时同样为数字角频率 ω 的线性函数。

表 7.2-1 列出了线性相位 FIR 滤波器在 $h(n) = h(N-1-n)$ 和 $h(n) = -h(N-1-n)$ 两种对称形式下的频率特性。由表 7.2-1 可以看出，类型 3 和 4，对任何频率都有固定的 $\pi/2$ 的相移，一般微分器及 $\pi/2$ 相移网络采用这两种情况。类型 2 由于是余弦加权代数和，不适合用做高通和带阻滤波器。FIR 数字滤波器在设计时应根据实际需求选择合适的类型。

表 7.2-1　四种类型线性相位 FIR 数字滤波器频率特性

类　型	单位取样响应序列	频　率　响　应	幅度响应示意图
1	N 为奇数，偶对称 $h(n) = h(N-1-n)$ $n = 0,1,\cdots,\dfrac{N-3}{2}$ $h\left(\dfrac{N-1}{2}\right)$ 为任意数	$H(\omega) = \displaystyle\sum_{n=0}^{\frac{N-3}{2}} 2h(n)\cos\left[\omega\left(\dfrac{N-1}{2}-n\right)\right] + h\left(\dfrac{N-1}{2}\right)$ $\varphi(\omega) = -\dfrac{N-1}{2}\omega$	
2	N 为偶数，偶对称 $h(n) = h(N-1-n)$ $n = 0,1,\cdots,\dfrac{N}{2}-1$	$H(\omega) = \left\{\displaystyle\sum_{n=0}^{\frac{N}{2}-1} 2h(n)\cos\left[\omega\left(\dfrac{N-1}{2}-n\right)\right]\right\}$ $\varphi(\omega) = -\dfrac{N-1}{2}\omega$	
3	N 为奇数，奇对称 $h(n) = -h(N-1-n)$ $n = 0,1,\cdots,\dfrac{N-3}{2}$ $h\left(\dfrac{N-1}{2}\right) = 0$	$H(\omega) = \left\{\displaystyle\sum_{n=0}^{\frac{N-3}{2}} 2h(n)\sin\left[\omega\left(\dfrac{N-1}{2}-n\right)\right]\right\}$ $\varphi(\omega) = -\dfrac{N-1}{2}\omega - \dfrac{\pi}{2}$	
4	N 为偶数，奇对称 $h(n) = -h(N-1-n)$ $n = 0,1,\cdots,\dfrac{N}{2}-1$	$H(\omega) = \left\{\displaystyle\sum_{n=0}^{\frac{N}{2}-1} 2h(n)\sin\left[\omega\left(\dfrac{N-1}{2}-n\right)\right]\right\}$ $\varphi(\omega) = -\dfrac{N-1}{2}\omega + \dfrac{\pi}{2}$	

注：表 7.2-1 的幅频响应示意图中，幅频响应使用的是 $H(\omega)$，而不是通常的 $|H(\mathrm{e}^{\mathrm{j}\omega})|$，为的是突出序列的时域对称性和频域对称性的关系。$H(\omega)$ 有正负之分，称为幅度响应。如果使用 $|H(\mathrm{e}^{\mathrm{j}\omega})|$，横轴下方的图形应翻上去。

在 $h(n) = h(N-1-n)$ 的条件下，滤波器的网络结构流图如图 7.2-3 所示。无论 N 取偶数还是取奇数，图 7.2-3 的网络结构流图都说明了线性相位 FIR 系统的另一个优点，就是要比非对称形式节省一半存储器和乘法器。当单位取样响应序列满足 $h(n) = -h(N-1-n)$ 的条件时，只要将图 7.2-3 中的相应加法运算节点改成减法运算即可。

*7.2.3　FIR 线性相位系统的零点分布特征

由于工程应用中的 FIR 数字滤波系统基本都是实系统，即滤波器的单位取样响应序列 $h(n)$ 为实序列，满足：

$$h(n) = h^{*}(n) \tag{7.2-10}$$

将式 (7.2-10) 代入系统函数计算公式，有：

$$H(z) = \sum_{n=0}^{N-1} h(n)z^{-n} = \sum_{n=0}^{N-1} h^{*}(n)z^{-n} = \left[\sum_{n=0}^{N-1} h(n)(z^{*})^{-n}\right]^{*} = H^{*}(z^{*}) \tag{7.2-11}$$

若 z_0 为系统的零点，即 $H(z_0) = 0$，结合式 (7.2-11)，可得 $H(z_0^{*}) = 0$，即 $z = z_0^{*}$ 同时也为系统的零点。

又由于滤波器系统是线性相位系统，则滤波器的单位取样响应序列 $h(n)$ 应满足中心对称，即 $h(n) = \pm h(N-1-n)$。将这一条件代入系统函数计算公式，有：

$$H(z) = \sum_{n=0}^{N-1} h(n)z^{-n} = \sum_{n=0}^{N-1} \pm h(N-1-n)z^{-n} \tag{7.2-12}$$

令 $m = N-1-n$ ，则有：

$$H(z) = \sum_{m=0}^{N-1} \pm h(m)z^{-(N-1-m)} = \pm z^{-(N-1)} \sum_{m=0}^{N-1} h(m)(z^{-1})^{-m} = \pm z^{-(N-1)}H(z^{-1}) \tag{7.2-13}$$

若 z_0 为系统的零点，结合式 (7.2-13)，就有 $H(z_0^{-1}) = 0$ ，即 $z = z_0^{-1}$ 同时也为该系统的零点。

综合上述的讨论，可以得到如下结论：线性相位 FIR 滤波器系统的零点分布特征是互为倒数的共轭对，若已知 z_0 为系统的零点，则可确定 z_0^* 、 $z = z_0^{-1}$ 、 $z = (z_0^{-1})^*$ 同时也是系统的零点。

也就是说，FIR 线性相位系统的系统函数 $H(z)$ 的零点一般是按照上述结论以 4 个为一组出现的，只要确定了其中 1 个，其他 3 个也就随之确定了。当然，对于一些特殊情况应具体问题具体分析。例如，若零点 z_0 是纯虚数且在单位圆上，则只有 z_0 、 z_0^* 两个零点同时出现；若零点 z_0 是实数且在单位圆上，则只有 z_0 单独出现。

7.3 FIR 数字滤波器的加窗设计方法

7.3.1 加窗法设计 FIR 数字滤波器的思路

设计 FIR 数字滤波器最直接的方法，就是寻求系统的单位取样响应 $h(n)$ ，使 $h(n)$ 逼近理想滤波器的单位取样响应 $h_d(n)$ 。如果理想滤波器的频率响应为 $H_d(e^{j\omega})$ ，有傅里叶变换对存在，即：

$$H_d(e^{j\omega}) = \sum_{n=-\infty}^{\infty} h_d(n)e^{-j\omega n} \tag{7.3-1}$$

$$h_d(n) = \frac{1}{2\pi} \int_{-\pi}^{\pi} H_d(e^{j\omega})e^{j\omega n}d\omega \tag{7.3-2}$$

一般说来，理想滤波器的 $H_d(e^{j\omega})$ 在频带边界上不连续，如图 7.3-1 (a) 所示，则对应的 $h_d(n)$ 是无限长序列；如果频率响应是零相位， $h_d(n)$ 还是一个非因果序列。

为了得到因果且为有限长度的单位取样响应 $h(n)$（$0 \leqslant n \leqslant N-1$），则必须将理想滤波器的单位取样响应序列 $h_d(n)$ 移位，并将其截断而成为有限长因果序列。即：

$$h(n) = \begin{cases} h_d(n-m) & 0 \leqslant n \leqslant N-1 \\ 0 & 其他 n \end{cases} \tag{7.3-3}$$

式 (7.3-3) 可理解为： $h(n)$ 是由一个无限长序列 $h_d(n-m)$ 和一个有限长窗序列 $w(n)$ 的乘积。因此式 (7.3-3) 也可写成：

$$h(n) = h_d(n-m)w(n) \qquad 0 \leqslant n \leqslant N-1 \tag{7.3-4}$$

式 (7.3-4) 中常数 m 一般为 $N/2-1$（N 为偶数），或为 $(N-1)/2$（N 为奇数），而 $w(n)$ 为窗序列。

7.3.2 吉布斯效应

如果分别用 $H(e^{j\omega})$ 、 $H_d(e^{j\omega})$ 、 $W(e^{j\omega})$ 表示式 (7.3-4) 中 $h(n)$ 、 $h_d(n-m)$ 、 $w(n)$ 的傅里叶变换，由频域卷积定理，有：

$$H(e^{j\omega}) = \frac{1}{2\pi} \int_{-\pi}^{\pi} H_d(e^{j\theta})W(e^{j(\omega-\theta)})d\theta \tag{7.3-5}$$

式 (7.3-5) 中被积函数如果是任意两个函数的乘积，则积分难以求出。但只要其中一个为特殊函数，积分过程就比较简单。图 7.3-1 所示为理想低通滤波器的频率响应和矩形窗的频率响应之

间卷积的过程。图(a)为理想低通滤波器的单位取样响应序列的延迟序列 $h_d(n-m)$ 和其幅度响应 $H_d(\omega)$，显然 $H_d(\omega)$ 对式(7.3-5)来说是一个非常特殊的函数。图(b)为矩形窗序列 $w_R(n)$ 和其幅度响应 $W_R(\omega)$。图(c)表示求卷积时 $|H_d(e^{j\omega})|$ 保持不变而 $W_R(\omega)$ 要随 ω 的变化在 ω 轴移动。图(d)为最后的卷积结果，即实际滤波器的幅度响应。为了理解图 7.3-1(c) 的卷积过程，令理想低通滤波器的频率响应为：

$$H_d(e^{j\omega}) = e^{-j\omega m} \qquad |\omega| \leqslant \omega_c \tag{7.3-6}$$

而令矩形窗的频率响应

$$W_R(e^{j\omega}) = W_R(\omega)e^{-j\omega m} = \left[\frac{\sin(N\omega/2)}{\sin(\omega/2)}\right]e^{-j\omega m} \tag{7.3-7}$$

式(7.3-6)和式(7.3-7)中 $m = (N-1)/2$，为了达到更好的近似效果，N 取奇数。而 $W_R(\omega)$ 是不取绝对值的幅度响应。则式(7.3-5)变为：

$$\begin{aligned} H(e^{j\omega}) &= \frac{1}{2\pi}\int_{-\omega_c}^{\omega_c} e^{-j\theta m} \cdot W_R(\omega-\theta)e^{-j(\omega-\theta)m}d\theta \\ &= e^{-j\omega m}\frac{1}{2\pi}\int_{-\omega_c}^{\omega_c} W_R(\omega-\theta)d\theta \end{aligned} \tag{7.3-8}$$

则

$$\begin{aligned} |H(e^{j\omega})| &= |e^{-j\omega m}|\left|\frac{1}{2\pi}\int_{-\omega_c}^{\omega_c} W_R(\omega-\theta)d\theta\right| \\ &= \frac{1}{2\pi}\left|\int_{-\omega_c}^{\omega_c} W_R(\omega-\theta)d\theta\right| \end{aligned} \tag{7.3-9}$$

由式(7.3-9)可知实际滤波器的幅频响应 $|H(e^{j\omega})|$ 主要由矩形窗序列的幅度响应 $W_R(\omega)$ 在区间 $[-\omega_c, \omega_c]$ 的面积(可正可负)所确定。式(7.3-9)积分过程可定性地理解为：每指定一个 ω 值，$W_R(\omega)$ 的中心要移动到 ω 处，然后计算正负面积之和，其结果就是幅频响应 $|H(e^{j\omega})|$ 在 ω 处的值。

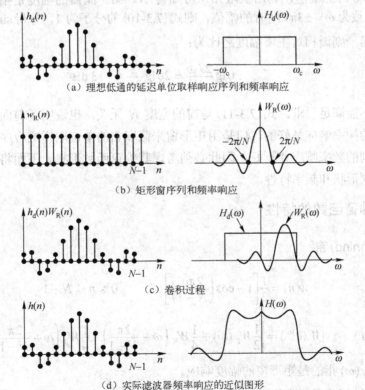

（a）理想低通的延迟单位取样响应序列和频率响应

（b）矩形窗序列和频率响应

（c）卷积过程

（d）实际滤波器频率响应的近似图形

图 7.3-1　理想低通滤波器进行矩形窗处理

需要说明的是，图7.3-1中的幅频响应曲线有横轴下方部分，一般应对称反折到上方。

从图7.3-1可以看出，理想低通滤波器经加窗处理后频率响应将产生如下的变化。

（1）理想低通幅频特性的陡直的边沿被加宽，形成过渡带，过渡带的宽度取决于窗函数频率响应的主瓣宽度。

（2）在过渡带两侧附近产生起伏的肩峰和波纹，它是由窗函数频率响应的旁瓣引起的，旁瓣相对值越大起伏就越强。

（3）增加加窗截取的长度N，将缩小窗函数的主瓣宽度，但却不能减小旁瓣相对值。旁瓣与主瓣的相对值主要取决于窗函数的形状。因此，增加截取长度N，只能减小过渡带宽度，而不能改善滤波器通带内的平稳性和阻带中的衰减。

上述的理想低通滤波器经加窗处理后频率响应所产生的变化也被称为吉布斯效应。

为了改善滤波器的性能，尽可能要求窗函数：

（1）主瓣宽度窄，以获得较陡的过渡带。

（2）旁瓣相对值尽可能小，以改善通带的平稳度和增大阻带中的衰减。

但这两项要求是不可兼得的，有的窗函数常要通过增加主瓣宽度来换取旁瓣的抑制；然后再用增加截取长度来使主瓣重新变窄。

矩形窗的第一副瓣相对主瓣幅度之比为$-13\,\mathrm{dB}$。这一结论可以通过估计得到，由式（7.3-7），有：

$$|W_{\mathrm{R}}(\mathrm{e}^{\mathrm{j}\omega})| = \left|\frac{\sin(N\omega/2)}{\sin(\omega/2)}\right| = \frac{|\sin(N\omega/2)|}{|\sin(\omega/2)|} \tag{7.3-10}$$

主瓣幅度是指$\omega=0$时的幅值，利用极限知识可知为N。第一副瓣的幅度是指绝对值最大的值，由图7.3-1可知大致为$\omega=\pm3\pi/N$时的幅值，则式（7.3-10）的分子为1，分母$\sin(\omega/2)$用$\omega/2$来估计，则矩形窗的第一副瓣相对主瓣幅度之比为：

$$20\lg\frac{2/\omega}{N} = 20\lg\frac{2}{3\pi} \approx -13\,\mathrm{dB} \tag{7.3-11}$$

这在工程上远远不能满足要求。式（7.3-11）与窗的宽度N无关，也说明了前面分析是正确的。显然，理想滤波器的频率响应是好的，但是用矩形窗来截取它的单位取样响应序列而得到的有限长单位取样响应序列的频率响应并不好，因此必须考虑其他窗函数形状。下面将介绍其他几种常用的窗函数及其序列形状和频率特性。

7.3.3 各种窗函数的特性

1. 汉宁（Hanning）窗

汉宁窗序列为
$$w(n) = \frac{1}{2}\left[1 - \cos\left(\frac{2\pi n}{N-1}\right)\right] \qquad 0 \leqslant n \leqslant N-1 \tag{7.3-12}$$

对应的幅频响应为
$$|W(\mathrm{e}^{\mathrm{j}\omega})| = \left|\frac{1}{2}W_{\mathrm{R}}(\omega) + \frac{1}{4}W_{\mathrm{R}}\left(\omega - \frac{2\pi}{N-1}\right) + \frac{1}{4}W_{\mathrm{R}}\left(\omega + \frac{2\pi}{N-1}\right)\right| \tag{7.3-13}$$

式（7.3-13）中的$W_{\mathrm{R}}(\omega)$指的是矩形窗的幅度响应。

对式（7.3-12）进行傅里叶变换，有

$$W(\mathrm{e}^{\mathrm{j}\omega}) = \sum_{n=0}^{N-1}\frac{1}{2}\left[1-\cos\left(\frac{2\pi n}{N-1}\right)\right]\mathrm{e}^{-\mathrm{j}\omega n} = \frac{1}{2}\sum_{n=0}^{N-1}\left(1-\frac{\mathrm{e}^{\mathrm{j}\frac{2\pi n}{N-1}}+\mathrm{e}^{-\mathrm{j}\frac{2\pi n}{N-1}}}{2}\right)\mathrm{e}^{-\mathrm{j}\omega n}$$

$$= \frac{1}{2}\sum_{n=0}^{N-1}\mathrm{e}^{-\mathrm{j}\omega n}-\frac{1}{4}\sum_{n=0}^{N-1}\mathrm{e}^{-\mathrm{j}\left(\omega-\frac{2\pi}{N-1}\right)n}-\frac{1}{4}\sum_{n=0}^{N-1}\mathrm{e}^{-\mathrm{j}\left(\omega+\frac{2\pi}{N-1}\right)n}$$

$$= \frac{1}{2}\mathrm{e}^{-\mathrm{j}\frac{N-1}{2}\omega}\left(\frac{\sin\left(\frac{\omega N}{2}\right)}{\sin\left(\frac{\omega}{2}\right)}\right)-\frac{1}{4}\mathrm{e}^{-\mathrm{j}\frac{N-1}{2}\omega_1}\left(\frac{\sin\left(\frac{\omega_1 N}{2}\right)}{\sin\left(\frac{\omega_1}{2}\right)}\right)-\frac{1}{4}\mathrm{e}^{-\mathrm{j}\frac{N-1}{2}\omega_2}\left(\frac{\sin\left(\frac{\omega_2 N}{2}\right)}{\sin\left(\frac{\omega_2}{2}\right)}\right) \qquad (7.3\text{-}14)$$

式中
$$\omega_1 = \omega-\frac{2\pi}{N-1},\quad \omega_2 = \omega+\frac{2\pi}{N-1}$$

注意到
$$\mathrm{e}^{-\mathrm{j}\frac{N-1}{2}\omega_1} = \mathrm{e}^{-\mathrm{j}\frac{N-1}{2}\left(\omega-\frac{2\pi}{N-1}\right)} = -\mathrm{e}^{-\mathrm{j}\frac{N-1}{2}\omega},\quad \mathrm{e}^{-\mathrm{j}\frac{N-1}{2}\omega_2} = \mathrm{e}^{-\mathrm{j}\frac{N-1}{2}\left(\omega+\frac{2\pi}{N-1}\right)} = -\mathrm{e}^{-\mathrm{j}\frac{N-1}{2}\omega}$$

保证了 $W(\mathrm{e}^{\mathrm{j}\omega})$ 的相频响应是线性的，而幅频响应就是式(7.3-13)。$W(\omega)$ 是由 3 部分组合而成的，图 7.3-2 就定性地说明了这一点，它对窗序列性能的理解大有裨益。

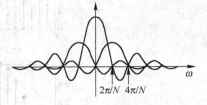

图 7.3-2　$W(\omega)$ 的 3 部分

2. 海明（Hamming）窗

前述的汉宁窗可以写成：

$$w(n) = \frac{1}{2}\left[1-\cos\left(\frac{2\pi n}{N-1}\right)\right] = \alpha-\beta\cos\left(\frac{2\pi n}{N-1}\right) \qquad (7.3\text{-}15)$$

在 $\alpha+\beta=1$ 的条件下，如何选取 α、β 使得幅频响应的第二副瓣最大值衰减到 0（实际上做不到，只能接近于 0），这就是海明窗，结果为：

$$w(n) = 0.54-0.46\cos\left(\frac{2\pi n}{N-1}\right) \qquad 0\leqslant n\leqslant N-1 \qquad (7.3\text{-}16)$$

幅频响应
$$\left|W(\mathrm{e}^{\mathrm{j}\omega})\right| = \left|0.54W_R(\omega)+0.23W_R\left(\omega-\frac{2\pi}{N-1}\right)+0.23W_R\left(\omega+\frac{2\pi}{N-1}\right)\right| \qquad (7.3\text{-}17)$$

3. 布莱克曼（Blackman）窗

前两个窗是消去第一副瓣的影响，而布莱克曼窗是把第一、第二副瓣的影响都消去。窗序列为：

$$w(n) = 0.42-0.5\cos\left(\frac{2\pi n}{N-1}\right)-0.08\cos\left(\frac{4\pi n}{N-1}\right) \qquad 0\leqslant n\leqslant N-1 \qquad (7.3\text{-}18)$$

幅频响应为：
$$\left|W(\mathrm{e}^{\mathrm{j}\omega})\right| = \left|0.42W_R(\omega)+0.25W_R\left(\omega-\frac{2\pi}{N-1}\right)+0.25W_R\left(\omega+\frac{2\pi}{N-1}\right)+\right.$$

$$\left.0.04W_R\left(\omega-\frac{4\pi}{N-1}\right)+0.04W_R\left(\omega+\frac{4\pi}{N-1}\right)\right| \qquad (7.3\text{-}19)$$

4. 凯塞（Kaiser）窗

以上改进的各种窗序列都是从消去副瓣的影响而提出的系数调整方法，特点是简单易算。但是几个系数的调整不可能使所有序列值都达到最佳，凯塞窗在保证线性相位的条件下利用第一类修正零阶贝塞尔函数对序列值进行调整，调整参数做了大量试验，其最后的效果达到最佳或较佳，凯塞窗序列为：

$$w(n) = \frac{I_0\left[\beta\sqrt{\left(\frac{N-1}{2}\right)^2 - \left(n-\frac{N-1}{2}\right)^2}\right]}{I_0\left(\beta\frac{N-1}{2}\right)} = \frac{I_0\left[\beta\sqrt{1-\left(1-\frac{2n}{N-1}\right)^2}\right]}{I_0(\beta)} \tag{7.3-20}$$

式中，$I_0(\cdot)$ 是第一类修正零阶贝塞尔函数，β 为调整参数，一般 β 值越大，旁瓣衰减越大，但主瓣宽度也随之增大。一般选择：

$$4 \leqslant \beta \leqslant 8 \tag{7.3-21}$$

图 7.3-3 和图 7.3-4 分别示出了上述几种窗函数序列和对应的频率响应。

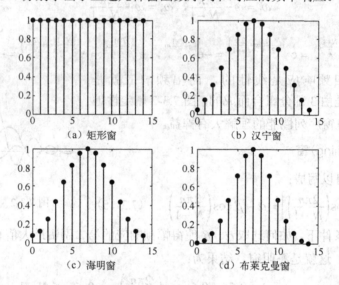

图 7.3-3　常用窗函数序列（$N=15$）

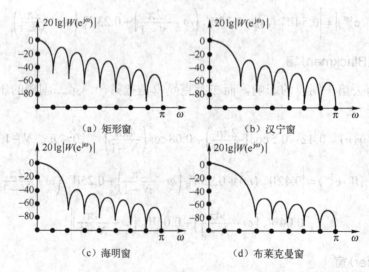

图 7.3-4　常用窗函数的频率响应

表 7.3-1 列出了常用的 5 种窗函数的性能参数，供 FIR 数字滤波器设计时参考。

表 7.3-1　5 种窗函数性能参数表

窗 函 数	第一副瓣峰值衰减(dB)	主瓣过渡区宽度	滤波器阻带最小衰减(dB)
1. 矩形窗	−13	$1×(4\pi/N)$	−21
2. 汉宁窗	−31	$2×(4\pi/N)$	−44
3. 海明窗	−41	$2×(4\pi/N)$	−53
4. 布莱克曼窗	−57	$3×(4\pi/N)$	−74
5. 凯塞窗($\beta=7.865$)	−57	$5×(2\pi/N)$	−80

7.3.4　加窗法设计 FIR 数字滤波器的具体步骤

FIR 数字滤波器设计时常给定的技术指标为：通带截止频率 Ω_p、通带最大衰减 k_1、阻带截止频率 Ω_s、阻带最小衰减 k_2。根据上述分析，可归纳出利用窗函数设计 FIR 滤波器的步骤如下：

（1）根据取样周期 T，确定相应的数字角频率 $\omega_p = \Omega_p T$，$\omega_s = \Omega_s T$。

（2）根据阻带衰减确定窗函数形式 $w(n)$。

（3）根据过渡带宽 $\Delta\omega = \omega_s - \omega_p$，确定加窗宽度 N：

$$N \geqslant P×4\pi/\Delta\omega \tag{7.3-22}$$

其中系数 P 根据窗函数确定，称为窗宽系数；N 一般取奇数。

（4）确定单位取样响应的位移系数 $m = (N-1)/2$；

（5）确定滤波器单位取样响应

$$h(n) = \frac{\sin[\omega_c(n-m)]}{\pi(n-m)}w(n) \tag{7.3-23}$$

式(7.3-23)中常取 $\omega_c = \omega_p$，或 $\omega_c = (\omega_p + \omega_s)/2$。

（6）计算滤波器的频率响应：

$$H(e^{j\omega}) = e^{-j\omega m}\left\{\sum_{n=0}^{m}2h(n)\cos[\omega(n-m)] + h(m)\right\} \tag{7.3-24}$$

（7）校验技术指标是否已经满足，如不满足，则重新选取较大的 N 进行(3)、(4)的计算；如满足有余，则试选较小的 N 进行(3)、(4)计算。

上述步骤虽不能得到最佳设计，但方法简单，是 FIR 数字滤波器最常用的设计方法。

【例 7.3-1】　用窗函数法设计一个线性相位 FIR 数字滤波器，并满足如下技术指标：

在 $\Omega_p = 30\pi\text{rad/s}$ 处衰减不大于−3dB，在 $\Omega_s = 46\pi\text{rad/s}$ 处衰减不小于−45dB，采样周期 $T = 0.01\text{s}$。

解：滤波器的设计过程如下：

（1）确定数字角频率 $\omega_p = \Omega_p T = 0.3\pi\text{rad}$，$\omega_s = \Omega_s T = 0.46\pi\text{rad}$。

（2）根据阻带衰减不小于−45dB，由表 7.3-1 确定选用海明窗(汉宁窗衰减量不够，而布莱克曼窗的过渡带宽较宽)。

（3）确定窗宽 N。$\Delta\omega = \omega_s - \omega_p = 0.16\pi\text{rad}$，海明窗宽系数 $P=2$，有：

$$N \geqslant P×4\pi/\Delta\omega = 2×4\pi/0.16\pi = 50 \qquad 取 N=51$$

（4）确定位移系数 $m = (N-1)/2 = 25$。

（5）确定滤波器单位取样响应：

$$h(n) = \frac{\sin[0.3\pi(n-25)]}{\pi(n-25)}[0.54 - 0.46\cos(2\pi n/50)] \qquad 0 \leqslant n \leqslant 50$$

$h(n)$ 的图形如图 7.3-5 所示。注意，由于 $h(n)$ 是中心对称的，因此图中只画出了其前一半的序列值。

因为所设计的 FIR 滤波器是线性相位的，其冲激响应具有中心对称特点，此 FIR 滤波器的输出序列按卷积公式可写成：

$$y(n) = \sum_{k=0}^{50} h(k)x(n-k)$$
$$= h(0)x(n) + h(1)x(n-1) + h(2)x(n-2) + \cdots + h(50)x(n-50)$$
$$= h(0)[x(n) + x(n-50)] + h(1)[x(n-1) + x(n-49)] + \cdots +$$
$$h(24)[x(n-24) + x(n-26)] + h(25)x(n-25)$$

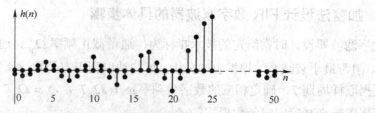

图 7.3-5　滤波器的单位取样响应序列

当不同的窗函数作用于同一个理想滤波器时，由于不同的窗函数性能不一样，最后得到的滤波器的性能也是不一样的，主要区别是肩峰大小、过渡带宽和副瓣衰减量。图 7.3-6 示出了 4 种窗函数对低通滤波器的影响，图中忽略了肩峰大小的影响，其阻带最小衰减对应于表 7.3-1 中最后一列的值：

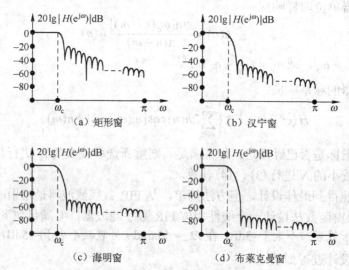

（a）矩形窗　　　　　　　　　　（b）汉宁窗

（c）海明窗　　　　　　　　　　（d）布莱克曼窗

图 7.3-6　窗函数对 FIR 滤波器幅频特性的影响（$N=51$）

7.3.5　加窗法设计 FIR 数字滤波器的 MATLAB 实现

加窗法设计 FIR 数字滤波器的核心是选择合适的窗函数类型，并确定窗的宽度。随着数字信号处理技术的发展，学者们提出的窗函数已有几十种。除了上述讨论的 5 种窗函数外，比较有名的还有 bartlett 窗、Chebyshev 窗和 Gaussian 窗等。MATLAB 信号处理工具箱提供了 14 种窗函数，在这里不一一列出，仅给出最常用的 6 种窗函数及调用方法：

（1）矩形窗函数：window=boxcar(N)；

（2）三角窗函数：window=bartlett (N)；

（3）汉宁窗函数：window=hanning(N)；

（4）海明窗函数：window=hamming(N);

（5）布莱克曼窗函数：window=blackman(N);

（6）凯塞窗函数：window=kaiser(N，beta);

上述 6 种窗函数的调用中，参数 N 均指窗函数的宽度，window 是生成的窗序列，为列向量。（6）中的 beta 为凯塞窗的调整参数，也就是前文中的 β。

按照前面所讨论的加窗法设计 FIR 数字滤波器的步骤，在 MATLAB 环境下以上述窗函数的使用方法为基础的例 7.3-1 仿真程序如下。

```
Wp = 30*pi; Ws = 46*pi;T=0.01;        %给定技术参数
wp=Wp*T;ws=Ws*T;                      %转换为数字频率
tr_width = ws−wp;                     %计算过渡带宽
P = 2;                               %窗宽系数
N0=ceil( P*4*pi/tr_width);            %计算加窗宽度 N
N=N0+mod(N0+1,2);                     %确保 N 为奇数
m = (N−1)/2;                         %计算移位系数
wc = (wp+ws)/2;                       %滤波器的截止频率
n = [0:1:N−1];
window=(hamming(N))';                 %生成窗函数序列
nm = n−m+eps;
hd = sin(wc*nm)./(pi*nm);             %计算移位理想低通滤波器的单位取样响应
hn = hd.*window;                      %对理想低通滤波器加窗，得实际滤波器的单位取样响应
%以下为用 FFT 计算滤波器的实际频率响应
H=fft(hn,1024); mag = abs(H); db = 20*log10(mag);
k=0:1:511; fs=1/T;
W=2*pi*(fs*k/1024);
%以下省略画图程序
```

运行程序，可得到滤波器的单位取样响应和实际的幅频响应如图 7.3-7 所示。

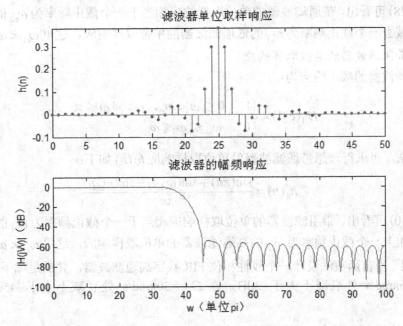

图 7.3-7 例 7.3-1 低通滤波器的单位取样响应和幅频响应

7.3.6 其他各型 FIR 数字滤波器的加窗设计

前面讨论了 FIR 数字低通滤波器的设计方法，若希望设计线性相位的高通、带通、带阻 FIR 数字滤波器，加窗法是同样适用的，设计步骤也和前述的 FIR 低通数字滤波器大体相同，只是需要将 $h(n) = h_d(n-m)w(n)$ 中的 $h_d(n)$ 换为相应的理想高通、理想带通、理想带阻滤波器的单位取样响应。

（1）理想高通滤波器的单位取样响应

理想高通滤波器的频率响应为：

$$H_d(e^{j\omega}) = \begin{cases} 1 & \omega_c \leqslant |\omega| < \pi \\ 0 & 0 \leqslant |\omega| < \omega_c \end{cases} \tag{7.3-25}$$

对 $H_d(e^{j\omega})$ 进行离散时间傅里叶反变换，可求得理想高通滤波器的单位取样响应：

$$h_d(n) = \frac{1}{2\pi}\int_{-\pi}^{\omega_c} e^{j\omega n}d\omega + \frac{1}{2\pi}\int_{\omega_c}^{\pi} e^{j\omega n}d\omega = \frac{\sin(\pi n) - \sin(\omega_c n)}{\pi n} \tag{7.3-26}$$

由式（7.3-26）可以看出，高通滤波器的单位取样响应相当于一个全通滤波器的单位取样响应减去一个低通滤波器的单位取样响应。

（2）理想带通滤波器的单位取样响应

理想带通滤波器的频率响应为：

$$H_d(e^{j\omega}) = \begin{cases} 1 & \omega_{c1} \leqslant |\omega| \leqslant \omega_{c2} \\ 0 & 0 \leqslant |\omega| < \omega_{c1},\ \omega_{c2} < |\omega| \leqslant \pi \end{cases} \tag{7.3-27}$$

同样由 IDTFT，可求得理想带通滤波器的单位取样响应：

$$h_d(n) = \frac{\sin(\omega_{c2} n) - \sin(\omega_{c1} n)}{\pi n} \tag{7.3-28}$$

由式（7.3-28）可看出，带通滤波器的单位取样响应相当于一个截止频率为 ω_{c2} 的低通滤波器的单位取样响应减去一个截止频率为 ω_{c1} 的低通滤波器的单位取样响应，这里 $\omega_{c1} < \omega_{c2}$。

（3）理想带阻滤波器的单位取样响应

理想带阻滤波器的频率响应为：

$$H_d(e^{j\omega}) = \begin{cases} 1 & 0 \leqslant |\omega| < \omega_{c1},\ \omega_{c2} < |\omega| \leqslant \pi \\ 0 & \omega_{c1} \leqslant |\omega| \leqslant \omega_{c2} \end{cases} \tag{7.3-29}$$

利用同样的方法，可求得理想带通滤波器的单位取样响应 $h_d(n)$ 如下：

$$h_d(n) = \frac{\sin(\pi n) + \sin(\omega_{c1} n) - \sin(\omega_{c2} n)}{\pi n} \tag{7.3-30}$$

由式（7.3-30）可看出，带阻滤波器的单位取样响应相当于一个截止频率为 ω_{c1} 的低通滤波器的单位取样响应加上一个截止频率为 ω_{c2} 的高通滤波器的单位取样响应，这里 $\omega_{c1} < \omega_{c2}$。

【例 7.3-2】 用窗函数法设计一个线性相位 FIR 数字高通滤波器，并满足如下技术指标：在 $\Omega_p = 46\pi\text{rad/s}$ 处衰减不大于 -3dB，在 $\Omega_s = 30\pi\text{rad/s}$ 处衰减不小于 -45dB，采样周期 $T = 0.01\text{s}$。

解： 该例与例 7.3-1 除滤波器类型外，其他要求完全一致，因此只需将例 7.3-1 中理想低通滤波器的单位取样响应序列替换为理想高通滤波器的单位取样响应序列即可。所设计出的滤波器的单位取样响应为：

$$h(n) = \frac{\sin[\pi(n-25)] - \sin[0.46\pi(n-25)]}{\pi(n-25)}[0.54 - 0.46\cos(2\pi n/50)] \qquad 0 \leqslant n \leqslant 50$$

若要基于 MATLAB 环境进行仿真设计，则只需要将前面所给出的 FIR 数字低通滤波器设计程序中的代码：

```
hd = sin(wc*nm)./(pi*nm);
```

替换为：

```
hd = (sin(pi*nm)–sin(wc*nm))./(pi*nm);
```

所设计出的滤波器的单位取样响应和幅频响应如图 7.3-8 所示。

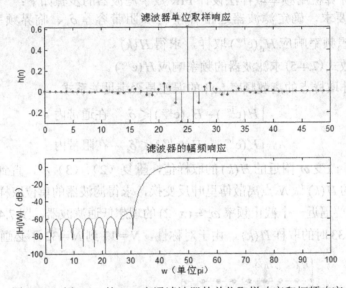

图 7.3-8　例 7.3-2 的 FIR 高通滤波器的单位取样响应和幅频响应

*7.4　FIR 数字滤波器的计算机辅助设计方法

7.4.1　频率取样法设计 FIR 数字滤波器

FIR 数字滤波器的系统函数 $H(z)$ 是其单位取样响应 $h(n)$ 的 z 变换：

$$H(z) = \sum_{n=0}^{N-1} h(n)z^{-n} \tag{7.4-1}$$

如果长度为 N 的序列 $h(n)$ 用 $h(n) = \text{IDFT}[H(k)]$ 表示，则可写为：

$$h(n) = \frac{1}{N}\sum_{k=0}^{N-1} H(k)W_N^{-kn} \tag{7.4-2}$$

将式 (7.4-2) 代入式 (7.4-1)，有：

$$H(z) = \sum_{n=0}^{N-1} h(n)z^{-n} = \sum_{n=0}^{N-1}\left[\frac{1}{N}\sum_{k=0}^{N-1} H(k)W_N^{-kn}\right]z^{-n}$$

$$= \frac{1}{N}(1 - z^{-N})\sum_{k=0}^{N-1}\frac{H(k)}{1 - W_N^{-k}z^{-1}} \tag{7.4-3}$$

将 $z = e^{j\omega}$ 代入式(7.4-3)，就得到系统的频率响应为：

$$H(e^{j\omega}) = \sum_{k=0}^{N-1} H(k)\Phi_k(e^{j\omega}) \tag{7.4-4}$$

式中

$$\Phi_k(e^{j\omega}) = \frac{1}{N} \frac{\sin(\omega N/2)}{\sin[(\omega - 2\pi k/N)/2]} e^{-j(\omega - 2\pi k/N)(N-1)/2} \tag{7.4-5}$$

$\Phi_k(e^{j\omega})$ 为频率取样内插函数，取样间隔为 $2\pi/N$。因此频率响应是各取样与内插函数的加权线性组合。在非取样点上误差不可避免，这种误差可以通过适当选择过渡带的取样点数和取样值来减小，以满足实际需要。

综上所述，借助计算机用频率取样法设计 FIR 数字滤波器的步骤如下：

（1）根据技术要求，确定滤波器通带容差 δ_p 和阻带容差 δ_s、临界频率 ω_c、长度 N 并在 $[0, 2\pi]$ 区间内对理想频率响应 $H_d(e^{j\omega})$ 取样，求得 $H(k)$。

（2）用内插函数式(7.4-5)求滤波器的频率响应 $H(e^{j\omega})$。

（3）计算一组非取样点的离散频率 $\{\omega_i\}$ 的误差是否满足关系式

$$|H(e^{j\omega}) - H_d(e^{j\omega})| \leqslant \delta_p \quad 在通带内$$

$$|H(e^{j\omega}) - H_d(e^{j\omega})| \leqslant \delta_s \quad 在阻带内$$

（4）如不满足，改变 ω_c 附近的 $H(k)$ 的取样值，重复（2）、（3）步，直到满意为止。

（5）对所确定的 $H(k)$ 做 N 点离散傅里叶反变换，求得滤波器的单位取样响应 $h(n)$。

【例 7.4-1】 设要逼近一个截止频率 $\omega_c = (\pi/2)$ 的理想低通滤波器，图 7.4-1(a)为要求的频率响应 $H_d(e^{j\omega})$ 和 $N = 33$ 时的取样 $H(k)$，由于对称性，$N = 17$ 到 $N = 32$ 不必画出。

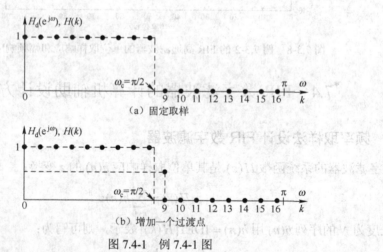

图 7.4-1 例 7.4-1 图

由图 7.4-1(a)可以看出，频率响应的幅度在 $2\pi/33$ 的整倍数点上都是指定的。截止频率 ω_c 显然不在取样点上。按式(7.4-4)得到频率响应如图 7.4-2(a)所示。由图可以看出，在取样点上与理想特性完全一致，但在非取样点上，通带区与理想特性基本一致，阻带区衰减却只有约−20dB。这样的滤波器达不到实际指标要求，但如果在截止频率 ω_c 之后，紧接着安排一个过渡点，它的取样值在 0 到 1 之间，如图 7.4-2(b)所示，当 $H(9) = 0.5$ 或 0.3904 时，则阻带内衰减增大，绝对误差变小，如图 7.4-2(b)和(c)所示。

如果取 $N = 65$，安排两个过渡点 $H(17) = 0.5886$ 和 $H(18) = 0.165$，如图 7.4-3(a)所示，阻带内的衰减达到约 -70dB，如图 7.4-3(b)所示，当然这是以加宽过渡带为代价换来的结果。这种处理方法与窗函数处理方法是相同的。如果过渡点为 1 点或 2 点，用线性规划可以很快得到这些点的最佳频率响应值，用计算机反复计算也可以很快得到最佳或较佳值。

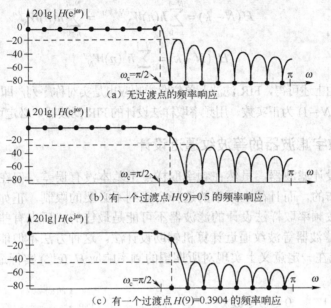

(a) 无过渡点的频率响应

(b) 有一个过渡点 $H(9) = 0.5$ 的频率响应

(c) 有一个过渡点 $H(9) = 0.3904$ 的频率响应

图 7.4-2　滤波器的频率响应

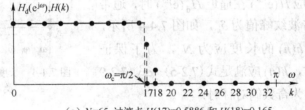

(a) $N = 65$，过渡点 $H(17) = 0.5886$ 和 $H(18) = 0.165$

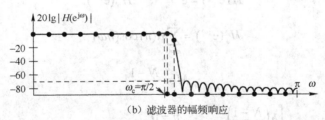

(b) 滤波器的幅频响应

图 7.4-3　增加过渡点的情况

在获得满意的频率取样值 $H(k)$ 后，就可用 IDFT 求得 FIR 滤波器的单位取样响应：

$$h(n) = \frac{1}{N}\sum_{k=0}^{N-1}H(k)W_N^{-kn} \tag{7.4-6}$$

当选择的频率取样值是实对称函数，即 $H(k) = H(N-k)$，且为实数时，就有：

$$h(N-n) = \frac{1}{N}\sum_{k=0}^{N-1}H(k)W_N^{-k(N-n)} = \frac{1}{N}\sum_{k=0}^{N-1}H(k)W_N^{(N-k)n} = \frac{1}{N}\sum_{k=0}^{N-1}H(k)W_N^{-kn} \tag{7.4-7}$$

$$h^*(N-n) = \sum_{k=0}^{N-1} H(k)W_N^{kn} \tag{7.4-8}$$

说明：$h(n) = h^*(N-n)$。再由 $H(k) = \sum\limits_{n=0}^{N-1} h(n)W_N^{kn}$，有：

$$H(N-k) = \sum_{n=0}^{N-1} h(n)W_N^{(N-k)n} = \sum_{n=0}^{N-1} h(n)W_N^{-kn} \tag{7.4-9}$$

$$H^*(N-k) = \sum_{n=0}^{N-1} h^*(n)W_N^{kn} \tag{7.4-10}$$

可得 $h(n) = h^*(n)$。由上述可得，FIR 滤波器单位取样响应也是实对称序列，即：$h(n) = h(N-n)$。如果 $h(n)$ $(n = 0,1,\cdots,N-1)$ 为正实数，用频率取样法设计的 FIR 滤波器，必定可以实现零相位滤波。

7.4.2　FIR 数字滤波器的等波纹逼近设计

用频率取样法设计滤波器，虽然在频率取样点上基本没有误差，但在非取样点处的误差沿频率轴不是均匀分布的，而且截止频率的选择会受到不必要的限制，正如在介绍椭圆滤波波器时所论述的理由，按频率取样法设计的滤波器不可能是最佳的。后来有些学者应用切比雪夫逼近理论提出了 FIR 滤波器等波纹逼近计算机辅助设计法。这种方法不但能准确地指定通带和阻带的边缘，而且还能在一定意义上实现对所期望的频率响应 $H_d(e^{j\omega})$ 实行最佳逼近。当希望的频率响应为

$$H_d(e^{j\omega}) = \begin{cases} 1 & 0 \leqslant \omega \leqslant \omega_p \\ 0 & \omega_s \leqslant \omega \leqslant \pi \end{cases} \tag{7.4-11}$$

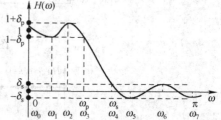

时，所设计的频率响应 $H(e^{j\omega})$ 在逼近 $H_d(e^{j\omega})$ 时，通带波纹峰值为 δ_p，阻带波纹峰值为 δ_s，如图 7.4-4 所示，系统单位取样响应 $h(n)$ 的长度应为 N，为了保证 $H(e^{j\omega})$ 具有线性相位，$h(n)$ 应满足式(7.2-5)～式(7.2-9)的条件。例如，当 N 为奇数偶对称时：

图 7.4-4　长度 $N = 13$ 的滤波器频率响应及 8 个极限频率点

$$H(e^{j\omega}) = e^{-j\omega(N-1)/2} H_a(e^{j\omega}) \tag{7.4-12}$$

式中

$$H_a(e^{j\omega}) = \sum_{n=0}^{M} a(n)\cos(n\omega) \tag{7.4-13}$$

式中

$$M = \frac{N-1}{2} \tag{7.4-14}$$

$$a(n) = \begin{cases} h\left(\dfrac{N-1}{2}\right) & n = 0 \\ 2h\left(\dfrac{N-1}{2} - n\right) & n = 1,2,3,\cdots,(N-1)/2 \end{cases} \tag{7.4-15}$$

如果在设计滤波器时要求通带和阻带具有不同的逼近精度，就要对误差函数进行加权，这种逼近称为加权切比雪夫一致逼近。它可表示为：

$$\begin{aligned} E(\omega) &= W(e^{j\omega}) \left| H_a(e^{j\omega}) - H_d(e^{j\omega}) \right| \\ &= W(e^{j\omega}) \left| \sum_{n=0}^{M} a(n)\cos(n\omega) - H_d(e^{j\omega}) \right| \end{aligned} \tag{7.4-16}$$

式中
$$W(\mathrm{e}^{\mathrm{j}\omega}) = \begin{cases} 1/k & 0 \leqslant \omega \leqslant \omega_{\mathrm{p}}, \ k = \delta_{\mathrm{p}}/\delta_{\mathrm{s}} \\ 1 & \omega_{\mathrm{s}} \leqslant \omega \leqslant \pi \end{cases} \tag{7.4-17}$$

切比雪夫逼近法要求式(7.4-16)表示的加权误差的最大值为最小，即：

$$\delta = \min\left\{\max_{0 \leqslant \omega \leqslant \pi}[E(\omega)]\right\}$$

$$= \min\left\{\max_{0 \leqslant \omega \leqslant \pi}\left[W(\mathrm{e}^{\mathrm{j}\omega})\left|\sum_{n=0}^{M}a(n)\cos(n\omega) - H_{\mathrm{d}}(\mathrm{e}^{\mathrm{j}\omega})\right|\right]\right\} \tag{7.4-18}$$

切比雪夫"交错点组定理"指出：如果 $H_{\mathrm{a}}(\mathrm{e}^{\mathrm{j}\omega})$（为书写简单，今后简写为 $H_{\mathrm{a}}(\omega)$，其他函数类似处理）是 M 次（余弦的）多项式，即 $H_{\mathrm{a}}(\omega) = \sum_{n=0}^{M}a(n)\cos(n\omega)$，那么 $H_{\mathrm{a}}(\omega)$ 最佳一致逼近 $H_{\mathrm{d}}(\omega)$ 的充要条件是：ω 在 $[0,\pi]$ 区间内至少应存在 $M+2$ 个交错点：

$$0 \leqslant \omega_0 < \omega_1 < \omega_2 < \cdots < \omega_{M-1} < \omega_M < \omega_{M+1} \leqslant \pi$$

使得
$$E(\omega_i) = -E(\omega_{i+1}), \quad i = 0,1,\cdots,M \tag{7.4-19}$$

且一定有
$$|E(\omega_i)| = \max[E(\omega)], \quad 0 \leqslant \omega \leqslant \pi \tag{7.4-20}$$

因此，交错点组定理说明了切比雪夫最佳逼近的条件满足误差沿频率轴做等波纹分布，如图 7.4-4 所示。

式(7.4-16)是否满足交错点组定理要求的交错点个数，可借助下面对式(7.4-13)的证明来说明。因为式(7.4-13)可以利用递推公式

$$\cos n\omega = 2\cos\omega\cos(n-1)\omega - \cos(n-2)\omega$$

写成 $\cos\omega$ 的多项式形式：
$$H_{\mathrm{a}}(\omega) = \sum_{n=0}^{M}a(n)\cos(n\omega) = \sum_{n=0}^{M}b(n)(\cos\omega)^{n} \tag{7.4-21}$$

其中有合并同类项的过程。

式(7.4-21)说明 $H_{\mathrm{a}}(\omega)$ 是一个 M 次多项式。上式对 ω 求一阶导数后令其为零，有：

$$\frac{\mathrm{d}}{\mathrm{d}\omega}H_{\mathrm{a}}(\omega) = -\sum_{n=0}^{M}n\sin(\omega)b(n)(\cos\omega)^{n-1} = -\sin(\omega)\sum_{n=0}^{M}nb(n)(\cos\omega)^{n-1} = 0 \tag{7.4-22}$$

当 $\sin\omega = 0$ 时，式(7.4-22)在区间 $[0,\pi]$ 内，有两个根，为 $\omega = 0$ 和 $\omega = \pi$。式(7.4-22)当求和部分为 0 时，可解出 $M-1$ 个根。说明在区间 $[0,\pi]$ 内，$H_{\mathrm{a}}(\omega)$ 有 $M+1$ 个交错点，因此尚不满足交错点数的要求。但是如果把通带和阻带看成是两个间断连续的区间，则 ω_{p} 和 ω_{s} 都满足交错点的要求，$H_{\mathrm{a}}(\omega)$ 在 $[0,\pi]$ 内，有 $M+3$ 个交错点。但也有例外的情况，比如在 $\omega = 0$ 时有极值但与交错点值不相等，则只有 $M+2$ 个交错点。可以证明，在各种情况下，用最佳一致逼近方法设计等波纹低通滤波器 $H_{\mathrm{a}}(\omega)$ 时，其交错点个数为 $M+2$ 或 $M+3$。

图 7.4-4 为一个长度为 13 的滤波器频率响应，它的交错点个数为 6+2＝8，而不是 9。

使用最佳一致逼近方法设计等波纹低通（其他形式）滤波器 $H_{\mathrm{a}}(\omega)$ 时，点数 N 与通带截止频率 ω_{p}、阻带截止频率 ω_{s} 都是重要的参数。显然当 $N > 1$ 时，设计的滤波器都是等波纹的，而且得到的多项式是同次多项式中唯一满足最佳一致逼近的多项式，但最大误差可能超出技术指标要求。也就是说，N 的值不是一次就可确定的，下面的讨论仅仅是说明满足指标的解法。

若已知有 $M+2$ 个交错点，且其中的 $\omega_i = \omega_{\mathrm{p}}$ 和 $\omega_{i+1} = \omega_{\mathrm{s}}$，由式(7.4-18)有：

$$\max_{0 \leqslant \omega \leqslant \pi} \left[W(\omega_i) \left| \sum_{n=0}^{M+1} a(n)\cos(n\omega_i) - H_d(\omega_i) \right| \right] = (-1)^i \delta, \quad i = 0, 1, \cdots, M+1 \qquad (7.4\text{-}23)$$

其中 $\delta = \max[E(\omega)]$。将上式写成矩阵形式：

$$\begin{bmatrix} 1 & \cos(\omega_0) & \cos(2\omega_0) & \cdots & \cos(M\omega_0) & 1/W(\omega_0) \\ 1 & \cos(\omega_1) & \cos(2\omega_1) & \cdots & \cos(M\omega_1) & -1/W(\omega_1) \\ 1 & \cos(\omega_2) & \cos(2\omega_2) & \cdots & \cos(M\omega_2) & 1/W(\omega_2) \\ \vdots & \vdots & \vdots & \ddots & \vdots & \vdots \\ 1 & \cos(\omega_M) & \cos(2\omega_M) & \cdots & \cos(M\omega_M) & (-1)^M/W(\omega_0) \\ 1 & \cos(\omega_{M+1}) & \cos(2\omega_{M+1}) & \cdots & \cos(M\omega_{M+1}) & (-1)^{M+1}/W(\omega_{M+1}) \end{bmatrix} \begin{bmatrix} a(0) \\ a(1) \\ a(2) \\ \vdots \\ a(M) \\ \delta \end{bmatrix} = \begin{bmatrix} H_d(\omega_0) \\ H_d(\omega_1) \\ H_d(\omega_2) \\ \vdots \\ H_d(\omega_M) \\ H_d(\omega_{M+1}) \end{bmatrix} \qquad (7.4\text{-}24)$$

式 (7.4-24) 的系数矩阵是非奇异方阵。解方程组可求得 $a(0), a(1), \cdots, a(M)$ 和误差 δ，从而可按式 (7.4-15) 得到最佳滤波器单位取样响应 $h(n)$。但直接求解式 (7.4-24) 是低效的，因为事先并不知道全部交错点而需反复计算。因而利用数值分析中的 Remez 算法，过程如下：

第一步：

（1）在 $[0, \omega_p]$ 和 $[\omega_s, \pi]$ 频率区间内等间隔地选取 $M+2$ 个频率点，作为交错点组 $\omega_0, \omega_1, \omega_2, \cdots, \omega_M, \omega_{M+1}$ 的初始猜测位置，然后由式 (7.4-24) 计算 δ：

$$\delta = \begin{vmatrix} H_d(\omega_0) & 1 & \cos\omega_0 & \cdots & \cos M\omega_0 \\ \vdots & \vdots & \vdots & & \vdots \\ H_d(\omega_{M+1}) & 1 & \cos\omega_{M+1} & \cdots & \cos M\omega_{M+1} \end{vmatrix} \Bigg/ \begin{vmatrix} \dfrac{1}{W(\omega_0)} & 1 & \cos\omega_0 & \cdots & \cos M\omega_0 \\ \vdots & \vdots & \vdots & & \vdots \\ \dfrac{(-1)^{M+1}}{W(\omega_{M+1})} & 1 & \cos\omega_{M+1} & \cdots & \cos M\omega_{M+1} \end{vmatrix} \qquad (7.4\text{-}25)$$

式 (7.4-25) 是分子和分母同时进行了列交换后的结果。若各自以第一列展开，代数余因子均为范德蒙行列式，则

$$\delta = \frac{\displaystyle\sum_{k=0}^{M+1} b(k) H_d(\omega_k)}{\displaystyle\sum_{k=0}^{M+1} b(k) \frac{(-1)^k}{W(\omega_k)}} \qquad (7.4\text{-}26)$$

其中 $b(k)$ 为代数余因子，从数值分析方法知道 $b(k)$ 是规模很大的因式的连乘，为了提高计算效率，对上式的分子和分母同除一个因子 $\displaystyle\prod_{i=0, k=0, k>i}^{M+1} \cos\omega_k - \cos\omega_i$，则有：

$$\delta = \frac{\displaystyle\sum_{k=0}^{M+1} a(k) H_d(\omega_k)}{\displaystyle\sum_{k=0}^{M+1} a(k) \frac{(-1)^k}{W(\omega_k)}} \qquad (7.4\text{-}27)$$

式中，$a(k)$ 的规模要小得多，为

$$a_k = \prod_{i=0, i \neq k}^{M+1} \frac{1}{\cos\omega_k - \cos\omega_i} \qquad (7.4\text{-}28)$$

（2）利用拉格朗日插值公式求当前的频率响应，为此先把式 (7.4-23) 改写为：

$$H_a(\omega_i) = H_d(\omega_k) - (-1)^k \frac{\delta}{W(\omega_k)}$$

考虑到频率响应函数是 M 次的余弦多项式，拉格朗日插值公式为：

$$H_a(\omega) = \sum_{k=0}^{M}\left[\prod_{i=0, i\neq k}^{M}\left(\frac{\cos\omega - \cos\omega_i}{\cos\omega_k - \cos\omega_i}\right)\right]H_a(\omega_k)$$

$$= \sum_{k=0}^{M}\left[\prod_{i=0, i\neq k}^{M}(\cos\omega - \cos\omega_i)\right]a_k H_a(\omega_k)$$

$$= \left[\prod_{i=0}^{M}(\cos\omega - \cos\omega_i)\right]\left[\sum_{k=0}^{M}\frac{a_k H_a(\omega_k)}{\cos\omega - \cos\omega_k}\right]$$

$$= \frac{\displaystyle\sum_{k=0}^{M}\frac{a_k H_a(\omega_k)}{\cos\omega - \cos\omega_k}}{\displaystyle\prod_{i=0}^{M}\frac{1}{\cos\omega - \cos\omega_i}} \tag{7.4-29}$$

式 (7.4-29) 的第一个等号后是公式的标准形式，第二个等号后是用前面已算出的 a_k 代替连乘积的分母，第三个等号后是提出一个因式，第四个等号后是把因式放到分母，此分母计算量在下一步校验时还嫌大，还要对分母予以处理。把分母的分式连乘处理为分式连加，或者把分母中的分子 1 作为函数进行拉格朗日插值，将得到：

$$H_a(\omega) = \frac{\displaystyle\sum_{k=0}^{M}\left\{\left(\frac{a_k}{\cos\omega - \cos\omega_k}\right)\left[H_d(\omega_k) - (-1)^k\frac{\delta}{W(\omega_k)}\right]\right\}}{\displaystyle\sum_{k=0}^{M}\frac{a_k}{\cos\omega - \cos\omega_k}} \tag{7.4-30}$$

式 (7.4-30) 中的 a_k 就是式 (7.4-28) 中的 a_k。通过式 (7.4-30) 可以看出，当 ω 是非交错频率点时，求此点对应的频率响应，在 a_k 已经求出的情况下，计算量相对于拉格朗日插值的标准形式来说要小得多，这正是式 (7.4-30) 的精华所在。因此每次循环时先计算 a_k。

（3）把 $H_a(\omega)$ 代入式 (7.4-16)，求得误差函数 $E(\omega)$。如果对所有频率 ω 都满足 $|E(\omega)|\leqslant\delta$，以此来说明初始猜定的 $\omega_0, \omega_1, \omega_2, \cdots, \omega_M, \omega_{M+1}$ 恰好是交错频率点组，则一般是不可能的。因此那些 $|E(\omega)|>\delta$ 的频率点偏离了真正的交错频率点，需要修改。并进入第一次循环迭代计算。

第二步：

在所有频率点 $|E(\omega)|>\delta$ 附近选定新的极值频率，重复第一步的过程。这一次的频率点更接近真正的交错频率点组，再检查在所有频率 ω 处的 $E(\omega)$。如仍有某些频率处还存在 $|E(\omega)|>\delta$，则重复第二步。因为每循环一次都确定新的交错点组，这些新的交错点组更趋近极值频率。因此，每次循环迭代计算的 δ 都可能递增，直至收敛到自己的上限。如果所有频率 ω 处都满足 $|E(\omega)|\leqslant\delta$，即 M 次的多项式 $H_a(\omega)$ 已经最佳地一致逼近 $H_d(\omega)$，则循环迭代结束。

值得说明的是，随着一次次循环迭代，新选的交错点的数目将逐渐减少。一般经过几次循环迭代就能收敛。

第三步：

检查最后得到的 δ 是否满足技术指标的要求，决定是加大序列长度 N 还是减小 N，如果需要改变 N（一般当 N 原来是奇数时，改变后的 N 继续为奇数），则要重新计算，以达到最经济地满足指标要求。

第四步：

将最后所得到的 $H_a(\omega)$ 进行傅里叶反变换(IFFT)，得到滤波器的单位取样响应 $h(n)$。

这就是用 Remez 算法实现 FIR 低通滤波器等波纹逼近的计算过程。这一过程的不少细节部分没有说明，如果要进行计算机仿真，还要深入理解。

【例 7.4-2】 令式 (7.4-23) 的规模为：

$$\max_{0 \leqslant \omega \leqslant \pi}\left[W(\omega_i)\left|\sum_{n=0}^{2}c(n)\cos(n\omega_i)-H_d(\omega_i)\right|\right]=(-1)^i\delta \qquad (7.4\text{-}31)$$

其中 $i=0,1,2,3$。这意味着用二次多项式来逼近 4 个交错点，下面分析一下计算过程。利用余弦的递推公式，上式可表示为：

$$\max_{0 \leqslant \omega \leqslant \pi}\left[W(\omega_i)\left|\sum_{n=0}^{2}c(n)\cos^n(\omega_i)-H_d(\omega_i)\right|\right]=(-1)^i\delta$$

$$\begin{bmatrix} 1 & \cos(\omega_0) & \cos^2(\omega_0) & 1/W(\omega_0) \\ 1 & \cos(\omega_1) & \cos^2(\omega_1) & -1/W(\omega_1) \\ 1 & \cos(\omega_2) & \cos^2(\omega_2) & 1/W(\omega_2) \\ 1 & \cos(\omega_3) & \cos^2(\omega_3) & -1/W(\omega_3) \end{bmatrix}\begin{bmatrix} c(0) \\ c(1) \\ c(2) \\ \delta \end{bmatrix}=\begin{bmatrix} H_d(\omega_0) \\ H_d(\omega_1) \\ H_d(\omega_2) \\ H_d(\omega_3) \end{bmatrix} \qquad (7.4\text{-}32)$$

令 $x_i=\cos(\omega_i)$，则上式为：

$$\begin{bmatrix} 1 & x_0 & x_0^2 & 1/W(\omega_0) \\ 1 & x_1 & x_1^2 & -1/W(\omega_1) \\ 1 & x_2 & x_2^2 & 1/W(\omega_2) \\ 1 & x_3 & x_3^2 & -1/W(\omega_3) \end{bmatrix}\begin{bmatrix} c(0) \\ c(1) \\ c(2) \\ \delta \end{bmatrix}=\begin{bmatrix} H_d(\omega_0) \\ H_d(\omega_1) \\ H_d(\omega_2) \\ H_d(\omega_3) \end{bmatrix}$$

要求出 δ，可以利用行列式之比，注意到分子、分母的列交换，有：

$$\delta=\begin{vmatrix} H_d(\omega_0) & 1 & x_0 & x_0^2 \\ \vdots & \vdots & \vdots & \vdots \\ H_d(\omega_3) & 1 & x_3 & x_3^2 \end{vmatrix}\Bigg/\begin{vmatrix} \dfrac{1}{W(\omega_0)} & 1 & x_0 & x_0^2 \\ \vdots & \vdots & \vdots & \vdots \\ \dfrac{-1}{W(\omega_3)} & 1 & x_3 & x_3^2 \end{vmatrix} \qquad (7.4\text{-}33)$$

上式的行列式的分子、分母以第一列展开，都是范德蒙行列式，有：

$$\delta=\frac{\displaystyle\sum_{k=0}^{3}(-1)^k b(k)H_d(\omega_k)}{\displaystyle\sum_{k=0}^{3}(-1)^k b(k)\frac{(-1)^k}{W(\omega_k)}} \qquad (7.4\text{-}34)$$

其中 $b(k)$ 为代数余子式。例如：

$$b(0)=\begin{vmatrix} 1 & x_1 & x_1^2 \\ 1 & x_2 & x_2^2 \\ 1 & x_3 & x_3^2 \end{vmatrix}=\prod_{i>j}(x_i-x_j)$$

如果计算的话，有： $b(0)=x_2x_3^2+x_3x_1^2+x_1x_2^2-x_2x_1^2-x_3x_2^2-x_1x_3^2$

即 $b(0)=(x_3-x_2)(x_3-x_1)(x_2-x_1)$

其他代数余子式的形式同上，如果代数余子式是 3 阶，其连乘积的因子为 1+2=3 项。

如果定义 $$Y = \prod_{i=0,j=0,i>j}^{3}(x_i - x_j) = (x_3 - x_2)(x_3 - x_1)(x_3 - x_0)(x_2 - x_1)(x_2 - x_0)(x_1 - x_0)$$

这个连乘形式，共有连乘因子 $1+2+3=6$ 项。

如果将式(7.4-34)的分子、分母分别除以 Y，则可以写成

$$\delta = \frac{\displaystyle\sum_{k=0}^{3}(-1)^k a(k) H_d(\omega_k)}{\displaystyle\sum_{k=0}^{3}(-1)^k a(k)\frac{(-1)^k}{W(\omega_k)}}$$

为了清晰理解 $a(k)$，我们以 $k=0,1,2,3$，逐个求出

$$a(0) = \frac{b(0)}{Y} = \frac{1}{(x_3 - x_0)(x_2 - x_0)(x_1 - x_0)}$$

$$a(1) = \frac{b(1)}{Y} = \frac{1}{(x_3 - x_1)(x_2 - x_1)(x_1 - x_0)}$$

$$a(2) = \frac{b(2)}{Y} = \frac{1}{(x_3 - x_2)(x_2 - x_1)(x_2 - x_0)}$$

$$a(3) = \frac{b(3)}{Y} = \frac{1}{(x_3 - x_2)(x_3 - x_1)(x_3 - x_0)}$$

总结以上各式的规律，$a(k)$ 的通式可写为：

$$a(k) = \prod_{i=0,i\neq k}^{3}(-1)^k \frac{1}{x_i - x_k} \tag{7.4-35}$$

即 $$a(k) = \prod_{i=0,i\neq k}^{3}(-1)^k \frac{1}{\cos\omega_i - \cos\omega_k}$$

由 $$W(\omega_i)\left|\sum_{n=0}^{2}c(n)\cos^n(\omega_i) - H_d(\omega_i)\right| = (-1)^i \delta$$

可知 $$\sum_{n=0}^{2}c(n)\cos^n(\omega_i) = H_d(\omega_i) - \frac{(-1)^i \delta}{W(\omega_i)} \qquad i=0,1,2,3$$

即 $$\sum_{n=0}^{2}c(n)x_i^n = H_d(\omega_i) - \frac{(-1)^i \delta}{W(\omega_i)}$$

注意上式中，每指定一个 i 值，等号右边表达式的值就是确定的。对左边的 x_i 而言，每指定一个 i 值，就确定了一个节点，如果把左边的看成一个二次多项式函数，则其对应于节点的函数值就是右边表达式的值，可以用图7.4-5直观表示。

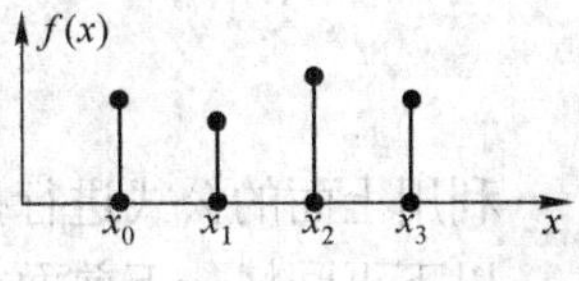

图7.4-5　$f(x)$ 的节点

那么 $f(x)$ 的函数表达式就可以用节点值和对应于节点的函数值表示出来，采用不等距的拉格朗日插值法：

$$f(x) = \frac{(x-x_1)(x-x_2)(x-x_3)}{(x_0-x_1)(x_0-x_2)(x_0-x_3)}f(x_0) + \frac{(x-x_0)(x-x_2)(x-x_3)}{(x_1-x_0)(x_1-x_2)(x_1-x_3)}f(x_1) +$$

$$\frac{(x-x_0)(x-x_1)(x-x_3)}{(x_2-x_0)(x_2-x_1)(x_2-x_3)}f(x_2) + \frac{(x-x_0)(x-x_1)(x-x_2)}{(x_3-x_0)(x_3-x_1)(x_3-x_2)}f(x_3)$$

由于 $$f(x_i) = H_d(\omega_i) - \frac{(-1)^i \delta}{W(\omega_i)} \qquad f(x) = H_a(\omega)$$

$$有 \qquad H_a(\omega) = \frac{(x-x_1)(x-x_2)(x-x_3)}{(x_0-x_1)(x_0-x_2)(x_0-x_3)}[H_d(\omega_0) - \frac{\delta}{W(\omega_0)}] +$$

$$\frac{(x-x_0)(x-x_2)(x-x_3)}{(x_1-x_0)(x_1-x_2)(x_1-x_3)}[H_d(\omega_1) - \frac{-\delta}{W(\omega_1)}] +$$

$$\frac{(x-x_0)(x-x_1)(x-x_3)}{(x_2-x_0)(x_2-x_1)(x_2-x_3)}[H_d(\omega_2) - \frac{\delta}{W(\omega_2)}] +$$

$$\frac{(x-x_0)(x-x_1)(x-x_2)}{(x_3-x_0)(x_3-x_1)(x_3-x_2)}[H_d(\omega_3) - \frac{-\delta}{W(\omega_3)}] \qquad (7.4\text{-}36)$$

仔细观察各项的分母，显然与前面的式 (7.4-35) 的 $a(k)$ $(k=0,1,2,3)$ 是相似的，但有的会相差一个符号值，本例偶数项就是如此，奇数项正是 $a(1)$、$a(3)$。

如果令 $z = (x-x_0)(x-x_1)(x-x_2)(x-x_3)$，可对 $H_a(\omega)$ 做如下变换

$$H_a(\omega) = \frac{zH_a(\omega)}{z} = \frac{H_a(\omega)/z}{1/z}$$

$$= \frac{\dfrac{-a(0)}{(x-x_0)}\left[H_d(\omega_0) - \dfrac{\delta}{W(\omega_0)}\right] + \cdots + \dfrac{a(3)}{(x-x_3)}\left[H_d(\omega_3) - \dfrac{-\delta}{W(\omega_3)}\right]}{1/z}$$

而 $1/z = 1/(x-x_0)(x-x_1)(x-x_2)(x-x_3)$ 是可以进行因式分解的，即：

$$1/z = A/(x-x_0) + B/(x-x_1) + C/(x-x_2) + D/(x-x_3)$$

A、B、C、D 可以用系数待定法求出。更简单的是，有一个函数 $f(x) \equiv 1$，其 4 节点的拉格朗日插值形式应为：

$$1 \equiv f(x) = \frac{(x-x_1)(x-x_2)(x-x_3)}{(x_0-x_1)(x_0-x_2)(x_0-x_3)} \times 1 + \cdots + \frac{(x-x_0)(x-x_1)(x-x_2)}{(x_3-x_0)(x_3-x_1)(x_3-x_2)} \times 1$$

可得

$$\frac{1}{z} = \frac{-a(0)}{x-x_0} + \frac{a(1)}{x-x_1} + \frac{-a(2)}{x-x_2} + \frac{a(3)}{x-x_3}$$

$$H_a(\omega) = \frac{\dfrac{-a(0)}{(x-x_0)}\left[H_d(\omega_0) - \dfrac{\delta}{W(\omega_0)}\right] + \cdots + \dfrac{a(3)}{(x-x_3)}\left[H_d(\omega_3) - \dfrac{-\delta}{W(\omega_3)}\right]}{\dfrac{-a(0)}{(x-x_0)} + \cdots + \dfrac{a(3)}{(x-x_3)}}$$

$$= \frac{\displaystyle\sum_{k=0}^{3} \frac{(-1)^{k+1}a(k)}{(x-x_0)}\left[H_d(\omega_k) - \frac{(-1)^k \delta}{W(\omega_k)}\right]}{\displaystyle\sum_{k=0}^{3} \frac{(-1)^{k+1}a(k)}{(x-x_0)}} \qquad (7.4\text{-}37)$$

利用上面的公式进行插值，其运算量小的优点是明显的。

以下再回忆一下前面求解过程中的公式。

（1）
$$\delta = \frac{\displaystyle\sum_{k=0}^{3}(-1)^k a(k)H_d(\omega_k)}{\displaystyle\sum_{k=0}^{3}(-1)^k a(k)\frac{(-1)^k}{W(\omega_k)}}$$

（2）
$$a(k) = \prod_{i=0,k=0,i\neq k}^{3}(-1)^k \frac{1}{x_i - x_k}$$

（3）
$$H_a(\omega) = \frac{\sum_{k=0}^{3} \frac{(-1)^{k+1}a(k)}{(x-x_0)}\left[H_d(\omega_k) - \frac{(-1)^k \delta}{W(\omega_k)}\right]}{\sum_{k=0}^{3} \frac{(-1)^{k+1}a(k)}{(x-x_0)}}$$

（4）
$$x_i = \cos(\omega_i)$$

由于 $a(k) = \prod_{i=0,i\neq k}^{3}(-1)^k \frac{1}{x_i - x_k}$ 中有 $(-1)^k$，而求 δ 的（1）中也有 $(-1)^k$，所以，在插值公式中的 $(-1)^{k+1}$，只是对交错点的点数为偶数时的结果，当点数为奇数时，为 $(-1)^k$，为了避免来回变号，尽可能取点数为奇数，并令其为 $M+1$。在此条件下：

（1）
$$a(k) = \prod_{i=0,i\neq k}^{M} \frac{1}{x_i - x_k}$$

（2）
$$\delta = \frac{\sum_{k=0}^{M} a(k)H_d(\omega_k)}{\sum_{k=0}^{M} a(k)\frac{(-1)^k}{W(\omega_k)}}$$

（3）
$$H_a(\omega) = \frac{\sum_{k=0}^{M} \frac{a(k)}{(x-x_0)}\left[H_d(\omega_k) - \frac{(-1)^k \delta}{W(\omega_k)}\right]}{\sum_{k=0}^{M} \frac{a(k)}{(x-x_0)}}$$

（4）
$$x_i = \cos(\omega_i) \qquad i = 0,1,2,\cdots,M+1(\text{偶数})$$

$a(k) = \prod_{i=0,i\neq k}^{M} \frac{1}{x_i - x_k}$ 的连乘积规模，在 M 较大时，远小于 $M-1$ 阶范德蒙行列式的连乘积，这就是为什么要先计算 $a(k)$ 的第一个理由。只要 $a(k)$ 保留下来，计算 δ、$H_a(\omega)$ 就可利用 $a(k)$，这是先计算 $a(k)$ 的第二个理由。

7.5　FIR 数字滤波器的特点

本章讨论了很多种 FIR 数字滤波器的设计方法。现对 FIR 数字滤波器的主要特点进行归纳。

在实际应用中，FIR 数字滤波器的主要优点体现在以下几个方面：

（1）可以设计出具有线性相位的 FIR 滤波器，从而保证信号在处理与传输过程中不会产生失真。

（2）由于 FIR 滤波器没有递归运算，系统无极点，因此不论在理论上或实际应用中，均不会因有限字长效应所带来的运算误差而使系统不稳定。

（3）FIR 滤波器的实现一般是借助于线性卷积运算的，因而可以采用快速傅里叶变换实现快速卷积运算，完成对信号的处理。与 IIR 数字滤波器相比，在相同阶数的条件下，FIR 滤波器的运算速度快。

在实际应用中，FIR 数字滤波器的缺陷主要有：

（1）虽然可以采用加窗方法或频率取样等简单方法设计 FIR 滤波器，但往往在过渡带上和阻带衰减上难以满足要求，因此不得不采用多次迭代或采用计算机辅助设计，从而使设计过程变得复杂。

（2）在相同的频率特性情况下，FIR 数字滤波器的阶次较 IIR 数字滤波器要高(通常会高出

5～10 倍），所需要的存储单元多，运算量大，从而提高了硬件设计成本，信号延时也较大。

从以上分析可以看出，FIR 数字滤波器主要适用于对相位要求较高的场合。对于图像信号、数据传输等以波形携带信息的信号，在处理或滤波时不应有波形的失真，这时以选用 FIR 滤波器为宜。当然在实际应用中，还应根据信号处理芯片的特点、计算工具的条件和经济效益等多方面的因素来选择滤波器的类型。

习题七

7-1 证明一个 N 阶 FIR 数字滤波器的单位取样响应 $h(n)$ 满足下列条件之一，也为线性相位滤波器：

（1） N 为偶数， $h(n) = -h(N-1-n)$ ；

（2） N 为奇数， $h(n) = -h(N-1-n)$ ， $h[(N-1)/2] = 0$ 。

7-2 设 FIR 数字滤波器的系统函数 $H(z) = \dfrac{1}{10}(1 + 0.9z^{-1} + 2.1z^{-2} + 0.9z^{-3} + z^{-4})$ ，求：

（1）该滤波器的单位取样响应序列 $h(n)$ ；

（2）判断该滤波器是否具有线性相位，并求出其幅度特性和相位特性。

7-3 设 FIR 数字滤波器的差分方程为 $y(n) = \sum\limits_{k=0}^{6} x(n-k)(1/2)^{|3-k|}$ ，求：

（1）该滤波器的单位取样响应序列 $h(n)$ ；

（2）判断该滤波器是否具有线性相位，并求出其幅度特性和相位特性。

7-4 设计一个 FIR 数字滤波器，满足下述技术指标:在通带截止频率 $\Omega_1 = 30\pi\text{rad/s}$ 处幅度衰减不大于-3dB，在阻带截止频率 $\Omega_2 = 40\pi\text{rad/s}$ 处幅度衰减不小于-10dB，对模拟信号的采样频率为100Hz。

7-5 设计一个 FIR 数字高通滤波器来逼近所希望的频率特性： $H(\text{e}^{\text{j}\omega}) = \begin{cases} 0, & |\omega| < \omega_{\text{c}} \\ 1, & \omega_{\text{c}} \leqslant |\omega| \leqslant \pi \end{cases}$

7-6 设计一个 FIR 数字滤波器来逼近所希望的频率特性： $H(\text{e}^{\text{j}\omega}) = \begin{cases} 2, & 0 \leqslant \omega < \pi/8 \\ 1, & \pi/8 \leqslant |\omega| < \pi/4 \\ 0, & \pi/4 \leqslant |\omega| \leqslant \pi \end{cases}$

（1）画出频率特性曲线；

（2）求出单位取样响应序列 $h(n)$ 。

7-7 推导截止频率 $\omega_{\text{c}} = \pi/4$ 的理想低通滤波器的单位取样响应 $h(n)$ 的表达式，并写出 $n = -8, -7, \cdots, 0, \cdots, 8$ 共 17 点 $h(n)$ 的值。

7-8 根据题 7-7 的 $h(n)$ ，求 $h_1(n) = h(n-8)$ 的系统频率响应的表达式和频率特性曲线(包括幅频和相频特性)。

7-9 根据题 7-8 的 $h_1(n)$ 求其加矩形窗 $0 \leqslant n \leqslant 15$ 后的频率响应(可以用解析式，也可用 FFT 计算机程序计算)。

7-10 推导矩形窗和海明窗函数的傅里叶变换式，并估算第一副瓣的最大幅度与主瓣最大幅度之比。(用分贝表示)

7-11 用窗函数法设计一个 20 阶 FIR 线性相位数字低通滤波器，逼近截止频率为 $\omega_{\text{c}} = 0.2\pi$ 的理想低通数字滤波器，并要求过渡带宽不大于 0.1π 。

（1）选择适当的窗函数；

（2）求数字滤波器的单位取样响应 $h(n)$ ；

（3）求滤波器的阻带衰减。

7-12 用频率采样法设计一个线性相位低通 FIR 数字滤波器，逼近截止频率为 $\omega_{\text{c}} = \pi/4$ 的理想低通滤波器，要求过渡带宽为 $\pi/8$ ，阻带衰减不小于 45dB。确定过渡带采样点个数 m 和滤波器长度 N ，求出频率采样序列 $H(k)$ 和单位取样响应序列 $h(n)$ ，并绘制所设计的单位取样响应 $h(n)$ 及滤波器幅频特性曲线。

*第 8 章　数字信号处理工程应用实例

8.1　引　　言

随着信息处理技术的发展，数字信号处理的应用越来越广泛。本章将结合作者实际从事的科研项目——汽轮机振动信号在线监测与故障诊断系统，介绍数字信号处理在工业现场振动信号采集与处理分析中的实际应用。

汽轮机隶属于旋转机械，是将蒸汽热能转换成机械能的一种旋转式原动机，有着比其他类型原动机热经济性高、单机功率大、运行安全可靠、单位功率制造成本低等诸多优点，因此它是核动力工业和现代火力发电中普遍采用的发动机，并广泛地应用于化工、冶金、船运等部门，是相关企业生产的核心设备。旋转机械长期处于高速运行状态（一般为每分钟 3000 转以上甚至高达 10 000 转），由于各种随机因素的影响，难免会出现一些机械故障，而旋转机械的任何一个小小的故障，都可能引起连锁反应，因此，旋转机械故障发生的频率较高并且故障发生后往往会造成巨大经济损失甚至灾难性后果。传统的故障分析方式只有在机械运行出现问题或检查设备时，才能判断出机器的某部分发生了故障，而对机器进行定期维修检查的传统方法，其经济性与合理性是不足的。其实，在生产中连续运行的旋转机械设备，出现故障的重要特征就是机器发生异常的振动和噪声。工作人员只要采用振动诊断技术，就可以在不停机的条件下，对其振动特征进行连续的信号采样，依据其产生的代表动态特性的振动信号，实现在线监测和故障诊断。旋转机械的振动信号在频率域和时间域上实时地反映了机器的故障信息，因此，以信号处理技术为基础，采取现代化监测手段，对机组在运行过程中实施状态监测与故障诊断，可以及时地对设备的状态做出评估，有效地预防其中的隐含事故，并对其形成和发展趋势做出正确的预报，为设备检修提供针对性建议，减少非计划停机次数，提高经济效益和社会效益。

汽轮机振动分析的过程实质上就是对所采集的各种信号用数字信号处理技术进行加工、变换，提取反映旋转机械状态的特征，再根据这些特征进行故障分析，这其中用到了大量的数字信号处理技术，也包含了一些传统数字信号处理的方法。

8.2　汽轮机振动信号在线监测与故障诊断系统简介

8.2.1　系统整体结构

汽轮机的振动分析属于汽轮机振动在线监测与故障诊断系统的核心功能，完整的汽轮机振动在线监测与故障诊断系统的总体结构如图 8.2-1 所示。

整个系统在结构上，属于集散型系统结构设计，主要由若干个在线监测系统、服务器、通信接口及通信线路组成，采用上、下位机同步工作方式。下位机由在线监测装置组成，位于汽轮机组附近，是系统中的数据采集与分析设备，独立完成数据采集、处理及部分分析任务，并将数据以数字信号的形式通过网络传送给上位机服务器；上位机属于故障诊断系统，以工业计算机作为服务器，负责和下位机的数据通信、数据存储、历史数据分析、趋势分析与故障判断及 Web 发布等工作，此外还可以将系统的控制参数发送给下位机的各个在线监测系统，以调整在线监测系统的工作状态和工作参数。上位机的服务器还负责将分析结果发布到厂内局域网或广域网上，所有的数据通信都通过网络进行。

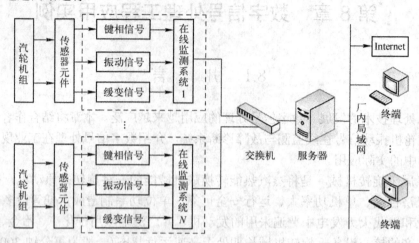

图 8.2-1　汽轮机组振动在线监测与故障诊断系统的总体结构框图

8.2.2　数据采集与分析设备

在线监测系统是整个系统的核心设备，负责现场各类数据的采集和部分的数据分析，接入的信号有多路键相信号、多路振动信号、多路缓变量信号，系统可以在多路键相信号中任意组合进行数据同步采样。在硬件结构上，主要由智能数据采集单元、主处理单元、振动分析单元、开关电源构成。在线监测系统方框图如图 8.2-2 所示。

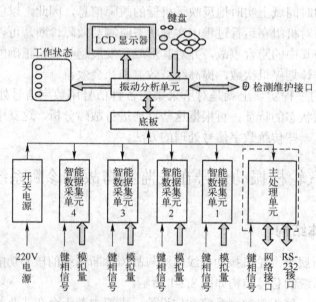

图 8.2-2　在线监测系统方框图

各个单元均是一套相对独立的嵌入式系统，具备独立的处理器，完成特定的功能，通过总线底板相互连通构成一个完整的系统。主处理单元主要实现数据存储，键相信号调度（为振动信号选取采样的同步触发信号），与振动分析单元进行数据交换等功能，并且提供 RS-232 和以太网接口与上位机进行通信。数据采集单元主要完成自适应键相信号处理，振动信号的调理和多路振动信号的同步采集等。振动分析单元的主要功能是对采集到的实时数据进行分析以及人机交互，外围设备有液晶显示屏、键盘、LED 灯、检测维护接口。液晶屏、键盘和 LED 指示灯共同构成设备的人机界面，液晶显示屏用来显示采集的数据波形及分析数据；键盘用于在系统工作过程中进行参数设置等操作，以便根据现场的系统使用情况进行灵活的组态配置；LED 灯用做信号灯，指示系统及各个板卡的当前工作状态；检测维护接口用于程序下载、调试等维护功能。开关电源是专门为本系统定制的交直流两用电源模块，为各个单元提供电源输入。

图 8.2-3 所示为主处理器单元、数据采集单元、振动分析单元以及上位机间的数据流关系。

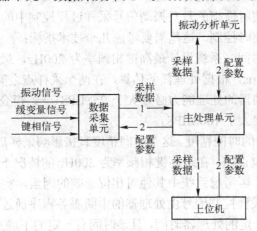

图 8.2-3 系统各组成模块间的数据流关系

整个系统有两路数据流，在图中已经分别用序号表示出来，它们是：

（1）主处理单元缓存数据采集单元采集到的数据并分别送入振动分析单元和上位机进行数据分析；

（2）上位机为主处理单元提供配置参数，振动分析单元在调试的环境下也可以对主处理单元进行参数配置。

主处理单元起到控制与协调其他单元的作用，并负责数据的存储和通信，是设备的核心单元。在线监测系统与服务器连接后的运行情况如图 8.2-4 所示。

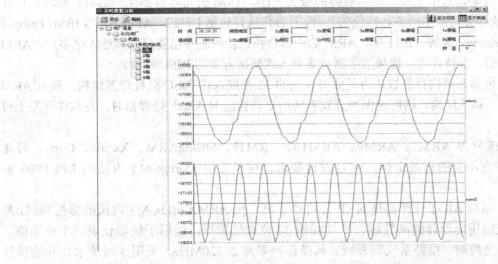

图 8.2-4 在线监测系统与服务器连接后的运行情况

8.2.3 数据采集与分析设备处理器选择

在线监测系统数据分析与处理单元实际上是一个实时信号采集和处理系统，其实时性要求很高。实时信号处理是指在限定的时间内将采集到的数据在现场处理完成并得到一定的结果，即信号处理的时间要小于或等于下一批数据的输入时间。伴随着理论分析的深入和算法的复杂化，实时信号处理的复杂度和运算量也大大增加，如何对嵌入式硬件系统中微处理器进行选择关系着系统工作的稳定性和精度。

系统的实时性主要从两个方面进行考虑，一是硬件控制及响应的实时性，二是信号处理的实时性。硬件控制及响应的实时性指的是对振动信号采样过程控制中的实时响应，由于采样过程完全由软件通过定时器实现实时控制，这里需要考虑几个技术指标：

（1）最小采样点间隔时间。系统设计最高键相频率为 200Hz，最大倍频为 128，因此最小间隔时间为 39.0625μs，约 40μs。根据处理任务估算，在两个采样点之间必须保证系统有 1000 条以上的指令执行能力，即处理器的处理能力必须大于 25MIPS（一条指令需要 40ns），考虑保留一定的设计余量，处理能力需要大于 100MIPS。

（2）A/D 采样控制信号的时间精度。这个时间精度直接影响采样后的相位误差和相位稳定性，系统设计要求是有 1°的相位误差，在最高键相频率为 200Hz 的情况下，采样控制信号的时间精度必须小于 13.9μs，约 14μs。再考虑系统中其他对相位影响的因素，实际上采样控制信号的输出精度必须远远小于 14μs。若采样控制信号由处理器的中断服务程序通过软件产生，由于中断服务程序的进入和退出需要占用一定的处理器时间，且该时间有一定的不确定性，易造成对相位的干扰，因此系统使用定时器的匹配输出功能来实现 A/D 的采样控制，软件仅设定需要匹配的具体时间，信号的输出由定时器的硬件功能完成，以此达到硬件级的时间控制精度。

（3）采样过程中用到了大量精确定时功能，要求处理器必须有多路的高性能定时器。

综合上述因素，常规的 DSP，比如 TI 的 C5000 系列，其处理能力能满足系统要求，但其定时器功能过于薄弱，无法满足设计要求，外扩定时器会增加系统复杂度，不利于提高系统可靠性，因此选用了几个方面均能满足设计要求的 ARM 处理器。

ARM（Advanced RISC Machines）公司是一个知识产权供应商、设计公司，专注于设计低功耗、低成本、功能强、特有 16/32 位双指令集的微处理器内核。2001 年初，ARM 公司的 32 位 RISC 处理器市场占有率超过了 75%，引起业界的极大关注。ARM 公司本身不生产芯片，靠转让设计许可，由合作伙伴公司来生产各具特色的芯片，其合作伙伴包括 INTEL，APPLE，TI，IBM，Philips，Motorola，Samsung，等等，2011 年，ARM 的中国合作伙伴的芯片出货量就高达 5 亿多片，ARM 已成为移动通信、手持计算、视频数字消费等嵌入式解决方案的 RISC 标准。

ARM 32 位体系结构目前被认为是业界领先的 32 位嵌入式 RISC 微处理器结构，所有 ARM 处理器共享这一体系结构。这可确保当开发者转向更高性能的 ARM 处理器时，在软件开发上可获最大的回报。

ARM 内核分为 ARM7、ARM9、ARM10、ARM11、StrongARM、Xscale、Cortex 等几类。不同内核有不同的市场定位，综合设计要求，这里选用 Cortex-M3 内核的 LPC1700 系列处理器。

LPC1700 系列 ARM 处理器是 NXP 公司基于第二代 ARM Cortex-M3 内核的微控制器，是为嵌入式系统应用而设计的高性能、低功耗的 32 位微处理器，适用于仪器仪表、工业通信、电机控制、灯光控制、报警系统等领域。其操作频率高达 120MHz，采用 3 级流水线和哈佛结构，带独立的本地指令和数据总线以及用于外设的低性能的第三条总线，使得代码执行速度高达 1.25MIPS/MHz（150MIPS），并包含 1 个支持随机跳转的内部预取指单元。 LPC1700 系列 ARM 增加了一个专用的 Flash 存储器加速模块，使得在 Flash 中运行代码能够达到较理想的性能。

LPC1700 系列 ARM Cortex-M3 的外设组件：最高配置包括 512KB 片内 Flash 程序存储器、96KB 片内 SRAM、4KB 片内 EEPROM、8 通道 GPDMA 控制器、4 个 32 位具有匹配和捕获功能的通用定时器、一个 8 通道 12 位 ADC、1 个 10 位 DAC、1 路电机控制 PWM 输出（MCPWM）、1 个正交编码器接口、6 路通用 PWM 输出、1 个看门狗定时器以及一个独立供电的超低功耗 RTC。

LPC1700 系列 ARM Cortex-M3 内核处理器还集成了大量的通信接口：1 个以太网 MAC、1 个 USB 2.0 全速接口、5 个 UART 接口、2 路 CAN、3 个 SSP 接口、1 个 SPI 接口、3 个 I2C 接口、2 路 I2S 输入、输出。其定时器的特点如下：

（1）4 个定时/计数器，除了外设基址之外完全相同。4 个定时器最少有 2 个捕获输入和 2 个匹配输出，并且有多个引脚可以选择。定时器 2 引出了全部 4 个匹配输出。

（2）32 位的定时/计数器，带有一个可编程的 32 位预分频器，最高时钟频率和 CPU 核心频率相同，可达 120MHz，后续处理器甚至可以高达 180MHz。

（3）计数器或定时器操作。

（4）每个定时器包含 2 个 32 位的捕获通道，当输入信号变化时捕捉定时器的瞬时值。也可以选择产生中断。

（5）4 个 32 位匹配寄存器，允许执行以下操作：匹配时连续工作，在匹配时可选择产生中断；在匹配时停止定时器运行，可选择产生中断；在匹配时复位定时器，可选择产生中断。

（6）有 4 个与匹配寄存器相对应的外部输出，这些输出具有以下功能：匹配时设为低电平；匹配时设为高电平；匹配时翻转电平；匹配时不执行任何操作。

另外，该系列处理器还可以提供 DSP 软件库，在 120MHz 主频下，256 点 16 位 FFT 执行时间不到 190μs，其速度比最接近的 Cortex-M3 替代产品提高 54%，性能上可与低成本的 DSP 相媲美。1024 点 16 位 FFT 的执行时间不到 0.89 毫秒。以上时间包括 FFT 算法的初始化时间及运行时间，因此，该处理器的性能还能很好地满足基本的信号处理要求。

8.3　汽轮机振动信号特点

8.3.1　振动信号的表示

汽轮机因设计工艺、负荷和冷热不均等原因造成的机械故障大致可以分为两种：

（1）异常振动，如轴承或者转轴发生剧烈转动；

（2）系统失稳，如汽缸热膨胀，转轴偏心或发生轴向位移等。

这两种故障相互影响，彼此加剧。比如，转轴偏心必然会使振动加剧，而异常振动会使轴心更加偏离原来的平衡位置。若想全面掌握机械的运行状态，监测系统必须从这两类故障出发，将机械运行的动态特征和静态特征作为监测对象。汽轮机运行的动态特征主要指振动量，它反应了传感器探头端部与转子表面的快速间隙变化，如图 8.3-1 所示。静态量，也称缓变量，包含轴向位移、轴偏心、缸胀和温度等。比较而言，监测静态特征量更简单，监测的对象为一个固定的数字量，处理更方便，将采集的数据与安全运行数据标准进行比较，就可以判断汽轮机的工作状态。监测动态量要复杂得多，但是却从频率域和时间域为诊断机器故障提供了重要信息。

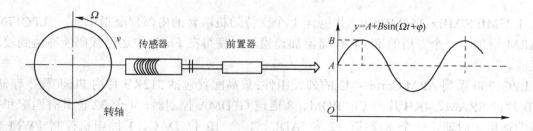

图 8.3-1　传感器测量轴振动输出波形示意图

在理想的平稳状态下，振动信号的输出函数表达式为：

$$f(t) = A + B\sin(\Omega t + \varphi) \tag{8.3-1}$$

其中，A 表示初始间隙，是指安装传感器时其顶部与转轴表面事先调整好的间隙，在高速大型的汽轮发电机设备上，传感器的安装位置常常就是在制造时留下来的；B 表示位移最大值，称为振幅；Ω 是振动信号角频率；φ 是初始相位。式（8.3-1）说明，在理想的平稳状态下，随着时间 t 的不断变化，振动波形是一个以初始间隙 A 为基准的周期性变化的正弦波。由式（8.3-1）也可以看出，振幅、相位角和频率是确定振动的三要素。因而振动信号测量主要是指幅度、相位和频率的测量。

8.3.2　键相信号

在旋转机械振动测量中，通常在转子上开一个凹槽，每转一周，当凹槽经过涡流探头的位置时，相当于探头与转子表面(被测面)之间的距离发生了改变，传感器会产生一个脉冲信号，这个信号称为键相信号。该信号的前沿为轴系各测点振动信号的采样提供同步触发信号，以确保各通道振动信号在采集时刻无相位偏差，并在频谱上为各振动信号提供统一的相位基准。此外还利用该信号实现精确的频率测量。图 8.3-2 是键相信号测量及对振动信号同步整周期采样的示意图。

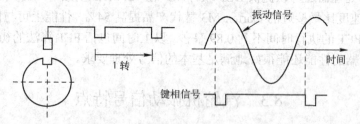

图 8.3-2　键相信号测量及对振动信号同步整周期采样示意图

如图 8.3-2 所示，转子旋转一周，所需要的时间就是键相信号周期。以产生键相信号的凹槽作为采样起点，N 个采样点在转子上均匀分布，相当于将此信号周期 N 等分，即实现采样 N 点数据。所谓同步整周期采样是指，采样频率动态地跟踪信号频率的变化，以保证在采样点数不变的情况下，采样间隔均匀，所采信号周期完整，尽可能消除信号谱分析时的频谱泄漏现象，提高谱分析的精度。总之，键相信号是振动测量中的关键信号。

8.3.3　振动信号的获取

振动信号的获取是完全参照键相信号获取的，振动信号的模拟处理和采样过程必须严格保证其相位信息，最终获取的振动信号各次谐波的相位信息有严格的精度要求，因为这些相位信息包含了转轴振动的位置信息，如图 8.3-3 所示。

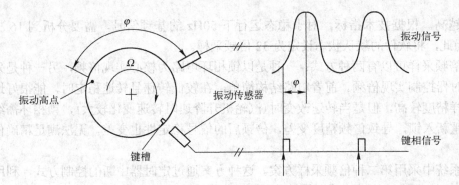

图 8.3-3 振动信号和键相信号的相位关系

一个机组安装有多个振动传感器，比如一个 200MW 机组的轴系图如图 8.3-4 所示，一个机组所有的振动传感器信号都要依照键相信号实现同时、同步数据采样。如果需要获取轴心轨迹图，还需在同一轴位安装两个互成 90°的振动传感器。

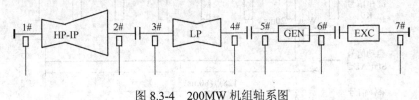

图 8.3-4　200MW 机组轴系图

8.4　汽轮机振动信号的采样

8.4.1　固定频率采样

这种采样方式由系统时钟来控制采样，采样频率为一个预设的固定频率，采样信号在相位上与键相信号没有任何关系，主要用于分析振动信号中较低的频率分量的细节，其频谱分析的频率分辨率较高。

由于固定频率采样模式的采样频率较低，其连续采样时间可以比较长，一般为 1s 或者 2s，因此其频率分辨率可以达到 1Hz 或者 0.5Hz，这个频率分辨率是另外一种采样方式——倍频采样所无法达到的。例如，若连续采样时间 $t_p = 2s$，则频谱分析后的频率分辨率为：

$$\Delta f = \frac{f_s}{N} = \frac{1}{N \cdot T_s} = \frac{1}{t_p} = \frac{1}{2} = 0.5\text{Hz} \tag{8.4-1}$$

式中，f_s 为采样频率，N 为采样点数，t_p 为信号采样时长。通过式(8.4-1)也可以看出，通过 FFT 直接得到的频率分辨率仅和对信号连续采样的物理时间 t_p 有关系，也就是说，对信号观测的物理时间越长，得到的频率分辨率越高。f_s 决定了频谱分析的能谱上限频率，当采样频率固定时，频率分辨率和采样点数 N 成正比。

8.4.2　倍频采样

倍频采样由键相信号启动采样过程，采样速率由软件控制。为了配合后面的 FFT 分析的需要，采样点数设置成 2 的整数次幂，即 $N = 2^M = 2, 4, 8, 16, 32, 64, 128$，即实现 N 倍频。同时，为了方便后续数据处理，每通道连续采集 128 点。当然，一个信号周期采样的点数设置得越多，监测的精度就越高。根据技术指标，对于稳态运行下 50Hz 的基频信号，需要分析到 16 次谐波，即 $N = 32$，为此，将软件的默认状态设定为 32 倍频采样。

实现倍频采样可以有两种方式：一种是以锁相环电路为核心实现倍频，另一种是采用软件方式通过定时器控制实现倍频。前者电路结构简单，在较低转速且转速稳定时，能很好地工作，其测频及采样精度较高，但是当转速改变时（汽轮机升降速时转速变化较大），锁相环需经过若干个周期才能重新入锁，导致倍频精度变差，倍频后的信号稳定性也变差，无法满足精确倍频采样的要求。

在本系统中采用第二种倍频采样方案。这种方案通过定时器中断的控制方式，利用定时器的捕获功能，不断地捕捉外部的键相信号，处理器实时计算转子的转速和倍频后的采样点间隔时间，由定时器匹配功能实现硬件级的高精度倍频信号，控制启动每一次的模数转换，从而实现高精度的倍频采样。典型的采样过程时序图如图 8.4-1 所示。

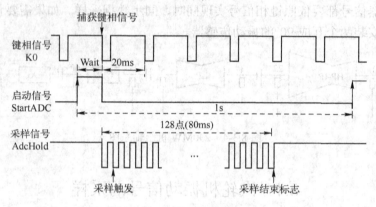

图 8.4-1　倍频采样过程时序图

图 8.4-1 为 32 倍频采样下，连续采集 4 个信号周期，采样 128 点的典型采样过程时序图。倍频采样的启动信号 StartADC 用于每秒启动一次采样过程。当 StartADC 有效时，系统会等待第一个键相信号的下跳沿，键相信号的第一个下跳沿会触发定时器的捕获中断，在捕获中断中启动采样过程，即开始采集第一个点，并保存当前时刻 Basetime（以下简称 B_t），同时更新了键相信号的周期和频率。启动信号在第一次采样完成后就变成了"0"，说明已经完成了启动过程。

采样信号的采样周期是用当前的键相信号周期除以采样点数（即倍频数）来计算的，采样周期记作 DeltaTime（以下简称 D_t）。在第一个采样点的定时器中断中将设置第二个采样点的采样时刻为 $B_t + D_t$，这个时间会设置到定时器的匹配寄存器中，当定时器到达匹配时刻时，定时器硬件会输出低电平，启动第二个点的采样。在第二个采样点的定时器中断中会设定第 3 个点的采样时刻，同理，后面任何一个采样点的采样时刻都可以设定为 $B_t + N D_t$，$N = 1, 2, \cdots, 31$，由定时器匹配中断输出的低电平启动每一次采样，直至完成 128 点的采样过程。

倍频采样方式可以很方便地计算出信号中的各次谐波分量，比如采用 32 倍频，每次连续采样 4 个键相周期，即 FFT 分析的点数为 128 点，键相信号频率 $f_0 = 50\text{Hz}$（3000 转/分钟），FFT 分析后各个离散频率点 k 和物理频率 f 的对应关系如下：

$$f = \frac{k}{N} f_s = \frac{k}{128} \times f_0 \times 32 = 12.5 \times k \quad (\text{Hz}) \tag{8.4-2}$$

这时的采样频率为

$$f_s = f_0 \times 32 = 1600 \quad (\text{Hz}) \tag{8.4-3}$$

通过式（8.4-2）还可以得到

$$f = \frac{k}{N} f_s = \frac{k}{128} \times f_0 \times 32 = \frac{k}{4} f_0 \quad (\text{Hz}) \tag{8.4-4}$$

从式(8.4-4)可以看出，倍频采样的情况下，无论采样频率随着键相信号频率如何变化，FFT变换后其离散频率点 k 对应的倍频信息是不变的，比如 $k=4$ 的点一直都是 1 倍频的信息点，即基频信息，$k=8$ 的点一直是 2 倍频信息。

综上所述，根据倍频采样得到的采样数据可以十分方便地得到振动信号中的各次谐波分量信息，由于是整周期采样，也不会存在频谱泄漏问题。倍频个数决定最高分析的谐波数，比如 32 倍频能分析到 16 次谐波，128 倍频能分析到 64 次谐波。采样的周期数决定倍频分析的分辨率，比如 4 个周期能分析到 1/4 次谐波，2 个周期仅能分析到 1/2 次谐波，具体的频率分辨率取决于实际的键相信号频率，比如键相信号为 50Hz，采样 4 个周期，其频率分辨率为 12.5Hz，若键相信号改为 10Hz，则频率分辨率能达到 2.5Hz。

8.5　汽轮机振动信号处理

用于汽轮机故障分析的参数很多，有些参数信息由数据采集与分析设备直接测量得到，比如键相信号的频率，表示有功、无功、瓦温、油温、油压等信息的缓变量信息等，更多的参数需要通过后期的信号处理获取，比如振动的各个谐波分量、相位信息、振动的通频信息等，这些信号处理的方法可以分成三类，分别是基于时域的处理方法、基于频域的处理方法和时频处理方法，各类方法都有自己的特点，可以从一个侧面反映汽轮机的故障，而有些故障则需要将多种信号处理方法结合起来使用。

由于振动是动态参数，为了表示各类动态特征，往往采用各种图形方式来描述其振动特性，比如常用的波形图、频谱图、谐波图、波特图、轴心轨迹图等，这些图形分属于不同的信号处理方法，用更直观的方式体现出汽轮机故障。在线监测系统获取的图形见图 8.5-1。

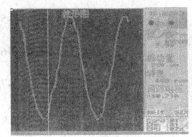　　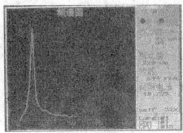

（a）时域波形图　　　　　　　（b）谐波图　　　　　　　（c）频谱图

图 8.5-1　在线监测系统实测图形

8.5.1　时域处理方法

正常汽轮机在平稳运行的时候，测取的信号是平稳信号，在早期故障诊断的时候，通常将信号假设为平稳、线性、高斯性，再对其进行处理，初步判断故障，比如时域处理的时域统计指标等。

时域信号是最直接的信号，汽轮机振动信号时域处理采用统计指标法实现对故障的诊断，其处理流程图如图 8.5-2 所示。

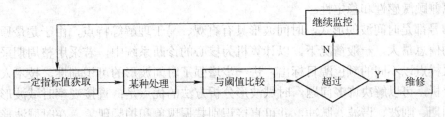

图 8.5-2　统计指标法处理流程图

在图 8.5-2 中，"一定指标"主要指速度、加速度、位移等特征的幅值。"某种处理"包括了求平均值、最大（小）值、峰峰值等，经过该步骤后，相关指标变成有量纲特征值和无量纲特征值两大类中的一种，再通过与特定的阈值相比较来判断现在的值是否超出正常值，进而判断是否发生故障。值得注意的是，有量纲特征值得到的结果与机电设备的状态和机器的运行参数有关，这意味着，阈值必须取自与当前设备的运行环境和运行参数完全一致的机器，因此，对该种方法而言，历史统计数据未必有用。无量纲特征值只与机器的状态有关，而与它的运行状态基本无关，所以阈值相对比较容易确定。

时域波形是转子振动振幅的瞬态值随时间延续而不断变化所形成的动态图像。时域波形分析就是通过对波形的形状、振幅大小、变化快慢等特性的分析和观察，来反映转子状态和故障的各种特征，并应用已建立好的波形与转子运行状态之间的固有对应关系，来实现转子的状态监测与故障诊断。

若对信号 $x(t)$ 采样所得的一组离散数据为 $x_1, x_2, \cdots, x_n$，采样长度为 N，则振动信号分析中常用的统计量参数及计算公式如下：

（1）平均值：
$$\overline{X} = \frac{1}{N}\sum_{i=1}^{N} x_i \tag{8.5-1}$$

（2）最大值：
$$X_{\max} = \max\{x_i\} \tag{8.5-2}$$

（3）均方值：
$$X_{rm} = \frac{1}{N}\sum_{i=1}^{N} x_i^2 \tag{8.5-3}$$

（4）方差：
$$D_x = \frac{1}{N-1}\sum_{i=1}^{N} (x_i - \overline{x})^2 \tag{8.5-4}$$

（5）最小值：
$$X_{\min} = \min\{x_i\} \tag{8.5-5}$$

（6）峭度：
$$\beta = \frac{1}{N}\sum_{i=1}^{N} x_i^4 \tag{8.5-6}$$

（7）峰峰值：
$$X_{p-p} = X_{\max} - X_{\min} \tag{8.5-7}$$

（8）有效值：
$$X_{rms} = \sqrt{\frac{1}{N}\sum_{i=1}^{N} x_i^2} \tag{8.5-8}$$

（9）峰值指标：
$$C_f = X_{\max} / X_{rms} \tag{8.5-9}$$

峰值、峭度与峰值指标通常由振动加速度信号求得。而均方根值则由振动速度信号求出，需对加速度信号经积分变换得到速度信号后才能计算出来。由于振动信号的原始时域均方值反映平均振动能量，峰峰值、峭度和峰峰值指标在一定程度上反映出振动信号是否含有冲激成分。一般说来，随着故障的发生和发展，均方根值、方根幅值、平均幅值以及峭度均会增大。其中峭度对大幅值非常敏感，当其概率增加时，峭度值迅速增大，这有利于探测信号中含有脉冲的故障信号。一般来说，均方根值的稳定性较好，但对早期故障不敏感。所以为取得较好的效果，常将它们同时使用，以兼顾敏感性和稳定性。

工程信号都是时间波的形式，时间波形具有直观、易于理解等特点，由于是最原始的信号，所以包含的信息量大。一般情况下，以计算机为核心的诊断系统中，若采用整周期采样，在时域波形上将采样点以不同的颜色醒目标出，进一步增强了时间波形的可识别性，技术人员通过对时域波形的分析，可以解决许多问题。时域波形分析方法的优点是：直接观察时域波形可以看出振动信号的周期、削波、谐波、脉冲，并可直接识别共振现象和拍频现象。在时域波形图中能看到一些频谱图中无法看出的故障发生的迹象，例如瞬态和脉冲，将不会在频谱图上显示出来，即无法单独根据频谱来判断脉冲。时域波形分析不足的地方在于：这种方法只适用于振动信号相当典型明显，并且操作人员具有丰富经验的情况。

8.5.2 频域处理方法

大多数旋转机械一般都会产生带有周期的振动信号，但并不只含有单一频率成分的简谐振动，而是包含有多种频率成分的非简谐振动，这些频率成分往往直接地与机械中各零件的机械物理特性联系在一起。以横坐标为频率 f，纵坐标为幅值 A 作出频率与幅值的关系图，对此关系图进行分析，即频域分析。频率分析的目的是将信号中各种成分尽可能地分离出来，变成各种振幅、频率和相位的谐波。振动信号的频域分析中，频谱分析是一种相当重要的分析方法，可以分析信号能量(或功率)的频率分布，在现场诊断中最常用的频谱是功率谱和幅值谱。两者的数学定义为：

功率谱：
$$S_x(\Omega) = \int_{-\infty}^{\infty} R_{xx}(\tau)\, \mathrm{e}^{-\mathrm{j}\Omega\tau} \mathrm{d}\tau \tag{8.5-10}$$

幅值谱：
$$X(\mathrm{j}\Omega) = \int_{-\infty}^{\infty} x(t)\, \mathrm{e}^{-\mathrm{j}\Omega t} \mathrm{d}t \tag{8.5-11}$$

式中，$x(t)$ 为振动信号，$R_{xx}(\tau)$ 为振动信号的自相关信号，以上两个公式在振动信号谱分析中均是离散化后依靠 FFT 来进行计算的。振动信号功率谱表示振动能量在频率域的分布；幅值谱表示各频率成分对应的振幅。对于旋转机械来说，振动信号中的很多频率分量都与转子转速关系密切，往往是转速频率的整数或分数倍。在频谱分析时，所关心的都是各种轴转速的多倍频率处以及转速的非整数倍频率处的峰值。不同的机械设备，在不同的工作情况下其频谱的幅值和形状是不同的。反过来，不同的频率分布对应不同的振动原因。因此，观察振动频谱图做频谱分析是非常复杂的，需要日积月累的实践。

在旋转机械中，有些振动分量尽管很大，但是很平稳，不随时间变化而变化，不影响机器的正常运行；相反，一些较小的频率分量，特别是那些增长很快的分量往往预示着故障的征兆，应引起足够的重视。特别是，一些原来频谱图上不存在或比较微弱的频率分量突然出现并扶摇直上，可能会在较短的时间内破坏机器的正常工作状态，这也是使用频谱分析方法时需注意的一个地方。

迄今为止，在工业生产的现场诊断中，频域分析方法成为十分简便有效的故障分析手段，频谱分析在许多方面有比时域分析更直观和有效的优点，但故障诊断仅靠频谱分析也是不够的，因为频谱分析存在以下不足：第一，频谱图对某些类型故障反应不敏感，如转轴裂纹萌生及扩展初期、转轴存在轴向摩擦等；第二，不同的故障在频谱图上往往具有相同的特征分量，从频谱图上难以判断出故障类型；第三，频谱定量分析比较困难。因此，在对旋转机械应用频谱分析方法进行状态监测与故障诊断时，最有效的方法是与时域波形分析、轴心轨迹分析、相位分析等方法结合起来使用。

8.5.3 时频处理方法

上述的时域分析方法只有时域信息而没有频域信息，频谱分析方法只有频域信息而没有时域信息。由于在振动信号分析中，时间信息结合相位信息可以定位故障，而频谱信息往往揭示故障发生的部位，因此故障分析时希望可以结合两者进行分析。时频分析方法既提供了分析结果的时间信息又提供了相关的频谱信息，两者结合可以更好地进行故障定位和分析。

时频分析方法目前常用的有短时傅里叶变换(STFT)、Gabor 变换和小波变换等。短时傅里叶变换的思想是，用一个随时间滑动的分析窗对非平稳信号进行加窗截断，将非平稳信号分解成一系列近似平稳的短时信号，其次用傅里叶变换分析各短时平稳信号的频谱，最后对各频谱进行综合分析得到最终结果。由于短时傅里叶变换的基础依旧为傅里叶变换，根据不确定性原理，短时傅里叶变换不能在频域和时域同时达到很高的分辨率。Gabor 变换跳出了短时傅里叶变换的思路，它从时频相平面的堆砌出发，将信号按一组正交基展开，相当于对连续 STFT 在时域和频域进行二维抽样，但 Gabor 变换的移动窗都是均匀的。小波分析方法的提出，则采用了 Gabor 变换的思路，同时解决了移动窗大小不变的缺点。小波分析具有尺度的可伸缩性，其移动窗面积保持不变，但随着尺度的变化，其宽度也随之变化：尺度越大，小波函数变化就越缓慢，则频带就窄，从而具有较高的频率分辨率，反之，频带就宽，具有较高的时域分辨率。这就是说小波分析在高频部分具有较高的时域分辨率和较低的频域分辨率，在低频部分具有较低的时域分辨率和较高的频域分辨率，从而适合于检验信号中的冲激成分和周期性成分。在时频分析方法中，小波分析方法受到了故障诊断方面研究人员的普遍关注，在汽轮机滚动轴承等的故障诊断领域中得到了越来越多的应用。

附录 A 模拟滤波器设计的部分参数表

表 A.1 前 8 阶巴特沃什多项式 $B_N(s)$

N	a_0	a_1	a_2	a_3	a_4	a_5	a_6	a_7	a_8
1	1	1							
2	1	$\sqrt{2}$	1						
3	1	2	2	1					
4	1	2.612	3.414	2.612	1				
5	1	3.236	5.236	5.236	3.236	1			
6	1	3.864	7.464	9.141	7.464	3.864	1		
7	1	4.494	10.103	14.606	14.606	10.103	4.494	1	
8	1	5.126	13.138	21.848	25.691	21.848	13.138	5.126	1

巴特沃什多项式为： $B_N(s) = a_0 + a_1 s + a_2 s^2 + \cdots + a_N s^N$

表 A.2 前 8 阶巴特沃什因式分解多项式

N	$B_N(s)$
1	$1+s$
2	$1+\sqrt{2}s+s^2$
3	$(1+s)(1+s+s^2)$
4	$(1+0.765s+s^2)(1+1.848s+s^2)$
5	$(1+s)(1+0.618s+s^2)(1+1.618s+s^2)$
6	$(1+0.517s+s^2)(1+\sqrt{2}s+s^2)(1+1.932s+s^2)$
7	$(1+s)(1+0.445s+s^2)(1+1.246s+s^2)(1+1.802s+s^2)$
8	$(1+0.397s)(1+1.111s+s^2)(1+1.663s+s^2)(1+1.962s+s^2)$

巴特沃什滤波器的传递函数为： $H_N(s) = \dfrac{1}{B_N(s)}$

表 A.3 前 8 阶切比雪夫多项式

N	$T_N(x)$
0	1
1	x
2	$2x^2-1$
3	$4x^3-3x$
4	$8x^4-8x^2+1$
5	$16x^5-20x^3+5x$
6	$32x^6-48x^4+18x^2-1$
7	$64x^7-112x^5+56x^3-7x$
8	$128x^8-256x^6+160x^4-32x^2+1$

表 A.4　$\varepsilon=0.765(2\text{dB})$时的切比雪夫滤波器多项式

N	b_0	b_1	b_2	b_3	b_4	b_5	b_6	b_7	b_8	b_9
1	1.307	1								
2	0.636	0.803	1							
3	0.326	1.022	0.737	1						
4	0.205	0.516	1.256	0.716	1					
5	0.081	0.459	0.693	1.499	0.706	1				
6	0.051	0.210	0.771	0.867	1.745	0.701	1			
7	0.020	0.166	0.382	1.144	1.039	1.993	0.697	1		
8	0.012	0.072	0.358	0.598	1.579	1.211	2.242	0.696		
9	0.005	0.054	0.168	0.644	0.856	2.076	1.383	2.491	0.694	1

切比雪夫滤波器的传递函数为

$$H_N(s)=\frac{K}{V_N(s)}$$

其中：
$$K=\begin{cases} b_0/(1+\varepsilon^2)^{1/2} & N\text{为偶数} \\ b_0 & N\text{为奇数}\end{cases}$$

$$V_N(s)=b_0+b_1s+b_2s^2+\cdots+b_Ns^N$$

由于参数与 N、ε 都有关，为节省篇幅，只列出 ε 个别值的参数，已满足书中的例题和习题的查阅。

表 A.5　对应表 3.1 多项式的根，即 $V_N(s)$ 的零点

N=1	2	3	4	5	6	7	8	9
−1.30	−0.40	−0.36	−0.10	−0.21	−0.04	−0.15	−0.02	−0.12
	±j0.68		±j0.95		±j0.98		±j0.68	
		−0.18	−0.25	−0.06	−0.12	−0.03	−0.07	−0.02
		±j0.92	±j0.39	±j0.97	±j0.71	±j0.98	±j0.83	±j0.99
				−0.17	−0.17	−0.09	−0.11	−0.06
				±j0.60	±j0.26	±j0.79	±j0.56	±j0.87
						−0.13	−0.13	−0.09
						±j0.43	±j0.19	±j0.64
								−0.11
								±j0.34

附录 B FFT 算法 C 语言程序

B.1 基-2FFT 算法程序

```
#include <stdio.h>
#include <stdlib.h>
#include <math.h>
#include "msp.h"
void mcmpfft(complex x[],int n,int isign)
{
/*------------------------------------------------------------------
Routine mcmpfft:to obtain the DFT of Complex Data x(n)
                          By Cooley-Tukey radix-2 DIT Algorithm .

input parameters:
x : complex array.input signal is stored in x(0) to x(n−1).
n : the dimension of x and y.
isign:if ISIGN= −1 For Forward Transform
        if ISIGN=+1 For Inverse Transform.
output parameters:
x : complex array. DFT result is stored in x(0) to x(n−1).
Notes:
    n must be power of 2.
------------------------------------------------------------------*/
    complex t,z,ce;
    float pisign;
    int mr,m,l,j,i,nn;
    for(i=1;i<=16;i++)
    {
    nn=pow(2,i);
      if(n==nn) break;
    }
    if(i>16)
    {
        printf(" N is not a power of 2 ! \n");
        return;
    }
    z.real=0.0;
    pisign=4*isign*atan(1.);
    mr=0;
    for(m=1;m<n;m++)
        {l=n;
            while(mr+l>=n)l=l/2;
        mr=mr%l+l;
        if(mr<=m)
            continue;
        t.real=x[m].real;t.imag=x[m].imag;
```

```
              x[m].real=x[mr].real;x[m].imag=x[mr].imag;
              x[mr].real=t.real;x[mr].imag=t.imag;
              }
/*-----------------------------------------------------------------*/
        l=1;
        while(1)
        {
          if(l>=n)
            {
                if(isign==-1)
              return;
                for(j=0;j<n;j++)
              {
                x[j].real=x[j].real/n;
                x[j].imag=x[j].imag/n;
              }
                return;
            }
          for(m=0;m<l;m++)
              {
        for(i=m;i<n;i=i+2*l)
          {
                z.imag=m*pisign/l;
                ce=cexp(z);
                t.real=x[i+l].real*ce.real-x[i+l].imag*ce.imag;
                t.imag=x[i+l].real*ce.imag+x[i+l].imag*ce.real;
                x[i+l].real=x[i].real-t.real;
                x[i+l].imag=x[i].imag-t.imag;
                x[i].real=x[i].real+t.real;
                x[i].imag=x[i].imag+t.imag;
                }
              }
        l=2*l;
          }
}
```

B.2   分裂基 FFT 算法程序

```
#include <stdio.h>
#include <stdlib.h>
#include <math.h>
#include "msp.h"
void msplfft(complex x[],int n,int isign)
{
/*-----------------------------------------------------------------
  Routine msplfft:to perform the split-radix DIF fft algorithm.
  input parameters:
  x : complex array.input signal is stored in x(0) to x(n-1).
```

n : the dimension of x.
isign:if isign= −1 For Forward Transform
        if isign=+1 For Inverse Transform.
output parameters:
x : complex array. DFT result is stored in x(0) to x(n−1).
Notes:
    n must be power of 2.
--*/

```c
        complex xt;
        float es,e,a,a3,cc1,ss1,cc3,ss3,r1,r2,s1,s2,s3;
        int m,n2,k,n4,j,is,id,i1,i2,i3,i0,n1,i,nn;
        for(m=1;m<=16;m++)
          {
            nn=pow(2,m);
            if(n= =nn)break;
          }
     if(m>16)
          {
          printf(" N is not a power of 2 ! \n");
            return;
          }
          n2=n*2;
        es= −isign*atan(1.0)*8.0;
    for(k=1;k<m;k++)
      {
            n2=n2/2;
            n4=n2/4;
            e=es/n2;
            a=0.0;
            for(j=0;j<n4;j++)
                {
                a3=3*a;
                cc1=cos(a);
                ss1=sin(a);
                cc3=cos(a3);
                ss3=sin(a3);
                a=(j+1)*e;
                is=j;
                id=2*n2;
                do
                    {
                        for(i0=is;i0<n;i0+=id)
                            {
                                i1=i0+n4;
                                i2=i1+n4;
                                i3=i2+n4;
                                r1=x[i0].real−x[i2].real;
                                s1=x[i0].imag−x[i2].imag;
                                r2=x[i1].real−x[i3].real;
```

```
                                    s2=x[i1].imag−x[i3].imag;
                                    x[i0].real+=x[i2].real;x[i0].imag+=x[i2].imag;
                                    x[i1].real+=x[i3].real;x[i1].imag+=x[i3].imag;
                                    if(isign!=1)
                                        {
                                            s3=r1−s2;
                                            r1+=s2;
                                            s2=r2−s1;
                                            r2+=s1;
                                        }
                                    else
                                        {
                                            s3=r1+s2;
                                            r1=r1−s2;
                                            s2= −r2−s1;
                                            r2= −r2+s1;
                                        }
                                    x[i2].real=r1*cc1−s2*ss1;
                                    x[i2].imag= −s2*cc1−r1*ss1;
                                    x[i3].real=s3*cc3+r2*ss3;
                                    x[i3].imag=r2*cc3−s3*ss3;
                                }
                            is=2*id−n2+j;
                        id=4*id;
                    }while(is<n−1);
                }
            }
    /*    ----------- special last stage -----------------------*/
            is=0;
            id=4;
        do
        {
            for(i0=is;i0<n;i0+=id)
                {i1=i0+1;
                xt.real=x[i0].real;
                xt.imag=x[i0].imag;
                x[i0].real=xt.real+x[i1].real;
                x[i0].imag=xt.imag+x[i1].imag;
                x[i1].real=xt.real−x[i1].real;
                x[i1].imag=xt.imag−x[i1].imag;
                }
            is=2*id−2;
            id=4*id;
        }while(is<n−1);
            j=1;
            n1=n−1;
            for(i=1;i<=n1;i++)
                {
                if(i<j)
```

```
          {
               xt.real=x[j−1].real;
               xt.imag=x[j−1].imag;
               x[j−1].real=x[i−1].real;
               x[j−1].imag=x[i−1].imag;
               x[i−1].real=xt.real;
               x[i−1].imag=xt.imag;
          }
     k=n/2;
     do
     {
               if(k>=j)
                         break;
               j−=k;
               k/=2;
          }while(1);
     j+=k;
}
if(isign==−1)
     return;
for(i=0;i<n;i++)
     {
     x[i].real/=(float)n;
     x[i].imag/=(float)(n);
     }

}
```

参 考 文 献

[1] A.V 奥本海姆等著. 黄建国等译. 离散时间信号处理. 北京：科学出版社，1998

[2] Alan V.Oppenheim，Ronald W.Schafer.Digital Signal Processing. Prentice-Hall，Inc，1975

[3] 俞卞章等编著. 数字信号处理. 西安：西北工业大学出版社，1998

[4] 胡广书编著. 数字信号处理—理论、算法与实现. 北京：清华大学出版社，2004

[5] 郑南宁编著. 数字信号处理. 西安：西安交通大学出版社，1996

[6] 全书海编著. 数字信号处理. 武汉工学院教材出版中心，1994

[7] 丁玉美等编著. 数字信号处理. 西安：西安电子科技大学出版社，2004

[8] 高西全等编著. 数字信号处理学习指导. 西安：西安电子科技大学出版社，2004

[9] 程佩青. 数字信号处理教程. 北京：清华大学出版社，2007

[10] 刘益成，孙祥娥编著. 数字信号处理. 北京：电子工业出版社，2005

[11] 徐科军主编. 信号分析与处理. 北京：清华大学出版社，2006

[12] 余成波等编著. 数字信号处理及 MATLAB 实现. 北京：清华大学出版社，2005

[13] 丁玉美等编著. 数字信号处理学习指导与题解. 北京：电子工业出版社，2007

[14] 赵红怡，张常年编著. 数字信号处理及其 MATLAB 实现. 北京：化学工业出版社，2002

[15] 张小虹编著. 数字信号处理. 北京：机械工业出版社，2006